U0242736

日光温室设计建造研究与利用丛书

日光温室设计建造与装备

白义奎　主编

中原农民出版社
·郑州·

图书在版编目（CIP）数据

日光温室设计建造与装备 / 白义奎主编．—郑州：中原农民出版社，2021.12
（日光温室设计建造研究与利用丛书 / 李天来主编）
ISBN 978-7-5542-2458-8

Ⅰ．①日…　Ⅱ．①白…　Ⅲ．①温室－农业建筑－建筑设计　②温室－机械设备－生产　Ⅳ．①TU261

中国版本图书馆 CIP 数据核字（2021）第 238945 号

日光温室设计建造与装备
RIGUANGWENSHI SHEJI JIANZAO YU ZHUANGBEI

出 版 人：刘宏伟
选题策划：段敬杰
责任编辑：王艳红
责任校对：侯智颖
责任印制：孙　瑞
内文设计：陆　斌　徐胜男
封面设计：陆跃天

出版发行：中原农民出版社
地址：郑州市郑东新区祥盛街 27 号 7 层　　邮编：450016
电话：0371-65788651（编辑部）　　0371-65788199（营销部）
经　　销：全国新华书店
印　　刷：河南省邮电科技有限公司
开　　本：889mm×1194mm　1/16
印　　张：22.5
字　　数：500 千字
版　　次：2021 年 12 月第 1 版
印　　次：2021 年 12 月第 1 次印刷
定　　价：460.00 元

日光温室设计建造研究与利用丛书
编委会

日光温室设计建造与装备
编委会

前　言

日光温室是我国特有的农业生产设施，辽宁省是日光温室的发源地。依托日光温室生产设施发展起来的日光温室蔬菜、果树、花卉、食用菌等产业，是近40年来我国农业种植业中效益最大的产业。尤其是日光温室蔬菜栽培的成功与大面积推广，结束了我国北方地区冬淡季鲜细菜供应难的历史，实现了蔬菜周年均衡供应。日光温室蔬菜产业在蔬菜供应、农民增收、安置就业、节能减排、非耕地高效利用等方面做出了突出贡献，为提高城乡居民生活水平和稳定社会做出了历史性贡献。

日光温室主要依靠吸收太阳辐射能来维持热量平衡，光照是其获取能量的主要来源。日光温室设计主要解决采光、保温、蓄热问题，光是日光温室内气候环境中的主导因子，它决定着日光温室内的光照度、温度、湿度等状况。日光温室设计理论经历了第一代节能日光温室，即按冬至日正午时刻太阳高度角来确定前坡合理采光屋面角；第二代节能日光温室，即按保证冬至日正午前后4小时的合理采光时段来确定前坡合理采光屋面角。第一代、第二代节能日光温室设计主要考虑了采光问题，保温、蓄热设计基本是凭经验确定。第三代节能日光温室设计综合考虑采光、保温、蓄热设计，提出了合理采光、保温、蓄热设计理论方法，即以满足北方冬季不加温生产果菜为目标，研究创建了日光温室合理太阳能截获量和透光率为核心的采光设计理论，蓄热体有效放热量和冬至昼夜蓄放热平衡为核心的蓄热设计理论，合理保温比和热阻及冬至昼夜热收支平衡为核心的合理保温设计理论，奠定了节能日光温室设计理论基础。

本书从节能日光温室设计理论方法、日光温室建造，以及日光温室环境特点与调控等方面，进行了较为全面的论述，同时为日光温室覆盖材料、日光温室环境调控配套设备、园艺作物育苗关键设备、园艺作物栽培主要设备、园艺作物产品采后处理设备等选择提出了建议，为日光温室设计建造及配套装备优选提供参考。

本书是编者根据团队研究、生产和教学经验而编写的，从基本概念、基本原理入手，强调基本方法和技能，注重先进性、系统性和实用性。由于编者水平有限，在编写过程中或许有疏漏和不足之处，希望广大读者提出宝贵意见。

编者

2021 年 11 月于沈阳

目　录

第一章　日光温室发展的基本条件

第二章　日光温室设计

第三章 日光温室建造

第四章 日光温室环境特点与调控

第五章　日光温室覆盖材料的特性及选择

第六章　日光温室的配套设备

第七章　日光温室的经济估算

第一章
日光温室发展的基本条件

日光温室是一种特殊的农业生产性建筑，是用来进行抗逆有效生产的专用设施。气候条件是设施类型选择的重要依据，包括温度、光照、风、雪、冰雹与空气质量等方面的条件，影响着日光温室的安全性、经济性以及使用性能。日光温室主要利用太阳光热资源作为增温的能源，有着很强的地域适应性，在很大程度上受当地气候条件的制约。我国幅员辽阔，气候类型多样。因此，在温室类型的选择上必须因地制宜，以充分利用各地气候资源的优势，避免不利气候因素的影响。

第一节
日光温室发展的环境条件

一、气候条件

（一）我国各气候区的主要气候特征

1. 东北气候区　辽宁、吉林、黑龙江三省，属温带湿润半湿润气候区。冬季漫长、严寒，春季风大，夏季短促、暖热湿润。全年总辐射量4 200~5 400 MJ/m^2，日照时数2 800~3 000 h，日照百分率60%~70%。冬季长达6~7个月，1月平均气温−6~−30℃，最低气温南部−21~−28℃，北部达−40℃以下。日最低气温低于0℃的天数，南部为115 d，北部达220 d。低于−30℃天数，松嫩平原达20~50 d，兴安岭地区80~100 d，但沿海地区没有低于−30℃的天数。降雪天数南部10~15 d，北部40 d；积雪天数西南部20~40 d，三江平原120 d，漠河160 d，长白山100~120 d；最大积雪深度20~40 cm。日平均气温≤10℃的天数，北部200 d以上，南部180 d以下。夏季短促，三江平原75 d，松嫩平原50 d，嫩江以北无夏天。7月平均气温在20℃以上、日最高气温≥30℃的天数，松嫩平原不到20 d。7月空气相对湿度70%~80%。冬季盛行偏北风，夏季盛行偏南风，春季风速最大，辽河河谷大风天数在50 d以上。大部分地区风压0.5~0.6 kN/m^2，雪压0.2~0.4 kN/m^2。

2. 华北气候区　包括阴山以南，秦岭—淮河以北，黄土高原，黄淮海平原，属温带半湿润气候区。冬季寒冷干燥，夏季炎热多雨。全年总辐射量，渭河流域、汉水上游4 600~5 000 MJ/m^2，山西高原、华北平原5 400~5 800 MJ/m^2。日照时数和日照百分率，渭河流域、汉水上游分别为2 000 h和40%~50%，山西高原、华北平原分别为2 600~2 800 h和60%以上。1月平均气温，平原0~6℃，黄土高原南部−4~−8℃，北部山区−10~−12℃；1月平均最低气温−20~−30℃。日平均气温≤0℃的天数，黄河以北100~150 d，黄淮之间75~100 d；≤10℃的天数，平原140~150 d，高原180~200 d。夏季不短，平原3.5~4个月，高原、沿海地区 2~3 个月。7 月，平均气温，平原 26~28℃，高原 22~26℃；平均最高气温，平原 30~32℃，高原和沿海地区 28~30℃；空气相对湿度 70%~80%。全年极端最高气温≥ 35℃的天数 10~20 d。春季风最大，大风日数黄河、海河下游 25 d，黄土高原、渭河流域 5~10 d，其他地区 10~25 d。风压 0.3~0.5 kN/m^2；大部分地区雪压 0.3 kN/m^2 左右，渭河流域 0.2~0.3 kN/m^2。

3. 华中气候区　包括南岭、武夷山以北，秦岭—淮河以南，四川西部，云贵高原以东地区，属热带季风气候区。冬季低温多阴雨，夏季除西部多雨外，酷热少雨，东部多台风。全年总辐射量约 3 800 MJ/m^2，日照百分率≤ 30%，是全国光照条件最差的地区。冬季长 100~125 d，重庆、成都仅 80~90 d；夏季长 110~120 d，重庆 145 d，南昌 150 d。1 月平均气温除山区＜ 0℃外，大部地区在 0~8℃，月平均最低气温 4~-4℃。四川盆地为冬暖区，长江中下中游地区为冬冷区。极端最低气温，四川盆地、贵州高原 -4~-8℃，长江中下游地区在 -10℃以上，个别地区如合肥＜ -20℃。冬有寒潮大风，夏有台风，全年大风天数 10~25 d。7月平均空气相对湿度达80%。基本风压0.2~0.3 kN/m^2，雪压 0.2~0.4 kN/m^2。

4. 华南气候区　南岭、武夷山以南，贵州高原以西地区，属亚热带、热带季风气候。冬季低温多阴雨，夏季晴朗少雨，日照强、多台风。全年总辐射量 4 200~5 400 MJ/m^2，大部分地区日照时数为 2 000 h，日照百分率 40%~50%。冬季长 2~3 个月，夏季长 5 个月，福安—韶关以南夏季长 11 个月，无冬季。1 月平均气温在 10℃以上，只有当强寒潮入侵时，极端最低气温短时降至 0℃以下。7 月平均气温 28℃以上，平均最高气温 33℃以上，极端最高气温 38~42.5℃。≥ 35℃天数内陆、河谷地 30~40 d，其余地区不到 10 d。7 月空气相对湿度 80% 以上。基本风压，沿海地区可达 0.5~0.7 kN/m^2 以上，其余地区 0.2~0.4 kN/m^2；无雪压。

5. 蒙新气候区　包括内蒙古、新疆，属暖温带半干旱、干旱气候。冬季除北疆（天山以北）地区外，大部分地区干冷，春季多大风、风沙，夏季酷热，日照丰富。全年总辐射量除准噶尔盆地为 5 000 MJ/m^2 外，其余大部分地区为 5 400~7 100 MJ/m^2；年日照时数一般在 3 000 h 以上，日照百分率 60%~80%；北疆地区日照时数 2 600~2 800 h，日照百分率 60%。冬季严寒，1 月平均气温 −16~−20℃；南疆（天山以南）地区 −8~−12℃。夏季酷热，7月平均气温20~24℃，吐鲁番盆地28~32℃，7月空气相对湿度30%~50%。基本风压0.5~0.6 kN/m²；雪压，北疆地区0.6~0.8 kN/m²，内蒙古、南疆地区0.2~0.3 kN/m²。

6. 西南气候区　包括青藏高原以南的四川西部、云南，立体气候。全年总辐射量为 5 000~6 200 MJ/m²。干湿季分明，干季为 11 月至第二年 4 月，日照充足温暖，1 月日照百分率高达 60%~80%，平均气温 12~14℃；雨季 5~10 月，天气温凉，潮湿，如 7 月平均气温 20~24℃，空气相对湿度 80% 左右。基本风压 0.3 kN/m² 左右，无雪压。

7. 青藏高原气候区　高原气候，日照充足，为全国之最。全年总辐射量 8 300 MJ/m² 以上，日照时数 3 000 h 以上，日照百分率 80%。冬冷夏凉，1 月平均气温 −20℃以下，7 月平均气温 20℃。基本风压 0.4~0.5 kN/m²，雪压 0.2~0.3 kN/m²。

综上所述，几个气候区各有特点。东北气候区，冬季寒冷，光弱，风压、雪压大。华北气候区，风压、雪压小，冬季冷，夏季热。华中气候区，光照差，夏季湿热，东部地区多台风。华南气候区，冬季多阴雨，夏季湿热，沿海地区多台风。蒙新气候区，日照充足，冬季严寒，夏季酷热干燥，风压大，个别地区雪压高。西南气候区，干湿季分明，冬暖夏凉，湿度大，风压小，无雪压。青藏高原气候区，日照充足，冬冷夏凉，风压高，雪压小。

（二）与温室工程相关的主要气候要素地区分布特点

关于设施园艺生产的气候区划问题，研究人员曾进行过不少探讨，都认识到温室区划的重要性，需要建立统一的区划指标体系。根据上面的气象统计资料，在制定温室标准和区划时至少下列气候指标是必须考虑的：①太阳辐射和日照状况；②冬季气温，夏季气温、空气相对湿度；③风压；④雪压。

1. 太阳辐射　太阳辐射为温室植物生产提供了必需的光、热资源，在温室采光设计、采暖设计、降温设计以及覆盖材料选择等方面，都需要考虑当地太阳辐射的状况，包括光照强弱（太阳辐射能量多少）和日照时间长短等。

根据我国太阳辐射和日照分布的特点，全国可分成 4 个区域。

1）太阳能丰富区。包括内蒙古、甘肃大部、南疆地区和青藏高原。该区域年总辐射量达 6 200 MJ/m^2 以上，年日照时数 3 300 h 以上，日照百分率 75% 以上。

2）太阳能较丰富区。包括北疆地区、东北西部、内蒙古东部和华北、陕北、宁夏、甘肃一部分和青藏高原东侧。年总辐射量 5 400~6 200 MJ/m^2，日照时数2 600~3 000 h，日照百分率60%~70%。

3）太阳能可利用区。包括东北大部，内蒙古呼伦贝尔市，黄河、长江中下游地区，广东、广西、台湾、福建及贵州的一部分地区。年总辐射量 4 600~5 400 MJ/m^2，日照时数 2 600 h，日照百分率 60%。

4）太阳能贫乏区。以四川盆地为中心的四川、贵州大部分地区和广西、湖南部分地区。年总辐射量 3 300~4 600 MJ/m^2，日照时数 1 800 h 以下，日照百分率 40% 以下。

2. 冬季气温（以 1 月为例） 1 月平均气温，长城线以北在 –10℃以下，其中东北、北疆地区和西藏北部在 –12℃以下，东北北部和准噶尔盆地 –20~–30℃以下，秦岭—淮河以南在 0℃以上，南岭以南及闽南在 10℃以上。

1 月平均最低气温的 0℃线位于上海、杭州、武汉和四川盆地北部边缘，广州、南宁以南在 10℃以上，东北北部、藏北高原、北疆地区的西北部在 –30℃以上。

3. 夏季气温（以 7 月为例） 7 月平均气温，东北大部在 20℃以上，沈阳、北京、西安一线以南在 25℃以上，淮河以南及四川盆地东部都在 28℃以上，盆地和河谷地区（如鄱阳湖地区、长江河谷地区）都是高温中心。

7 月平均最高气温和平均气温一致，东北地区一般在 30℃以下，华北平原及以南地区在 30℃以上，长江中下游及以南地区在 34℃以上（是最闷热的地区），吐鲁番平均最高气温达 40℃（是温度最高的地区），沿海地区在 30~32℃以下。

4. 空气相对湿度（以 7 月为例） 7 月我国大部分地区进入雨季，是全年空气相对湿度最高的季节。7 月平均空气相对湿度，我国东部都在 70% 以上，沿海地区，四川、贵州、西藏东南部在 80% 以上，长江中下游地区在 75% 以上，个别地区超过 80%，而最潮湿地区在云南西南部，达 90% 左右，最干旱的地区在新疆，青藏高原、柴达木盆地、内蒙古、甘肃西部仅 30%~50%。

5. 风压

1）最大风压区。包括东南沿海和岛屿，0.7~0.8 kN/m^2 以上。

2）次大风压区。包括东北、华北，西北北部，0.4~0.6 kN/m^2。

3）较大风压区。青藏高原，0.3~0.5 kN/m^2。

4）最小风压区。包括云南、贵州、四川和湖南西部、湖北西部，0.2~0.3 kN/m^2。

6. 雪压

1）最大雪压区。新疆北部，在 0.5 kN/m^2 以上。

2）次大雪压区。包括东北、内蒙古北部，长江中下游，四川西部，贵州北部，一般在 0.3 kN/m^2。

3）低雪压区。包括华北、西北大部和青藏高原，0.2~0.3 kN/m^2。

4）无雪压区。南岭和武夷山以南地区。

（三）不同气候区温室选用的建议

温室是一种特殊的农业生产性建筑，是用来进行有效抗逆生产的专用设施。因此，温室的设计建造、栽培的品种与技术、生产管理等，都与当地的气候、市场、人才与技术等条件密切相关。温室的类型有着很强的地域适应性，在很大程度上受当地气候条件的制约。我国是一个大陆性、季风性气候极强的国家，冬季严寒、夏季酷热。同时，我国幅员辽阔，气候类型多样。因此，在温室类型的选择上必须因地制宜，选择适宜的类型，以充分利用各地气候资源的优势，避免不利气候因素的影响。

对我国各气候区与温室工程相关的主要气候要素分布特点，以及温室的主要类型及性能优劣进行分析，目的是要根据地域的气候进行温室类型的选择。生产中一定要结合当地的具体情况，同时还要结合市场情况和所选择的栽培作物对温室环境的要求，综合分析，择优选择。比较复杂的温室工程，在建造前最好由有资质的专业科技单位或温室企业进行充分的论证并进行有针对性的设计。在前期把工作做得充分一些，切不可把问题留在建造之中或建造之后。在温室建成之后因不适应而进行再改造的事例也确实不少，应该引以为鉴，以减少不必要的损失。

日光温室最大的优势是保温性能好，节能型日光温室内外温差可以达到25℃以上，建造投资相对较低，运行费用低，目前在各类温室中经济效益比较好。日光温室最大的问题是综合环境调控的能力比较差、土地利用率低和单栋规模小。日光温室主要利用太阳光热资源作为增温的能源，因此，适用于日照充足的黄淮、华北、东北和西北地区。一般只作冬春保温越冬栽培,夏季把膜揭开进行露地栽培。在东北、西北的高寒地区使用要有补充加温设施，一般地区也应有临时补充加温设施，以防灾害性天气造成损失。

塑料大棚与单层膜温室适用于华中、华南、西南地区，双层膜温室与充气膜温室适用于华北、东北、内蒙古、新疆、青藏高原地区。

单层玻璃温室、单层聚碳酸酯（PC）波浪板温室适用于华中、华南、西南地区，双层玻璃温室和PC中空板温室适用于华北、东北、内蒙古、新疆、青藏高原地区。

二、其他条件

（一）地形、地质、水文条件

平坦的地势方便设施布局，节省建设投资，便于生产管理，因此设施建设应选择地势平坦开阔的地点。不平度较大的地块平整时费工费时，而且整地挖方大的部位土层易受到破坏，较大填方处易因填土不实容易下沉或被雨水冲刷，应该避免。设施选址宜背风向阳，避免东、西、南三面对光线的遮挡，宜选择北部略微高于南部的地块作为设施建设用地，但坡度不宜大于10°。应避开南高北低明显倒坡的地形。

在我国北方，一些地区发展起来一些利用山坡地形建造的日光温室群，称为山地日光温室或坡地日光温室。这种日光温室由于建在具有一定坡度的山坡上，前后相邻温室有一定高差，可以较好地避免前一栋温室对后一栋温室的遮光，因此室内可以保证较好的光照条件。

又由于温室背靠山坡，以坡作墙，具有很好的保温蓄热性。所以这种日光温室具有优良的性能，而且可利用不宜耕作的土地。山（坡）地日光温室宜选择在向阳背风的南向（可略偏东或偏西，但均不超过 15°）的山坡建造。坡度一般为 10° ~20°，最大坡度不宜超过 25°。

为使基础牢固，设施选址地点应有较好的地质条件，应选择地基土质坚实的地方，否则易产生基础下沉的情况，为加固地基将使建设用工和费用增大。玻璃温室不能在地层松软或会产生不均匀沉降的地块上建设，以避免因沉降不均产生上部结构变形。

设施建设地地下水位不能太高。过高的地下水位影响建筑的基础施工与建筑使用中的稳定性，还易造成设施内湿度过高，病害容易发生，肥分流失。

（二）土壤条件

进行土壤栽培的日光温室，需要选择土壤条件较好的地块建设，选择土壤肥沃疏松、有机质含量高、无盐渍化和其他污染的地块，一般要求壤土或沙壤土。就土壤的化学性质而言，沙土储存阳离子的能力较差，养分含量低，但养分输送快；黏土性质相反，但需要的人工施肥总量较低。因为现代设施生产需要精确快速地达到施肥效果，选择沙土较为合适。还需要注意土壤的物理性质，包括土壤的团粒结构、渗透排水能力、保水性以及透气性等。总之，土壤应适宜设施栽培。

采用无土栽培方式的设施，对土壤条件无专门要求。在我国，由于耕地的不断减少，在不适宜普通作物土壤栽培生产的非耕地上进行设施生产，将是以后大力发展的方向。

（三）水、电、暖及交通

水质和水量是设施建设选址时必须考虑的。虽然设施内的地面蒸发与叶面蒸腾比露地要小得多，但灌溉、供热与降温等方面的用水也较多，尤其是对于采用水培的设施，以及大面积集中的设施生产区，供水量要求必须充分。所以，应选择水源较近的地方，以减少引水工程的用工与费用。

水质要有保证，无污染，pH 中性或微酸性。避免将设施建设在受污染的水源的下游。

同时，日光温室建设的场地应易于排水，便于排除雨水以及生产中产生的废水。

对于现代化大型日光温室，电力必须得到保证。特别是有采暖、机械通风降温、人工光照、营养液循环系统等装备的温室，应有可靠、稳定的电源，以保证不间断供电。

为保证设施生产所需物资方便地运送到生产现场，以及设施栽培生产的新鲜果蔬等产品方便及时送往市场，生产设施必须建设在交通方便的地方，但应避开主干道，以避免大流量交通产生的尘土污染设施覆盖材料。

第二节 气候条件与设施类型选择

一、气候条件

气候条件是影响日光温室安全性、经济性以及使用性能的重要因素，包括温度、光照、风、雪、冰雹与空气质量等方面条件。气候条件是设施类型选择的重要依据。

（一）温度、光照

在北方，以冬季生产为主的设施，应选择冬季气温较高、光照条件较好的地点建设。设施周围不能有高大的、可能会遮挡阳光的建筑或树木，以保证栽培生产中充足的光照，减少冬季加温能耗。在南方，进行越夏生产的设施，应选择气温较低的地点建设，如选择在海拔较高、气温较低的地方，以减少温室通风降温方面的投入。

（二）风

在选址时应考虑风速、风向以及风带的分布。对于以冬季生产为主的寒冷地区的设施建设，应选择背风向阳的地方；进行周年生产的设施，还应注意利用夏季的主导风向进行自然通风换气，避免周围有高大建筑物妨碍空气流通。避免在风口等强风地带建造设施，以利于设施的结构安全和保温节能。我国北方冬季多西北风，设施宜选择在北面有天然屏障、南面开阔，既防风又不妨碍光照的地方。

（三）雪

雪是设施的主要结构荷载之一，尤其对于排雪较困难的大型设施，要避免在多降雪的地方建设。

（四）冰雹

冰雹会损害设施的覆盖材料，尤其是对玻璃温室造成极大威胁，所以日光温室应避免建在多冰雹危害的地方。

（五）空气质量

空气质量对设施的影响，主要是对设施内光照的影响和对植物产生直接危害。煤燃烧的烟尘、工矿企业的粉尘、公路产生的灰尘等飘落到日光温室的覆盖材料表面，会严重影响透光率；雾霾天气以及一些工厂如火力发电厂产生的水汽云雾，均会减弱太阳辐射，加重设施内光照不足的问题。另外，因为工厂、运输车辆的排放等原因，大气中有可能含有氟化氢、二氧化硫、一氧化碳等有害气体，会对植物产生危害。所以，设施建设选址时，应尽量避开污染源。

二、设施类型选择

设施类型的选择应根据设施用途、当地气象条件以及建设项目的投资等情况综合考虑。

塑料大棚与不加温的单层膜温室在全国各地都可以采用，造价和运行费用低，具有一定的增温能力，夏季有避雨、防虫、遮阴等作用。但由于对室内（棚内）的增温能力有限，一般在冬季气温较低的北方地区，主要用于蔬菜的春提早、秋延后栽培。在冬季气温不是特别低时，也可用于越冬栽培一些耐寒的叶菜类蔬菜。在南方地区，冬季气温不是特别低且日照较充足的地方，可以用于越冬栽培一些喜温蔬菜，夏季用于避雨、遮阴、防虫栽培等。

环境调控设备配置完备的大型连栋温室具有较强的环境调控能力，原则上可以用于我国各地，但为了降低温室的运行能耗和生产成本，仍应考虑当地气候条件，合理选用。根据使用的地区和气象条件的不同，温室的具体形式和内部环境调控装备应有所不同。在北方，冬季气温较低，温室使用的主要目的是在冬季提供高于室外气温的室内环境，需要配置采暖设备，应采用保温性好的构造和覆盖材料，配置保温幕等装备，以降低冬季加温的能耗。在南方地区使用的连栋温室，则应具备良好的通风降温能力，须配置完善遮阴、自然通风与机械通风装备。由于大型连栋温室投资较高，运行能耗与费用较高，因此，宜用于经济价值较高的园艺产品生产，以保证生产的经济效益。

日光温室是我国特有的一种温室，节能型日光温室可以在不加温的情况下，维持室内高于室外 20℃以上的气温条件，而且建设成本较低。在我国北方地区，节能型日光温室可以不加温实现一些喜温蔬菜的越冬生产，生产运行成本很低，经济效益很高。日光温室主要利用太阳光热资源作为增温的能源，因此适用于日照充足的地区，适于在我国北方大部分地区发展，尤其是冬季日照充足的西北（陕北、宁夏、甘肃、新疆），东北的西部和南部，华北北部，山东、内蒙古、西藏等地区。第三节后附有部分日光温室展示（图 1–1~ 图 1–23）。

三、日光温室的总体规划与布局

（一）总体布局的原则

日光温室生产场区内应进行适当的功能分区，合理布置各功能区，使之利于组织生产，便于管理。各功能分区之间既要有符合生产工艺和生产管理活动关系的联系，又要避免冲突与干扰。

合理确定各类建筑物之间的间距，满足防火、防止病虫害传播、通风与采光以及交通道路等方面的要求。

因地制宜，合理利用场地，集中紧凑布局，减少占地，提高土地利用率。

日光温室生产场区的布局应从长远发展考虑，留有扩建的余地。

（二）日光温室生产区的总体规划与布局

具有一定规模的日光温室生产区，除了种植设施外，还必须有相应的辅助设施或建筑，满足设施生产管理的需要和设施的正常运行。辅助设施与建筑主要有水、暖、电设施和辅助生产、办公管理等用房，如锅炉房、泵房、变电所（配电室）、控制室、加工室、储藏保鲜库、消毒室、仓库、行政办公以及休息室等。一般分为种植生产区、辅助生产区、销售与管理区等功能区。

在进行总体布置时，应优先考虑种植生产区的设施，布置在适宜种植的规则地带，使之处于场地的采光、通风的最佳位置。

各功能区、各建筑要依据生产工艺以及与生产管理活动的关系进行布局。对于连栋温室，尽量将管理与控制室设在北侧，以保证温室主体种植部分的采光与保温。锅炉烟囱应布置在主导风向的下方，以避免烟尘飘落到设施覆盖的表面，影响采光。加工、储藏保鲜库等既要方便与种植区联系，又要便于交通运输。有毒物品和易燃品库要远离主要设施。

温室区的主体建筑是温室。根据地块大小，按照选好的方位和间距及温室平面图把温室布置好，兼顾道路及绿化带。场区北侧、西侧宜种植防护林，距温室等设施在 30 m 以上，既可阻挡冬季寒风，又不影响设施的光照。温室的作业间（或出入口）要布置在靠近道路的一侧。

（三）日光温室的方位

日光温室的方位有两种表达方式，一是指朝向（主采光面的方向），一是指屋脊的走向（或称延长方向）。通常两者是相互垂直的关系。例如，屋面朝向为南的日光温室，其屋脊为东西走向。

日光温室的方位主要对其透光率或透进室内的太阳辐射量的多少，以及室内光照的均匀性产生影响。

在中高纬度地区，冬季东西走向温室的直接辐射平均透过率或透进室内的太阳辐射量大于南北走向温室，高 5%~20%。纬度越高的地区，这种差异越大。但是，东西走向温室的室内地面全天直接太阳辐射量沿跨度方向分布的均匀程度低于南北走向温室。这是因为温室的天沟、屋脊等部位产生的阴影在南北走向温室中全天会掠过整个跨度范围内的地面各部位，即各部位被阴影遮住的机会相近，因此跨度方向光照分布的差异不大。但在东西走向温室中，天沟、屋脊等部位产生的阴影移动范围不大，分别集中在某处，造成光照分布不均。

因此，在采光量与分布均匀性两方面，东西走向温室与南北走向温室各有优势。实际生产中日光温室采用什么方位，要根据生产的主要要求来定。

一般认为，在我国，北纬 40° 以北的较高纬度地区，冬季寒冷，希望温室内进入尽可能多的太阳辐射量，而且在这些地区东西走向温室与南北走向温室采光量差异较大，因此温室多采用东西走向。而在北纬 40° 以南地区，不是特别寒冷，而且东西走向温室与南北走向温室的采光量差异较小，采用东西走向温室在采光量方面的优势不是很明显，因此温室方位多采用南北走向，以获得较为均匀的光照分布。采用何种方位，要根据具体情况分析，有时还要根据用地等方面的情况综合考虑而定。

日光温室的方位基本是屋面南向的朝向（东西走向），但也可以有一定的偏移，即可以为屋面南偏西或南偏东的朝向，但一般偏西或偏东均不宜超过 10°。多数人认为南偏西较为有利一些，因为这样有利太阳光线入射时间区段向下午方向移动，早上可以略推迟揭苫时间，既可避免早上气温还较低时揭苫造成室内气温过低，又可使下午室内蓄热、放热的时间向后推移，有利于维持夜间室内放热的作用。但也有人持相反的观点，因此还有待研究。

第三节
日光温室发展的经济技术条件

一、日光温室建设规划

（一）日光温室建设规划的目的与意义

制定日光温室建设规划是各级政府和各部门统筹管理的基本要求。日光温室的建设，必须符合当地土地等资源管理、产业发展以及环境保护等政策法规的要求，项目要获得当地政府或上级主管部门的审批，必须要有明确的规划。

只有通过日光温室建设规划，才能明确项目的建设规模、资源需求与投资，为项目的资源获取、配置和建设经费筹集等提供可靠依据。

日光温室建设规划是保证项目成功与规避风险的关键一环，避免盲目发展可能造成的资源、人力和物力的浪费。

日光温室建设规划有利于建设单位内部统一思想，明确工作目标，有计划、有步骤地安排各项建设工作。

科学的建设规划可提高项目的科技贡献率，保证设施建设的顺利开展与之后设施生产的可持续发展。

日光温室建设规划是实现建设项目的社会效益、生态效益与经济效益达到和谐发展的保证。

（二）日光温室建设规划的原则与要求

日光温室建设规划必须遵循一定的原则，满足基本的要求。

必须遵守国家和地方政府在土地等资源管理、产业发展以及环境保护等方面的各项政策法规，同时积极争取政府扶持。

必须适应当地产业和经济发展的总体规划和长远发展方向，发挥当地的资源、产业和品种优势，充分挖掘当地的设施园艺生产潜能，优化区域布局。

设施建设应结合当地的气候、土地、能源、农牧业和人力等资源条件，以及当地的种植和生产传统，因地制宜，注重实效。

日光温室的生产须适应与满足当地市场与人民生活的需求。

以尽可能低的投资和资源投入，实现最大的生产效益。

尽量采用先进的日光温室及其配套装备、生产技术，提高种植生产的科技水平、生产效率和产品的竞争力。

保护环境和自然资源，注重生态效益。

（三）日光温室建设规划的内容与工作方法

1. 项目的背景调研　项目的背景是制定规划的依据，必须进行全面调查、收集资料，进行综合分析。

1）国家与地方政策。国家和地方政府有关的方针、政策是制定规划必须遵循的方向，也可合理充分利用国家对设施农业的扶持政策，促进规划和项目的实施。

2）产业背景。了解项目相关产业国内外的发展状况和发展趋势、产业的运作模式、同类产业的竞争状况等，以便对项目的主导产业正确定位（规模、水平与方向等），明确建设项目的关键技术和来源、建设中的难点以及解决方案等。

3）资源。调查与日光温室建设项目相关的当地资源状况，包括自然气候、土地资源、水、电、交通、能源、农牧业资源以及人力资源等。

4）市场。国内外以及当地与项目设施产品有关的市场，这是决定项目能否建设的重要条件。

5）社会、经济背景。当地政府财政和居民收入等。

6）规范、标准。与项目实施相关的国家、行业以及地方的产品标准、工程技术规范等。

2. 建设场地调查和地质勘探

1）建设场地调查。选择建设场地，对建设场地进行现场调查。包括查看地形，了解地下有无管道、线缆和暗沟等地下工程或障碍，以及相邻地块的状况、交通、供水、电力等情况。

2）地质调查与勘探。了解建设地点的地质情况，收集当地的地质资料，必要时进行地质勘探，探明地基土壤的构成与承载力大小，有无松软易下沉的部位等。

3. 规划的工作内容

1）总体布局与功能区布置。进行总平面布置（各小区或功能区位置、道路、水、电等），日光温室、建筑的布置，辅助生产设施、公用配套设施、管理与生活设施的配备与布置。

2）设施园艺生产工艺与项目运行机制。设计设施园艺生产的工艺，制定项目建成后的生产管理办法和企业运行机制。

3）投资、效益与风险分析。计算项目的各项费用，需要的投资规模及资金筹措渠道。进行项目的效益分析，包括经济效益、社会效益、生态效益，并评估风险。

4）绘制日光温室建设规划图。包括区位图、总体平面图、功能分区图等，为了使项目形象直观，有时还需要绘制三维效果图。

二、日光温室建设的投资估算

（一）日光温室建设项目的总投资

日光温室建设项目的总投资由基本建设投资、建设期利息与铺底流动资金三部分构成。

1）基本建设投资　包括土建工程费、设备费、安装调试费、预备费及其他费用。

2）建设期利息　是指在项目建设时期各种来源的借、贷款的利息。

3）铺底流动资金　是为保证项目建成后进行试运转所必需的流动资金，一般按项目建成后所需全部流动资金的 30% 计算。

（二）日光温室项目的基本建设投资

日光温室项目的基本建设投资包括温室等生产设施工程的建设投资、辅助生产设施、公用配套设施、管理与生活设施工程的建设投资，后三项的建设内容和规模应与温室等生产设施的建设规模相匹配，其建设投资应参照相关标准与规定确定。以下只介绍温室等生产设施工程的建设投资。

温室等生产设施工程的建设投资包括温室工程投资直接费（土建、设备、安装调试），项目基本预备费以及其他费用三部分。计算公式为：

建设投资 = 土建工程费 + 设备费 + 安装调试费 +
项目基本预备费 + 其他费用　　（1–1）

安装调试费一般按土建与设备费的 5%~10% 计算，建设规模 20 000 m^2 以上时取下限，5 000 m^2 以下时取上限。

项目基本预备费为在预算时难以估计的、实际可能增加的费用，按工程投资直接费的 5%~10% 计算。

其他费用包括可行性研究、工程设计、勘测、工程招标、工程监理、工具、器具与家具、建设单位的管理、建设项目环境影响咨询等方面的费用。按工程投资直接费的 5%~8.6% 计算。

（三）日光温室项目的土建与设备投资直接费用

日光温室项目的土建与设备投资取决于设施类型与配套的装备，表 1–1、表 1–2 为各类设施与配套装备的费用。注意，材料与人工费用等在不同时期价格不同，而且存在地区差异，所给数据仅供参考。

表 1–1　日光温室主体结构投资费用（单位：元 /m^2）

项目	玻璃温室	硬质板塑料温室	塑料薄膜温室	项目	日光温室
基础工程	5.0~10.0	5.0~8.0	3.0~6.0	基础（含保温、排水等）	35~40
钢结构	110~140	90~110	70~90	墙体（砖墙、含保温层等）	65~75
屋顶覆盖	100~120	150~180	5~9	后屋面（含保温、防水等）	25~30
侧墙覆盖*	80~100	100~140	8~10	钢骨架	30~45
山墙覆盖*	90~110	110~150	9~11	塑料薄膜	2~5

注：表中带 * 号者按表面积计算，其余均按温室建筑面积计算。

表 1–2　日光温室主要配套装备价格

项目	价格	备注
室内遮阳/保温系统	30~55元/m^2	钢缆驱动系统取低值，齿轮齿条驱动系统取高值
室外遮阳系统（含钢结构）	35~60元/m^2	钢缆驱动系统取低值，齿轮齿条驱动系统取高值
强制通风风机	12~15元/m^2	进口风机加倍
环流风机	3~5元/m^2	进口风机价格10~15元/m^2
湿帘降温系统	12~22元/m^2	湿帘高度1.5 m时取下限，1.8 m时取上限
弥雾降温系统	15~25元/m^2	不含首部
手动卷膜开窗系统	750~1 900元/套	长度在60 m之内每减少1 m降低9~18元
电动卷膜开窗系统	1 800~5 200元/套	直流电机取低值，交流电机取高值，长度每减少1 m降低50~70元
齿轮齿条连续开窗系统	5 500~14 000元/套	长度40~80 m，越长价格越高
曲柄连杆开窗机构	4 700~9 500元/套	长度40~80 m，越长价格越高
齿轮齿条推杆式开窗系统	25~35元/m^2	
光管散热器加温系统	4.2万~4.6万元/10万kW	室内外设计温差15~30℃，温差大取低限，温差小取高限
圆翼形散热器加温系统	3.6万~4.4万元/10万kW	室内外设计温差15~30℃，温差大取低限，温差小取高限
燃油炉加温系统	2.0万~2.5万元/10万kW	不含集中储油罐与外线供油系统
二氧化碳施肥系统（Ⅰ）	0.5~3元/m^2	燃煤烟气净化气源，或化学反应法气源
二氧化碳施肥系统（Ⅱ）	10~15元/m^2	液态二氧化碳钢瓶供气
人工补光系统	15~50元/m^2	补光照度50~5 000 lx，照度越大费用越高
活动栽培床	95~110元/m^2	
固定栽培床	25~50元/m^2	视苗床类型以及是否含穴盘而定
日光温室保温草帘（苫）	2~5元/m^2	按屋面面积计算
日光温室保温被	15~20元/m^2	按屋面面积计算
电动卷被机	4 500~5 500元/套	卷铺长度为60 m
滴灌带滴灌	3~5元/m^2	滴灌带为5年期取上限，1年期取下限
滴头滴灌	6~12元/m^2	滴头为流量补偿式取上限，普通取下限
固定式灌溉	2~4元/m^2	防滴漏喷头取上限，普通喷头取下限
自走式喷灌车	10 000~85 000元/套	进口取上限，国产取下限
灌溉首部枢纽	5 000~55 000元/套	根据系统配置情况价格不同，最大控制面积2 500 m^2微灌自动控制系统
微灌自动控制系统	8 000~10 000元/套	含灌溉控制器、电磁阀等配件，可控制12个小区，最大控制面积2 500 m^2
电气控制柜	5 000~30 000元/台	每个电控柜控制一个独立的控制单元
计算机控制系统	80 000~200 000元/套	含室外气象站、控制器、计算机、软件等

注：表中未注明面积均为温室室内地面面积。价格请以建造时相应配套装备的市场价为准。此表仅作参考。

图1–1　朝阳市凌源山地日光温室基地

图1–2　朝阳县杨树湾坡地日光温室基地

图1-3　大连庄河日光温室基地

图1-4　锦州市北镇日光温室基地

图1-5　沈阳新民市日光温室蔬菜生产基地

图1-6　辽沈Ⅰ型日光温室

图1-7 南北双联栋日光温室

图1-8 南北双联栋日光温室

图1–9　双联栋日光温室

图1–10　日光温室+大棚

图1-11 单坡日光温室

图1-12 无立柱日光温室

图1-13　土后墙钢骨架日光温室

图1-14　土后墙钢竹混合骨架日光温室

图1-15 砖墙钢骨架日光温室

图1-16 温室操作连贯间

图1-17　温室操作连贯间内景

图1-18　草苫覆盖花卉生产日光温室

图1-19 Venlo玻璃温室

图1-20 Venlo聚碳酸酯中空板温室骨架

图1-21　连栋育苗温室

图1-22　屋顶全开启型温室

图1-23 日光温室基地一览

第二章 日光温室设计

日光温室是由保温蓄热墙体、保温屋面和采光屋面构成的单屋面温室，可充分利用太阳能，夜间用保温材料对采光屋面外覆盖保温，可以进行作物越冬生产。温室的设计与建造，应该使其在规定的条件下（正常使用、正常维护）、在规定的时间内（标准设计年限），满足其功能和环境、可靠性、耐久性、内部空间、建筑节能、标准化和装配化等多方面的要求。

温室主体建筑的设计制造、温室配套设备的合理选配、温室整体设施的安装调试是温室建造过程中的重要环节。只有认真控制每个环节的质量，才能确保温室的主要技术性能和总体性能。

第一节
日光温室设计基础

一、温室的类型及特点

（一）温室类型的演化与发展

在我国 2 000 多年前就有了原始温室生产的文字记载。20 世纪 50 年代开始缓慢发展，重点推广以玻璃为透光覆盖材料的单屋面温室，典型的形式有北京改良式温室、鞍山改良式温室和哈尔滨改良式温室等。

20 世纪 70 年代，随着塑料薄膜的应用，以塑料薄膜为透光覆盖材料的塑料大棚以及中小拱棚在我国大面积推广。同时也设计建造了一批以塑料薄膜为透光覆盖材料的单屋面温室。

20 世纪 80 年代，我国温室进入快速发展时期。这一时期主要发展了以塑料薄膜为透光覆盖材料的日光温室，温室生产的效益得到了大幅度提高，利用日光温室生产技术基本解决了北方地区蔬菜淡季供应的问题。这期间，在改革开放的推动下，我国从国外设施农业发达的国家引进了近 20 hm^2 大型连栋温室，分布在全国不同的气候带，但由于管理和种植技术不配套，引进温室大部分效益较差，陆续停产或被拆除。

20 世纪 90 年代，温室面积迅猛增长，质量也大幅度提高。90 年代初，重点改进和发展高效节能型日光温室，有效提高了日光温室的节能效果，推广区域扩大为北纬 30° ~45° ，彻底解决了北方蔬菜周年供应的问题。90 年代中后期，随着国家和各地农业高科技示范园的建设，我国迎来了全面引进现代化连栋温室的高潮。同时国家科技部将工厂化农业列为产业化科技攻关项目，在全国 6 个省市示范推广，使我国现代化温室的设计、建造和管理水平有了飞速的提升，并培养了一批专业温室企业，形成了我国自己的温室行业。

进入 21 世纪后，温室形式进一步优化，温室建设更注重经济效益。北方地区以日光温室为主，南方地区以塑料大棚为主进行设施蔬菜的生产，连栋温室主要用于育苗和生产花卉。各种形式的温室也向更广阔的应用领域扩展，如采用日光温室种植果树、食用菌，连栋温室用于畜牧养殖等。我国温室行业也摆脱了现代化温室全部依靠进口的局面，部分温室企业已经开始转向出口。同时，国外企业也大量在国内建厂或设立分销商，基本实现了国内外现代温室技术的大融合。

尤其是近二十多年的发展，我国温室发展由低级、初级到高级，由小型、中型到大型，由简易到完善，由单栋温室到几公顷连栋温室群，基本实现了结构类型的多样化，温室配套设备和材料也日臻完善。

（二）温室类型的划分

温室的类型很多，从不同的角度有不同的分类方法，同一种温室从不同的关注点理解也有不同的命名，现分述如下。

1. 根据温室的用途划分

1）生产温室。是以生产为目的的温室。根据生产的内容和功能的不同，生产温室又分为育苗温室、蔬菜温室、花卉温室、果树温室、水产养殖温室、畜禽越冬温室，防雨棚、荫棚、种养结合棚等。工程设计中经常将网室也划归到生产温室中，但从严格意义上讲，网室不属于温室。

2）试验温室。专门用于科学试验的温室。其中包括科研教育温室、人工气候室等。这类温室的设计专业性强，要求差异大，必须进行有针对性的个体设计。

3）商业零售温室。专门用于花卉等批发、零售。花卉在温室内展览和销售能够具有适宜的生长环境，但同时室内有大量的交通通道和展览销售台架，便于顾客选购。这类温室形式上与普通生产温室一样，但室内交通组织上要充分考虑人流疏散和消防。

4）餐厅温室。专门用于公众就餐的温室，又称阳光温室或生态餐厅等。室内布置各种花卉、盆景、园林造景或立体种植植物，使就餐人员仿佛置身于大自然的环境中，给人以回归自然的感觉。这种温室借用了温室的形式，主要用于绿色植物的养护，但由于是人员大量出入的地方，设计上应该按照民用建筑的要求进行诸如防火、消防、安全疏散、环境舒适度等方面的安全设计。

5）观赏温室。也称展览温室。室内种植观赏植物，外观讲究美观的个性化设计，如植物园中的造型温室、热带雨林温室、高科技农业园中的品种展示温室等。由于室内种植高大树木，这类温室往往较高，室内空间较大，也为温室的外形设计提出了特殊要求。与餐厅温室一样，观赏温室也是人员大量出入的场所，设计中应遵从民用建设设计的要求。

6）病虫害检疫隔离温室。用于暂养从境外引进的作物，专门进行病虫害检疫。这类温室一般要求室内为负压，进出温室的人员、物资都要消毒，室内外空气交换要过滤、消毒等。

2. 根据室内温度划分

1）高温温室。冬季室内温度一般保持在18~36℃，主要用于种植原产热带地区的植物，如北方地区的热带雨林温室（室内主要种植喜高温高湿的热带雨林植物）、高温沙漠温室（室内主要种植高温干旱地区的仙人掌类植物）等。

2）中温温室。冬季室内温度一般保持在12~25℃，主要用于种植热带与亚热带连接地带和热带高原的原产植物。

3）低温温室。冬季室内温度一般保持在5~20℃，主要用于种植亚热带和温带地区的原产植物。

4）冷室。冬季室内温度一般保持在0~15℃，主要用于种植和储藏温带以及原产本地区而作为盆景生产的植物。

3. 根据主体结构建筑材料划分

1）竹木结构温室。以毛竹、竹片、圆木等竹木材料制作温室屋面梁或室内柱等承重结构的温室。

2）钢筋混凝土结构温室。用钢筋混凝土构件作为屋面承重结构的温室。以钢筋混凝土构件为室内柱，竹木材料为屋面结构构件的温室仍划归竹木结构温室。

3）钢结构温室。以钢筋、钢管、钢板和型钢等钢材作为主体承重结构的温室。

4）铝合金温室。全部承重结构均由铝合金型材制成的温室。屋面承重构件为铝合金型材，但支撑屋面的梁、桁架、柱等采用钢材的温室仍划归为钢结构温室。

5）其他材料温室。由于新型建材的不断出现，采用这些材料做承重结构的温室也不断涌现，如玻璃纤维增强水泥（GRC）骨架日光温室、钢塑复合材料塑料大棚等。

4. 根据温室透光覆盖材料划分

1）玻璃温室。以玻璃为主要透光覆盖材料的温室。采用单层玻璃覆盖的温室称为单层玻璃温室，采用双层玻璃覆盖的温室称为双层中空玻璃温室。

2）塑料温室。凡是以透光塑料材料为覆盖材料的温室统称为塑料温室。根据塑料材料的性质，塑料温室进一步分类为塑料薄膜温室和硬质板塑料温室。塑料薄膜温室根据体型大小又分为塑料中小拱棚、塑料大棚和大型塑料薄膜温室（通常直接称后者为塑料薄膜温室或塑料温室）。生产中为增强塑料薄膜温室的保温性，常采用双层塑料膜覆盖，两层塑料膜分别用骨架支撑的温室称为双层结构塑料温室，两层塑料膜依靠中间充气分离的温室称为双层充气温室。硬质板塑料温室根据板材不同又分为 PC 板温室、玻璃钢温室等。

需要说明的是如果一栋温室的透光覆盖材料不是单一材料，而是有两种或两种以上材料覆盖，则温室按透光覆盖材料划分类型时应按屋面透光材料进行分类，并以屋面上用材面积最大的材料为最终划分依据。

5. 根据温室连跨数划分

1）单栋温室。无论长度多少，仅有一跨的温室，又称单跨温室。塑料大棚、日光温室等都是单栋温室。

2）连栋温室。两跨及两跨以上，通过天沟连接起来的温室，又称连跨温室。大量的现代化生产温室都是采用连栋温室。连栋温室土地利用率高，室内作业机械化程度高，单位面积能源消耗少，室内温光分布均匀。

6. 根据屋面上采光面的多少划分

1）单屋面温室。屋面以屋脊为分界线，一侧为采光面，另一侧为保温屋面，并具有保温墙体的温室。单屋面温室一般为单跨，东西走向，坐北朝南。温室南侧可以有透光立窗（墙），也可以不用立窗而直接将屋面延伸到地面，具有采光立窗的温室又分为直立窗和斜立窗两种。根据采光屋面水平投影面积占整个温室室内面积的比例不同，单屋面温室又分为 1/2 式、2/3 式、3/4 式和全坡式。根据采光面的形状，单屋面温室还分为坡屋面温室和拱屋面温室，坡屋面温室中还有一坡式、二折式和三折式等几种。从建筑形式看，日光温室是最典型的单屋面温室。单窗面温室和一面坡温室是两种变形的单屋面温室，前者没有采光屋面，仅有采光立窗，后者则没有保温屋面。

2）双屋面温室。屋脊两侧均为采光面的温室，又称全光温室。连栋温室大多是双屋面温室。

7. 根据温室的加温方式划分

1）连续加温温室。配备采暖设施，冬季室内温度始终保持在 10℃以上的温室。这种温室必须始终有人值班或有温度报警系统，以备在加热系统出现故障时能及时报警。

2）不加温温室。不配备采暖设施的温室。

3）临时加温温室。配备采暖设施，但不满足连续加温温室条件的温室，又称为间断加温温室。

这种分类不仅可以区分温室是否配备采暖设施，同时还可作为折减温室屋面雪荷载的计算依据。

8. 根据温室的屋面形式划分

1）“人”字屋面温室。屋面形式为“人”字形的温室，也称为尖屋顶温室。玻璃和 PC 中空板等硬质透光覆盖材料覆盖的温室基本都是“人”字屋面温室。这种温室每跨可以是 1 个“人”字屋面，如门式钢架结构玻璃温室，也可以是 2 个或 2 个以上的“人”字屋面，典型的 Venlo 型温室就是每跨 2 个或 3 个“人”字小屋面。

2）拱圆屋面温室。屋面形式为拱圆形的温室。由两个半圆弧组成的尖屋顶温室也划归为拱圆屋面温室。大部分塑料薄膜温室都是拱圆屋面温室。

3）锯齿形温室。屋面上具有竖直通风口的温室统称为锯齿形温室。锯齿形温室的通风口可以是屋脊直通天沟（全锯齿），也可以是从屋脊到屋面的某一部位或从屋面的某一部位到天沟（半锯齿）。前者为尖锯齿，后者为钝锯齿。钝锯齿形温室每个屋面一般设置 2 个天沟。竖直通风口一侧或两侧的屋面可以是坡屋面（坡屋面锯齿温室），也可以是圆拱屋面（拱屋面锯齿温室）。

4）平屋面温室。屋面为水平或近似水平的温室。防虫网室、荫棚经常做成这种形式。在欧洲推行的平拉幕活动屋面温室也是一种典型的平屋面温室。这种温室如屋面材料为防水密封材料时，应充分考虑屋面的排水和结构的承载。

5）造型屋面温室。屋面和（或）立面由丘形、三角形等不规则图形组成的具有一定建筑造型的温室。这类温室主要用于观赏温室和展览温室，一些餐厅温室也经常应用各种造型来追求个性化特点。

随着世界温室技术、使用要求和新材料的不断发展，各种新型的温室还在不断出现，如折叠式可开闭屋面温室、卷膜式开敞屋面温室、全开窗屋面温室、无支柱充气温室等，这些新型温室在世界一些地区、特别是经济发达地区迅速发展，为古老而又年轻的温室家族增添了新的成员。因为这些新型的温室克服了传统温室在自然资源利用方面的局限性（主要是光、热等），采用新方法、新材料，通过将固定式围护（屋面、侧墙、内隔墙等）改为可活动式围护结构，使用者可根据天气情况决定围护的开闭或开闭程度，从而最大限度地增加温室使用的灵活性，充分利用光、热等自然资源，最终达到节能降耗、增加产量、提高品质的目的。

（三）主要温室类型及其特点

以上从不同的角度提出了温室的不同分类方法，在实际应用中对温室的区别称谓主要有日光温室、玻璃温室和塑料温室等几类。

1. 日光温室　日光温室是由保温蓄热墙体（北后墙和两侧山墙）、北向保温屋面（后屋面）和南向采光屋面（前屋面）构成的单屋面温室。日光温室可充分利用太阳能，夜间用保温材料对采光屋面外覆盖保温，可以进行作物越冬生产。

日光温室是具有中国自主知识产权的一种高效节能型生产温室，主要用于我国东北、华北、西北“三北”地区。20 世纪末，节能日光温室已发展到 20 万 hm^2，普通日光温室发展到 17 万 hm^2，建设总面积达到保护地设施总面积的 1/3。目前推广范围已扩展到北纬 30°～45° 地区。在不加温条件下，一般可保持室内外温差 20℃以上。

日光温室的跨度 6~10 m，脊高 2.8~3.5 m，随纬度升高温室跨度逐步减小。温室长度多在 60 m 以上，对配置电动保温被的温室，一般单侧卷被温室长度控制在 60~80 m，双侧卷被时长度可延长到 100 m 以上。

日光温室室内获得的太阳辐射总量优于其他任何形式温室，一般透光率在 70% 左右，但地面光照均匀度较差。日光温室的最大优点是可就地取材，建造成本低；保温能力强，加温负荷小或不需要附加能源，温室的保温比一般大于 1，而一般温室总是小于 1，故其有很强的保温性能。保温比为温室内蓄热面积与围护结构散热面积之比。日光温室的山墙、后墙和后屋面，保温热阻大，均可视为蓄热面积，加上地面面积，与透光面面积的比值一般大于 1。

由于日光温室的可持续发展性强，今后仍将保持发展的势头，而且发展趋势越来越倾向于大型化、组装式结构。但由于其操作空间小、土地面积利用率低、室内环境调节能力差，对要求较高的蔬菜和花卉生产不太适宜。

2. 玻璃温室　玻璃温室是最早开发的现代化温室类型，透光率高，整体美观，但造价较高，适合于光照条件比较差以及经济条件比较好的地区。

用玻璃作透光覆盖材料，其最大的优点是透光率高，而且不随时间衰减。此外，玻璃对紫外线和长波辐射的透过率低，有利于植物生长和温室的保温。但玻璃较重，质地脆，相对而言，对温室的结构强度和构造要求较高，而且由于玻璃本身的承载力较小，每块尺寸较小，镶嵌玻璃的铝合金和橡胶条用量大，玻璃温室的造价相对较高。

3.PC 板温室　PC 板温室和玻璃温室一样，都属于硬质板温室，其结构和基本尺寸与玻璃温室基本相同，屋面形式主要以坡屋面为主。但由于 PC 板的韧性较好，同样也可以用在拱形屋面上。

用 PC 板替代玻璃，首先显著减轻了覆盖材料的质量，对温室主体结构的承载力要求相应降低；其次，温室的保温性能得到了显著改善，一般比玻璃温室能够节约 30% 以上的能源消耗；第三，温室的防冰雹能力和抗冲击性能较玻璃温室有根本的改善。但 PC 板温室造价更高，透光率较玻璃低 10%，而且有机材料的抗老化性能不及玻璃，其本身存在的内部结露问题也难以得到彻底解决。这种温室主要应用在光照条件好、室外气温低且持续时间长，而且有较强经济实力的地区。

4. 活动屋面温室　活动屋面温室，顾名思义，就是屋面可以活动的温室。其目的主要是最大限度地利用自然能源，减少运行能耗，提高温室的生产效益。在室外条件适宜的季节或时段，全部或部分地开启温室屋面，使室内种植作物近于完全暴露在露地自然条件下生长，作物可进行最大限度采光，而且还不需要其他任何加温、降温或通风措施，温室的管理费用降低到最低程度。在室外条件不适宜作物生长时将屋面合拢构成封闭空间，按一般温室管理。

从节约能源的角度来讲，活动屋面温室有良好的发展前景。但为了保证温室运行的安全性，温室必须配置自动控制系统，随时感应室外气象条件的变化，及时做出判断，使温室的运行和管理达到最佳状态。

二、温室的性能指标与建造要求

影响作物生长的环境因素很多，主要有光照、温度、湿度、气流速度和气体成分等。由于这些因素与各地的自然条件密切相关，而我国不同地区的气候条件相差甚远，与同纬度的其他国家相比差异也很大，因此，温室建造地域性强。各地应根据当地的自然气候条件，以及栽培品种的特性与要求，设计和建造相应形式的温室，不能全套照搬其他地区的模式。温室的环境调控系统包括采暖系统、通风系统、降温系统、遮阳系统、灌溉系统、施肥系统、控制系统等，温室的设计建造和各系统的配置有密切的关系。

温室主体建筑的设计制造、温室配套设备的合理选配、温室整体设施的安装调试是温室建造中的重要环节。只有认真控制每个环节的质量，才能确保温室的主要技术性能和总体性能，才能确保获得较好的效益。

（一）主要技术性能指标

1.温室的透光性能　温室透光性能的好坏直接影响到室内种植作物光合产物的形成和室内温度的高低。透光率是评价温室透光性能的一项最基本的指标，它是指透进温室内的太阳辐射量与室外太阳辐射量的百分比。透光率越高，温室的光热性能越好。温室透光率受温室覆盖材料透光性能和温室骨架阴影率等因素的影响，而且随着不同季节、不同时刻太阳高度的变化，温室的透光率也在随时变化。夏季室外太阳辐射较强，即使温室的透光率很小，透进温室的光照强度绝对值仍然较高，要保证作物的正常生长，有必要采取适当的遮阴设施。但到了冬季，由于室外太阳辐射较弱，太阳高度角很低，温室内光照偏弱，这成为作物生长和选择种植作物品种的限制因素。因此，要求温室具有较高的透光率。一般玻璃温室的透光率在 60%~70%，连栋塑料温室在 50%~60%，日光温室可达到 70% 以上。

2. 温室的保温性能　在寒冷的外界自然条件下，提供一个高于室外气温的、适于作物生长的室内温度环境是温室的基本功能。为实现此功能，要采用良好的温室围护结构和适当的加温设施。加温耗能是温室冬季运行的主要生产成本组成，提高温室的保温性能，对于加温温室，是降低能耗、提高温室生产效益的最直接和有效的手段；对于不加温温室，良好的保温性能是其内部温度环境达到一定要求的必要保证条件。

衡量温室的保温性能主要有两个方面的指标，一是温室围护结构覆盖层的保温性能指标，一是温室整体保温性能指标。

在冬季，温室围护结构覆盖层传热造成的温室内热量损失占温室总热量损失的 70% 以上，所以覆盖层的保温性能对于温室整体保温性能具有决定性的意义。衡量覆盖层保温性能优劣的指标是传热系数和传热阻。传热系数是指单位时间内、在覆盖层单位面积上、覆盖层两侧单位温差所产生的传递热量，其单位为 W/（m^2・K），其数值越小表明覆盖层的保温性越好。传热阻是传热系数的倒数，单位为（m^2・K）/W，其值越大，覆盖层保温性越好。一般温室单层覆盖材料的传热系数在 6.2 W/（m^2・K）以上 [传热阻在 0.16（m^2・K）/W 以下]，依靠在室内增设保温幕的措施，可使温室覆盖层的传热系数降低到 3~4.8 W/（m^2・K）[传热阻 0.21~0.33（m^2・K）/W]。我国日光温室采用的草帘和保温被具有良好的保温性能，将其作为日光温室外覆盖保温时，温室覆盖层传热系数可降低至 2 W/（m^2・K）[传热阻 0.5（m^2・K）/W] 左右。

温室整体保温性能可采用冬季夜间不加温情况下可维持的室内外温差来评价。一般单层覆盖情况下，温室可维持 2~5 ℃的室内外温差；依靠增设保温幕等保温措施，可使室内外温差达到 4~8 ℃。我国日光温室具有非常优异的保温性能，一般冬季夜间在不加温情况下，可维持 20 ℃以上的室内外温差。

3. 温室的耐久性　温室是一种高投入、高产出的农业设施，一次性投资较露地生产投入要高出几十倍，乃至几百倍，其使用寿命的长短直接影响到每年的折旧成本和生产效益，所以温室建设必须要考虑其耐久性。影响温室耐久性的因素除了温室材料的耐老化性能外，还与温室主体结构的承载能力有关。透光材料的耐久性除了自身强度外，还表现在材料透光率随时间的衰减程度上，透光率的衰减往往是影响透光材料使用寿命的决定性因素。设计温室主体结构的承载能力与出现最大风、雪荷载的再现年限直接相关。一般钢结构温室使用寿命在 15 年以上，要求设计风、雪荷载用 25 年一遇的最大荷载；竹木结构简易温室使用寿命 5~10 年，设计风、雪荷载用 15 年一遇最大荷载。由于温室运行长期处于高温、高湿环境，构件的表面防腐也是影响温室使用寿命的一个重要因素。对于钢结构温室，受力主体结构一般采用薄壁型钢，自身抗腐蚀能力较差，必须用热浸镀锌进行表面防腐处理。对于木结构或钢筋焊接桁架结构温室，必须保证每年做一次表面防腐处理。

（二）温室性能评价

1. 性能评价的内容和评价方法

1）适用性。温室的适用性就是指温室满足功能、实现功能的能力，是评价温室结构和使用性能最重要的方面。适用性主要表现在以下几个方面。

（1）温室空间尺度是否适宜。如温室高度是否和栽培作物的生长高度相协调，是否利于工作人员的操作与使用；跨度和开间能否满足作物的栽培布置、道路运输的组织和设备的布置等。

（2）温室内的光照、温度、湿度和二氧化碳等条件是否满足使用功能的要求。如温室内的温度能否达到栽培作物在白天和夜间对温度的要求，满足的程度如何等。

（3）内部配套设施（给水系统、供暖设施、遮阳保温系统、通风系统、传动机构、电气设备、控制设备等）的配置情况和工作状况。温室内部配套设施是保证温室实现其使用功能的重要保证，某些设施与温室主体结构共同影响温室内的环境状况，如通风、供暖和遮阳保温系统等；而另外一些内部配套设施的好坏则直接影响到温室某一功能的实现，如灌溉系统等。对这些内部配套设施的评价应以设计要求为主进行，即是否实现和满足温室预定的设计功能要求，各种设施要相互匹配和协调。评价中注意考虑外部条件对内部配套设施性能的影响，如采暖系统的供水温度会影响整个温室采暖系统的性能；供水管道的水压变化也会影响到灌溉系统的正常工作。

2）经济性。

（1）温室的建造费用。又称建设期投资或一次性投资。该部分费用直接影响投资的回收和产品成本。投资回收年限根据项目的计划目标、投资渠道和贷款性质等因素决定。

（2）温室的运行费用。与温室结构和设施相关的运行费用体现在加温（燃煤或燃油）、降温（电力、供水等）及操作（开窗等）方面的费用。温室的保温隔热性和密封性决定了温室加温和降温费用的高低；某些内部配套设施（开窗等）操作的难易性会影响人工费用。温室结构和设施的配置在降低运行费方面应留有一些余地，即使用者可通过简单的改造或补充而使运行费用降低。

（3）温室的维修费用。温室质量的高低会影响温室的维修频度，特别是除主要结构件以外的零配件和易损件，维修费用除成本外还包括人工费和间接损失费。间接损失费可能是工时损失，也可能是因维修而对作物造成的损坏等不利影响，虽然其难以计算，但某些情况下造成的影响是很大的。良好的温室结构应对易损件进行良好的处理和专门说明，备有必要的备件，以便于修理维护。

3）防灾能力。温室结构的防灾能力是指温室在使用阶段，承受设计规定的正常事件外的偶然事件发生时的反应能力。正常事件是指各种正常设计工况，如恒载、活载、安装荷载、风载、雪载、温度作用等；偶然事件是指超过温室设计基准期的、正常设计工况以外的作用，这些作用出现概率小、持续时间短，但作用往往较为强烈，如偶然的猛烈撞击、地震、龙卷风、火灾、洪水等。在这些偶然作用下，温室不可避免地会受到一定程度的破坏，但温室结构整体应对此类作用具有一定的抵抗能力。换言之，应具有多道防线来保证结构的整体稳定性和可修复性，防止偶然作用下的整体坍塌和功能失效。

具体应按照下列原则进行检验和评价：

（1）小灾不坏。即在某些危害性不大的偶然作用下，温室结构不产生主要结构件的强度失效和变形，即使部分次要构件失效和功能丧失，但可通过修复或局部更换来恢复结构的功能。

（2）中灾可修。即在一般性偶然作用下，温室部分主要结构构件产生了破坏，但可通过构件的更换和校正修复来恢复原有功能。如在飓风作用下温室墙体和屋面檩条严重变形，主梁出现少量局部超过规范要求的塑性变形等，这种情况下可通过更换檩条和校正大梁来保证温室以后的正常运转。

（3）大灾不倒。极少数剧烈的偶然作用会给温室带来严重的破坏，如地震、龙卷风、暴风雪等。在这些情况下，结构丧失使用功能，但可以通过局部构件的损坏和先期失效来保证整体结构不倒塌，以最大限度地减少损失，保护温室内部设备等。如在强烈地震下，温室围护结构会产生严重破坏，但由于围护结构的破坏会造成地震作用的迅速降低，从而大大减少温室主体构件的破坏，即使发生很大的塑性变形也能基本保持其原有形状不倒塌。又如在罕遇暴风雪的袭击下，如能控制围护结构和部分附属构件首先失效也可保证温室主体结构的基本完好和不倒塌，从而大大降低灾害造成的损失。

4）其他。

（1）温室造型是否与周围环境相协调。温室作为一种特殊的建筑物也应体现美化环境的功能，温室在满足各项功能要求的前提下，应尽可能在总体布局、体量大小、造型、色彩等方面与周围环境相协调。现代温室造型和材料的多样性，为温室的美化和协调功能提供了可能。

（2）温室构件的耐腐蚀性。温室构件作为温室的基本组成部分，耐腐蚀程度和使用寿命的长短都影响到温室结构的功能和正常使用。影响温室构件耐腐蚀的因素主要有构件材质、构件连接节点处理、构件防腐处理方式等。一个构件可能因一个环节控制不好而产生锈蚀，影响正常使用和构件寿命。如构件焊缝处理不当或构件加工完毕后清理不当等都会留下被腐蚀甚至破坏的隐患。目前，对于使用寿命超过 15 年的温室，对钢构件进行热浸镀锌的方法被广泛采用。对镀锌件，应从表面质量、镀锌层厚度、均匀活性锌层结合强度等方面加以检查和试验检验。虽然不同温室采用的防腐方式和对构件的防腐程度要求不同，但构件应保证在使用期内的防腐蚀性能达到规定的使用要求，即在使用期内不因构件腐蚀而对结构造成安全和正常使用的威胁和破坏。

（3）温室构件的可替代性。即构件的通用性。温室构件的通用性对生产者和使用者都具有重要意义。构件通用性强可以降低生产成本、提高材料利用率，也可以方便使用者，提高产品售后服务和维修的效率。在不影响温室成本和功能的前提下，温室构件的通用性应尽量提高。

2. 评价过程中的注意事项　温室结构性能的评价是一项较为复杂的工作，在评价过程中必须结合实际情况，全面评价，数据评价与感性评价相结合。评价结果的比较和结论应明确重点，即必须以满足温室主要功能为基本出发点，有些温室的某些指标或许很差，如日光温室的环境可控性和抗灾性较差，但在投资有限和投资回收期要求短的情况下，其经济性和适用性应作为主要评价指标和定论的主要依据。只有这样，才能使评价具有实际意义和客观合理。

（三）设计建造要求

温室的设计与建造，应该使其在规定的条件下（正常使用、正常维护）、在规定的时间内（标准设计年限）完成预定的功能。

1. 功能和环境的要求　温室的平面、剖面应该根据功能的需要建造，根据功能把温室分为生产性温室、科研试验性温室和观赏展览温室等类型，各种温室平面、剖面的设计都有所不同。

2. 可靠性要求　温室在使用过程中，结构会承受各种各样的荷载作用，如风载、雪载、作物荷载、设备荷载等。正常使用时，在这些荷载作用下结构应该是可靠的，即温室的结构应能够承受各种可能发生的荷载作用，不会发生影响使用的变形和破坏。

温室的围护结构（包括侧墙和屋顶）将承受风、雪、暴雨、冰雹以及生产过程中的正常碰撞冲击等荷载的作用，玻璃、塑料薄膜、PC 板等围护材料都应该能够在上述荷载作用下不会造成损坏，设计应力不超过材料的允许应力（抗拉、抗弯、抗剪、抗压等）。同时，材料与主体结构的连接也应该是可靠的，应该保证这些荷载能够通过连接传递到主体结构。

温室的主体结构应该给围护构件提供可靠的支撑，除了上述荷载外，主体结构还将承受围护构件和主体结构本身的自重、固定设备重量、作物吊重、维修人员、临时设备等造成的荷载。在正常使用时，这些荷载作用有些可能不会同时发生，有些会同时发生，在各种组合情况下主体结构都应该是可靠的。结构的变形和位移不应该过大，不会影响正常使用，也不应该由于主体结构变形和位移造成围护构件的破坏。

3. 耐久性要求　温室在正常使用和正常维护的情况下，所有的主体结构、围护构件以及各种设备都应该具有规定的耐久性。温室的结构构件和设备所处的环境是比较恶劣的（对构件本身来讲），温室内部温度较高、湿度较大、太阳辐射强烈、空气的酸碱度也较高，这些都将影响温室的耐久性。在温室建造时应该充分考虑这些不利因素的影响，保证温室在标准设计年限内，材料的老化、构件的腐蚀、设备的老化都在规定的范围内。

通常温室主体结构构件和连接件都在工厂制作，并采用热浸镀锌防腐处理，现场安装采用螺栓连接，避免焊接。这样可避免由于焊接时构件过热造成镀锌层的损坏，保证了镀锌层的防腐效果。温室主体结构和连接件的防腐处理应该保证耐久年限 18~20 年。

4. 内部空间要求　温室内部是植物生长和生产管理活动的场所，除植物栽培的空间外，还要求能够为各种生产设备摆放和正常运行提供足够的空间，同时还应为操作管理者留出适当的空间。因此，温室的平面、立面、剖面设计过程中，应该为不同用途的温室所需的不同配套设备、设施以及不同的生产操作方式提供满足要求的空间。

5. 建筑节能要求　温室的建筑构造，即温室基础、墙体、屋面、侧窗、天窗、天沟等部分的构造以及各部分之间的连接方式，除满足各自的使用功能外，还应满足节能方面的要求。通过合理的构造，降低屋面和墙体的传热系数，增加透光率，使温室最大限度地利用太阳辐射，并减少内部热量的流失，最有效地利用太阳辐射，达到节约能源的目的。温室内部的热量会通过基础向室外传递，因此在基础构造上要求尽量隔热，减少温室内热量的损失。夏初之前和夏末之后主要通过侧窗和天窗的自然通风来降温改善内部环境。

6. 标准化和装配化要求　随着现代化温室的发展，温室的形式日益多样化，不同形式的温室，其体型、尺寸差别比较大。目前我国各温室企业的温室设计、制造各行其是，构件互不通用，无法实现资源共享，生产效率低下。只有通过温室的标准化，各种形式的温室采用系列化、标准化的构件和配件组装而成，实现温室的工厂化、装配化生产，才能使温室的制作和安装简化，缩短建设周期，降低生产和维护成本，提高生产效率。

三、温室的光照环境

太阳辐射不仅是植物光合作用的能源，也是植物生长发育环境中热量的来源。另外，日照长短还影响到植物的光周期现象。所以主要用于作物栽培的温室很注重采光的设计，尤其是在我国高纬度地区（如东北、华北、西北地区），对此更应重视。

（一）太阳辐射与光照的度量

1. 太阳辐射波谱和辐射能分布　表面温度为 6 000 K 的太阳，时刻以电磁辐射形式向周围发射 3.832×10^{26} W 的能量，其中约有 22 亿分之一到达地球大气层的上界。在日地平均距离处垂直于光线的平面上测定，单位面积上接受的太阳辐射能量是个定值，经多年实测确定，该值平均为 1 353 W/m^2，称为太阳常数。

太阳辐射波谱（光谱）（图 2–1）分布不均匀，辐射集中分布在可见光谱区，最高值在 0.5 μm 附近。太阳辐射能量的 99% 集中在 0.2~3.0 μm，在此区间内又有相当于总能量 43% 的能量集中在 0.38~0.76 μm 的可见光谱区。

当太阳辐射穿过地球大气层时，由于大气成分的削减作用（反射、散射和吸收等），其光谱分布改变，能量明显减弱。大气层外界和地表接收的太阳辐射波谱曲线的差异，主要是大气吸收造成的，其中水汽的吸收作用最大，可占 10% 以上；其次是臭氧，占 2% 左右，二氧化碳吸收较少。

2. 植物光合有效辐射　绿色植物对辐射具有选择性吸收的特性。就大多数植物来说，它们对太阳辐射中 0.3~0.44 μm 和 0.67~0.68 μm 区间的光均呈现出吸收高峰，而在 0.55 μm 附近呈现吸收低谷。植物对 0.76~2.5 μm 的近红外线吸收较少，而对大于 2.5 μm 的远红外线则吸收性很强。对绿色植物光合作用有效的光谱能量区在 0.3~0.75 μm（主要在 0.4~0.7 μm）内，这一区间的辐射称为光合有效辐射，基本上处在可见光谱区（图 2–2）。

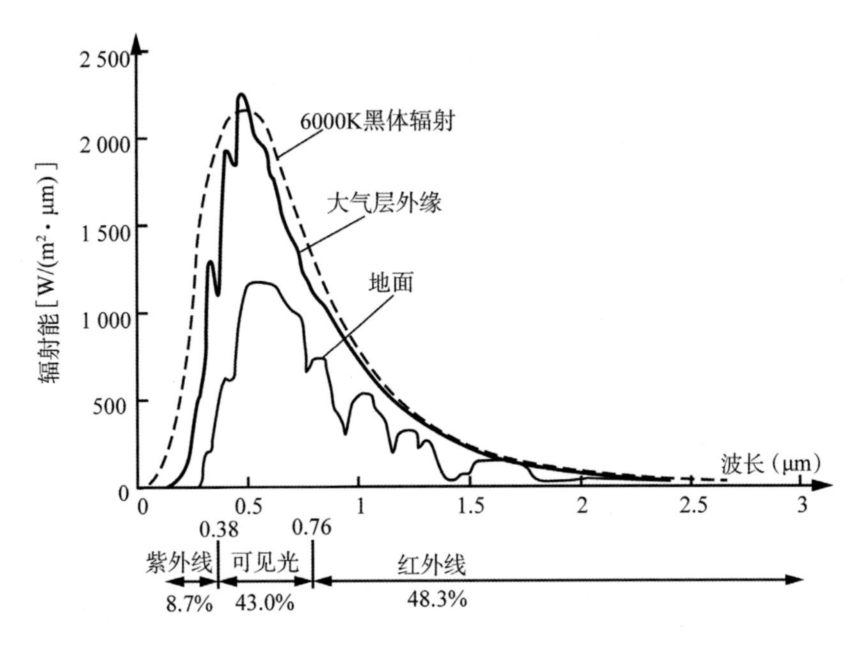

图 2–1　太阳辐射波谱

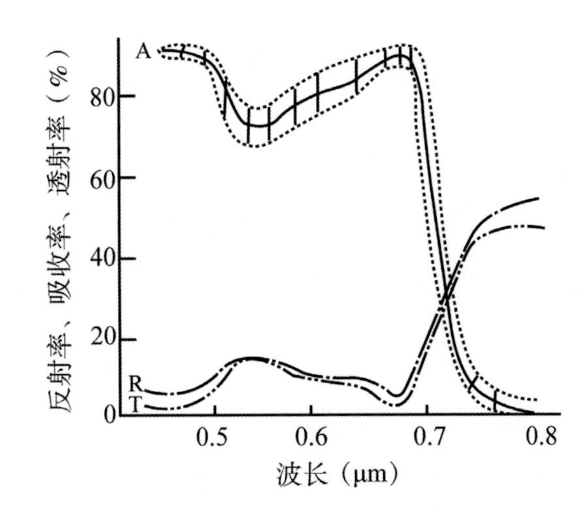

图 2–2　植物叶面对可见光的反射（*R*）、吸收（*A*）和透射（*T*）

（80 种植物测定值平均，*A* 的虚线表示种间变异幅度）

3. 光照的度量　对于光照的强度，过去采用以人的视觉为基础的光照度进行度量，单位为 lx，但这对于植物是不适宜的。由于对植物产生光合作用的主要是 0.4~0.7 μm 的光合有效辐射，人眼敏感的 0.55 μm 光（黄绿光），恰是植物光合吸收的低谷。因此园艺领域已逐渐改用单位时间、单位面积上的光合有效辐射能量（光合有效辐射照度，PAR）度量，单位为 W/m^2。进一步的研究表明，植物光合作用强度与所吸收的光量子数量有关，因此更合理的度量单位是光合有效光量子流密度（PPFD 或 PPF），即单位时间、单位面积上到达或通过的光合有效辐射范围的光量子数，单位为 $\mu mol/(m^2 \cdot s)$。这几种量的大小均与光谱能量分布状况相关，相互间无固定的换算比例关系。只有在确定的光谱能量分布下，才有明确的对应关系。一般天气自然（太阳）光照情况下几种量间的近似换算关系为：

$$1\,000\ lx \approx 4.2\ W/m^2\ (PAR)$$

$$1\,000\ lx \approx 16.8\ \mu mol/(m^2 \cdot s)\ (PPFD)$$

$$1\ W/m^2\ (PAR) \approx 4\ \mu mol/(m^2 \cdot s)\ (PPFD)$$

在研究太阳辐射的热作用时，需要度量在太阳辐射全部波长范围内的能量，称为太阳总辐射照度（或称总辐照度），单位为 W/m^2。一般天气自然（太阳）光照情况下，当太阳总辐射照度为 10 W/m^2 时，相应的光合有效辐射照度约为 4.2 W/m^2，光合有效光量子流密度约为 16.8 $\mu mol/(m^2 \cdot s)$，光照度约为 1 000 lx。

（二）温室外自然光照的强度

目前绝大部分温室均为自然采光，因而温室内光照的强度受室外光照强度影响很大。要分析计算温室内的光照强度，需先从分析室外光照强度入手。

对于室外太阳辐射的计算分析，过去多是针对太阳总辐射照度进行的。因此，下面给出室外太阳总辐射照度的计算方法，得出室外太阳总辐射照度后，再根据上述近似关系，可转换为光合有效辐射照度或光合有效光量子流密度，或光照度。

室外的太阳总辐射照度（S）是随着季节、天气状况、时间和地点变化的。所在地点的纬度越低，日期越接近夏至，时间越接近中午，太阳总辐射照度越大。晴天任意时刻的室外水平面太阳总辐射照度可按下式进行计算：

$$S=(C+\sin h)Ae^{-B/\sin h} \quad (W/m^2) \quad (2\text{–}1)$$

式中　A，B，C——常数，见表 2–1；

h——太阳高度角（°）；

e——自然对数的底。

表 2–1　太阳总辐射照度计算常数

日期	A（W/m²）	B（无量纲值）	C（无量纲值）
1月21日	1 230	0.142	0.058
2月21日	1 214	0.144	0.06
3月21日	1 185	0.156	0.071
4月21日	1 135	0.18	0.097
5月21日	1 103	0.196	0.121
6月21日	1 088	0.205	0.134
7月21日	1 085	0.207	0.136
8月21日	1 107	0.201	0.122
9月21日	1 151	0.177	0.092
10月21日	1 192	0.16	0.073
11月21日	1 220	0.149	0.063
12月21日	1 233	0.142	0.057

注：资料来源于 *ASHRAE Guide and Data Book*，1981。

上述太阳高度角 h 为太阳光线与地平面之夹角，可按下式计算：

$$\sin h=\cos L\cos\delta\cos H+\sin\varphi\sin\delta \quad (2\text{–}2)$$

式中　φ——所在地的地理纬度（°，北纬）；

H——时间角（°），$H=15(t-12)$（此角等于 15× 偏离正午的小时数，从 12 时到 24 时为正，从 24 时到 12 时为负）；t 为当地平均太阳时（0~24 时），$t=t_0-(120-L')/15$；t_0 为北京时间（0~24 时）；L' 为所在地的东经经度（°）。

δ——太阳赤纬角（°），太阳光线与地球赤道面间的夹角。

$$\delta = 23.45\cos\left(360\frac{n-172}{365}\right) \qquad (2\text{-}3)$$

式中 n——日期，从1月1日算起的天数。

中午（当地平均太阳时12时）的太阳高度角为：

$$h = 90° - (\varphi - \delta) \qquad (2\text{-}4)$$

（三）温室内自然光照的强度

温室内的自然光照强度 E_i 取决于室外光照的强度 E_0 与温室覆盖层的平均透光率 τ，可按下式计算：

$$E_i = \tau E_0 \qquad (2\text{-}5)$$

式中自然光照强度 E_i 与室外光照强度 E_0 采用同样的单位，即同为总辐射照度，或光合有效辐射照度，或光合有效光量子流密度，或光照度。

温室覆盖层的平均透光率 τ 与覆盖层材料有关，并且受温室使用条件的影响。

1. 影响温室覆盖层透光性的主要因素

1）光线入射角。光线入射角为光线入射方向与覆盖材料表面法线间夹角（图2-3），入射角越大，透光率越低，但入射角在40°以下时，其降低程度较小。入射角大于40°的情况，随着入射角的增大，透光率降低速率显著增大。所以在温室设计中，对于主要采光面（例如屋面等），应尽量使其在冬季一天之中的主要采光时刻，太阳光线的入射角尽量小于40°。

2）覆盖层。温室采用固定多层覆盖保温时，每增加一层固定覆盖层，透光率降低10%~15%，因此应兼顾保温与采光的需要合理确定保温覆盖的层数，尽量采用活动覆盖层。

3）设备与结构材料遮光损失。温室因设备和结构材料的遮阳，将使其平均透光率降低5%~15%，因此在其设计中应合理设计结构和配置设备，尽量减少这部分损失。

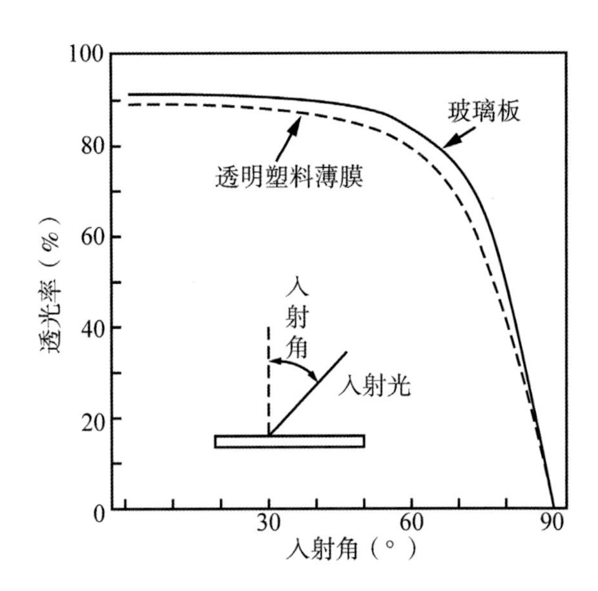

图 2-3　覆盖材料光线入射角与透光率

园艺设施随着使用时间的增加，覆盖材料逐渐老化，透光损失将逐渐增加。老化严重时，平均透光率降低可达 30%。

覆盖材料因尘埃污染和内侧结露水滴，将产生透光损失，一般可达 15%~20%，为此应选用防静电、防尘和防滴性好的覆盖材料，屋面定期清洗也可减少这部分光照损失。

2. 温室覆盖层的平均透光率 τ　τ 可以采用下式计算：

$$\tau=\tau_0 k_\theta (1-r_1)(1-r_2)(1-r_3) \qquad (2\text{-}6)$$

式中　τ_0——洁净覆盖材料在光线入射角为 0° 时的透光率，见表 2-2；

k_θ——光线入射角为 θ（°）时的总辐射修正系数，

$k_\theta=1-(\frac{\theta^5}{90})$；

r_1——温室设备与结构材料遮光损失，一般为 0.05~0.15；

r_2——温室覆盖材料因老化产生的透光损失，可根据具体情况而定，一般 0.05~0.3；

r_3——结露水滴和尘污的透光损失，一般 0.15~0.2。

表 2-2 温室覆盖材料的 τ_0 值

覆盖材料	τ_0
玻璃，厚度3 ~ 5 mm	0.88
中空聚碳酸酯板，厚度6 mm、8 mm	0.8
聚乙烯薄膜，厚度0.1 ~ 0.15 mm	0.78
乙烯-醋酸乙烯多功能复合膜，厚度0.1 ~ 0.15 mm	0.82
聚氯乙烯薄膜，厚度0.1 ~ 0.15 mm	0.85
聚酯膜、氟素膜	0.9 ~ 0.92

注：多层覆盖时透光率近似为各层透光率之乘积。

（四）温室的采光设计与光照环境调控

多数阳性植物对光照的最低要求是 80 W/m^2，或 300 μmol/（m^2·s），或 20 000 lx。在较高纬度地区，冬至日前后即使是在晴天正午的情况下，温室内的光照强度一般也只达到阳性植物的最低要求。考虑到正午以外的时刻和室外光照较弱一些的情况，温室内的光照强度将不能够满足多数阳性植物最低光照强度要求。因此，对于自然采光的温室，如何尽量提高温室内的光照强度，是温室设计与使用中需要考虑的问题。此外，温室内光照环境的设计和调控还包括光照周期（光照时数）和光质（光谱分布）方面的考虑。温室内光照强度的设计与调控可以从以下方面进行。

1. 研究开发和选用合适的温室覆盖材料　采用透光率高的覆盖材料是保证温室内光照强度的基本要求。应注意的是，覆盖材料不仅应在干洁状况下具有较高的透光率，还应防尘、防流滴，保证在使用中保持良好的透光性。

一些植物的栽培对光照环境还有特定的光谱分布方面的要求，可以专门开发或选用具有相应分光透过特性的覆盖材料。

2. 采用合理的温室结构与建设方位

合理布置结构和设备，尽量减少设备和结构的遮光损失。

温室的建设方位，一般在冬季，东西栋温室（屋脊呈东西方向）透光率优于南北栋温室（屋脊呈南北方向），纬度越高，差异越明显；夏季相反。

室内光照均匀性，南北栋温室优于东西栋温室。实际应用中应根据对温室要求的侧重方面合理选择温室的朝向。

以南屋面作为温室的主要采光面时，可以获得较高的透光率。但需要采取合理的屋面角 α（屋面与水平面的夹角）。

如图 2–4 所示，南屋面太阳光线入射角：

$$\theta = 90° - h - \alpha \tag{2-7}$$

式中　h——太阳高度角（°）；

　　α——屋面角（°）。

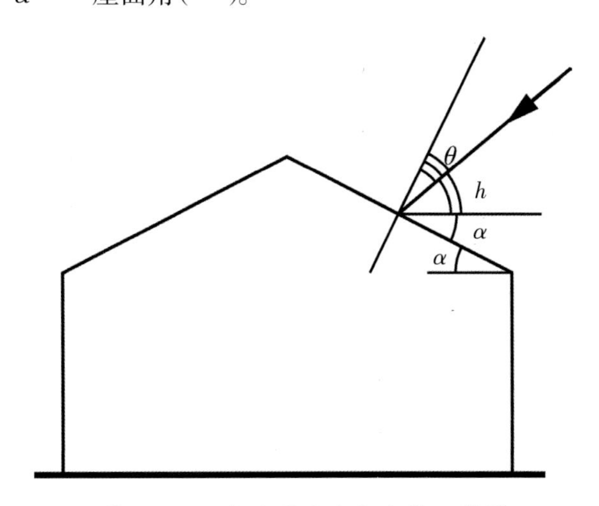

图 2–4　正午南屋面太阳光线入射图

根据前述光线入射角对覆盖材料透光率的影响，为保证屋面透光率，要求：

$$\theta = 90° - h - \alpha \leqslant 40° \tag{2-7}$$

有：

$$\alpha \geqslant 50° - h \tag{2-8}$$

如考虑冬至正午时刻的情况，由式（2–4）可得：

$$\alpha \geqslant \varphi - \delta - 40° \tag{2-9}$$

如在北纬 40° 地区，冬至正午太阳高度角为 26.5°，该时刻满足上述要求的屋面角 $\alpha \geqslant 23.5°$。为保证冬季每日有一定时间段满足上述要求，屋面角还应更大，较理想的情况应为 $\alpha > 30°$。

对于日光温室的屋面也是同样的要求，但覆盖塑料薄膜的日光温室的屋面一般是曲面，屋面角在不同的高度位置是不同的（图 2–5），底部较大（$\alpha_{底}$），顶部较小（$\alpha_{顶}$）。为了使全部屋面均有较高的透光率，原则上在整个屋面高度范围内，屋面角均应满足要求。但实际上，顶部屋面角 $\alpha_{顶}$很难达到这一要求，因此一般对于顶部的屋面角放宽要求，但也应使 $\alpha_{顶}>10°$。底部的屋面角一般可取 70°~75°。注意，为了方便在接近屋面底部附近的人工管理作业，距离底部 0.5 m 处的屋面高度 H 应大于 0.8 m。对于后屋面，为了使其在冬季大多数时候不在室内产生阴影，其仰角 $\alpha_{后}$一般应比冬至时的正午太阳高度角大 5°~8°。

3. 光照环境的人工调控　温室使用中光照环境的人工调控，根据对调控光照要素的不同，分为光量调控、光周期调控和光质调控三个方面。

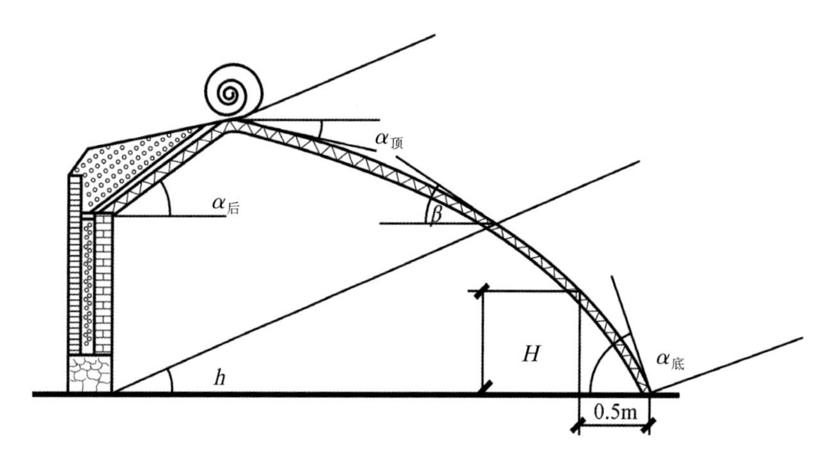

图 2-5　日光温室的屋面角

1）光量调控。对影响光合作用的光照强度进行调节控制。夏季当光照强度对于一些植物过大时，需展开遮阳幕进行遮光调节。设施内光照强度不足，不能满足光合作用要求时，需采用人工光源补光调节（光合补光）。人工光源有热辐射类光源如白炽灯、卤钨灯，气体放电光源如荧光灯、高压汞荧光灯、金属卤化物灯、高压钠灯、低压钠灯等。

光合补光要求提供较高的光照强度，消耗功率大，应采用发光效率较高的光源。低压钠灯发光效率最高，其他几种发光效率较高的光源发光效率的高低依次为高压钠灯、金属卤化物灯、荧光灯。

低压钠灯虽发光效率最高，但其光谱为单一的黄色光，须和其他光源配合使用。

高压钠灯光色较低压钠灯好，但光谱也较窄，主要为黄橙色光，宜与光谱分布较广的金属卤化物灯配合使用。高压钠灯在生产性温室中使用最多。

荧光灯可采用管内壁涂有适当的混合荧光粉的光色较好的植物生长灯。由于单灯功率较低，要达到一定的补光强度需要使用的灯数量较多，白天在温室里使用时遮阴较多，因此多用于完全采用人工光照的组织培养室等。

金属卤化物灯光色较好，发光效率也较高，一般在科研温室中采用较多。

白炽灯发光效率低，辐射光谱主要在红外光范围，可见光所占比例很小，且红光偏多，蓝光偏少，不宜用作光合补光的光源。

2）光周期调控。对光周期敏感的作物，当黑夜时间过长而影响作物的生长发育时，应进行人工光周期补光。人工光周期补光需用的照度较低，一般大于 22 lx 即可，最好是 50 lx 左右，可采用价格便宜的白炽灯。可以在早、晚补光，延长光照时间，也可在夜晚中间补光打断黑暗，使持续暗期时间缩短。

一些短日照作物要求较长的连续暗期，可进行遮光调节。光周期遮光须将室内光照降到临界光周期照度以下，一般不高于 22 lx，所以要用不透光的黑布与黑色塑料在温室顶面及四周铺设，严密搭接。

3）光质调控。光质对植物的生理和生长产生各种影响，如蓝光可防止水稻烂秧；红光（0.6~0.7 μm）与近红外线（0.7~0.8 μm）比例较小时（远红外线能量大），促进植物伸长，反之则抑制植物的伸长。由此可知，若调节红外线或近红外线，可控制植物茎的伸长。光质调控的方法，可采用满足要求的具有特定光谱透过率的覆盖材料（如有色薄膜），或采用满足要求的具有特定光谱分布的人工光源补光。

四、温室的采暖与保温节能

在自然气候条件下的各环境因素中，温度条件因地区、季节和昼夜的不同，变化范围最大，最易出现不能满足植物生长条件的情况，这是露地不能进行作物周年生产的主要原因。温室内部的温度受外界影响，也很容易出现不能满足植物生长要求的情况，尤其是在我国北方，冬季如何在寒冷的室外气象条件下保证温室内适于植物生长的温度条件，是温室设计、建造和使用中最重要的问题。

（一）温室的热平衡

1. 作物与环境温度 植物生长发育、开花结实的全部过程实质上是生物个体内部的生物化学（生化）反应过程，这种过程必须在一定的温度条件下进行。当气温或地温低于某低值或超过某高值（如低于0℃，超过50℃），植物生化反应会停止，植物个体便死亡，这是两个极限。不同的作物、不同生理生化过程对温度需求差异较大，一般而言，根系吸收营养物质的最适温度是15~20℃，最有利于光合作用的温度是20~30℃，光合产物输送的最适温度是20~25℃。只有满足这些要求，作物才能正常生长发育，培育出优质高产的产品。为了使温度指标控制得与作物需求吻合，必须掌握温室的热平衡规律，以及供热、蓄热、散热和保温设计的有关技术知识，并利用它们去实现这一目的。

2. 温室的热量平衡 温室内的温度条件决定于温室内外的热量传递情况。根据能量守恒的原理，在稳定的状态下，温室内从外界获得的能量（得热）与损失的能量（失热）相等，即维持平衡，根据这一点，可以确定温室内与温室供热、蓄热、散热和保温设计有关的热量关系。因此，温室的热量平衡是一个很重要的问题。

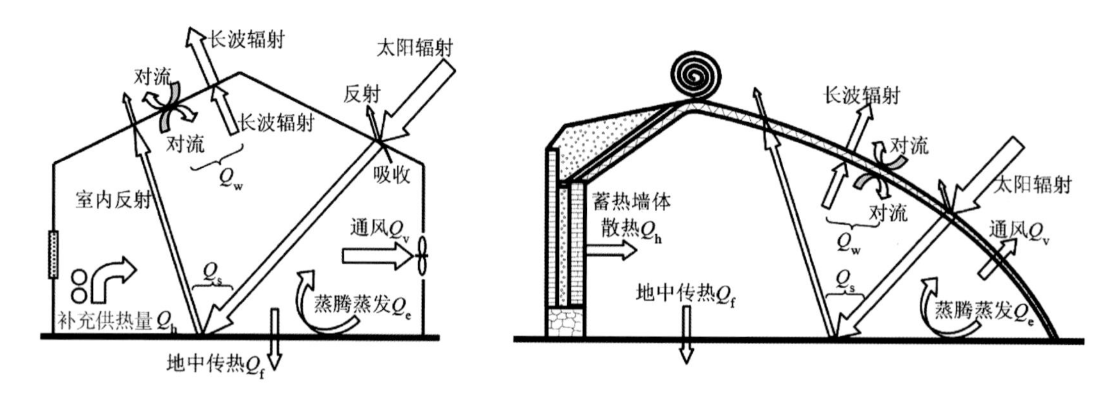

图2-6 温室中的能量传递与平衡

温室中的主要热量收支情况如图2-6所示，根据能量守恒定律，温室系统的热量收支关系，即温室热平衡方程为：

$$(Q_s+Q_h)-(Q_w+Q_f+Q_v+Q_e)=0 \tag{2-10}$$

式中　Q_s——温室内吸收的太阳辐射热量（W）；

Q_h——补充供热量（温室采暖系统或日光温室墙体散热量）（W）；

Q_w——通过围护结构的传热量（对流、辐射等）（W）；

Q_f——地中传热量（W）；

Q_v——通风（或冷风渗透）排出的显热量（W）；

Q_e——室内植物蒸腾、地面蒸发吸收并由通风排出的潜热量（W）。

上式中前两项作为温室内的得热，后四项一般看作失热，但这只是假定，实际上可能有些项的得热与失热情况正好相反（这时在平衡式中取负值）。例如地中传热量，在加温温室中，一般是室内热量传入地中土壤（式中取正值），而在不加温温室的夜间，土壤中的热量会传出到室内（式中取负值），对室内空气有加温的作用。

3. 温室的热量收支分析　温室热平衡方程式（2-10）是温室采暖和保温设计分析的重要基础，以下分析其中各热量收支项。

1）温室内吸收的太阳辐射热量 Q_s。投射到温室覆盖材料表面的太阳辐射，部分被覆盖层反射，部分被吸收，大部分透射入温室内。而进入温室内的太阳辐射能又有小部分将被室内的地面、植物等反射出去。因此，在任何时期温室内吸收的太阳辐射热量 Q_s 为：

$$Q_s=a\tau SA_s(1-\rho)\quad (W)\qquad (2-11)$$

式中　S——室外水平面太阳总辐射照度（W/m^2）；

A_s——温室地面面积（m^2）；

a——受热面积修正系数，考虑温室围护结构接受投射到温室地面面积以外部分的太阳辐射热量，对接受太阳辐射热量面积的修正，可取 $a=(B+0.5h)/B$；

B——温室在南北方向的宽度（m）；

h——温室屋脊与檐口的平均高度（m）；

ρ——室内日照反射率，一般约为 0.1；

τ——温室覆盖材料对太阳辐射的透射率。

2）围护结构的传热量 Q_w。温室的围护结构有的全部采用透明覆盖材料，有的采用部分透明覆盖材料和其他建筑材料混合组成。透过温室透明覆盖材料的传热形式不仅有其内外表面与温室内外空气间的对流换热和覆盖材料内部的导热，温室内的地面、植物等还以长波热辐射的形式，透过覆盖材料与室外大气进行换热，但在计算通过温室围护结构材料的传热量时，这部分传热量往往也和其他传热方式传递的热量一并计算。即通过透明覆盖材料和非透明覆盖材料传热量计算形式上一样，均采用总传热系数来计算包括对流换热、热传导和辐射几种传热形式的传热量。因此，通过温室围护结构材料的传热量 Q_w 为：

$$Q_w=\sum_j K_j A_{gj}(t_i-t_o) \quad (W) \qquad (2-12)$$

式中 t_i——室内气温（℃）；

t_o——室外气温（℃）；

A_{gj}——温室围护结构各部分的面积（m^2）；

K_j——温室各部分围护结构的传热系数［W/（m^2·℃）］。

对于常见的温室覆盖材料，其传热系数可直接由表 2–3 查得。

表 2–3 各种覆盖材料的传热系数及热节省率（以单层玻璃覆盖为参照）

<table>
<tr><th colspan="2">覆盖方式</th><th>覆盖材料</th><th>传热系数［W/（m²·℃）］</th><th>热节省率（%）</th></tr>
<tr><td colspan="2" rowspan="2">单层覆盖</td><td>玻璃</td><td>6.2</td><td>0</td></tr>
<tr><td>聚乙烯薄膜</td><td>6.6</td><td>–6.5</td></tr>
<tr><td rowspan="8">室内保温覆盖</td><td rowspan="3">固定双层覆盖</td><td>玻璃+聚氯乙烯薄膜</td><td>3.7</td><td>40</td></tr>
<tr><td>双层聚乙烯薄膜</td><td>4</td><td>35</td></tr>
<tr><td>中空塑料板材</td><td>3.5</td><td>43</td></tr>
<tr><td rowspan="5">（外层覆盖+）单层活动保温幕</td><td>聚乙烯薄膜</td><td>4.3</td><td>31</td></tr>
<tr><td>聚氯乙烯薄膜</td><td>4</td><td>35</td></tr>
<tr><td>无纺布</td><td>4.7</td><td>24</td></tr>
<tr><td>混铝薄膜</td><td>3.7</td><td>40</td></tr>
<tr><td>镀铝薄膜</td><td>3.1</td><td>50</td></tr>
<tr><td colspan="2" rowspan="3">（外层覆盖+）双层保温帘</td><td>双层聚乙烯薄膜保温帘</td><td>3.4</td><td>45</td></tr>
<tr><td>聚乙烯薄膜+镀铝薄膜保温帘</td><td>2.2</td><td>65</td></tr>
<tr><td>双层充气膜 + 缀铝膜保温帘</td><td>2.9</td><td>53</td></tr>
<tr><td rowspan="2">室外覆盖</td><td rowspan="2">活动覆盖</td><td>稻草帘与苇帘</td><td>2.2 ~ 2.4</td><td>61 ~ 65</td></tr>
<tr><td>复合材料保温被</td><td>2.1 ~ 2.4</td><td>61 ~ 66</td></tr>
</table>

为了减少温室夜间的散热损失，一些温室在非采光面（如日光温室北墙等）采用非透明材料围护，对于这样形成的非透明多层围护结构，其传热系数可按下式计算（注意该式不能用于透明覆盖材料的传热系数计算）：

$$K=\frac{1}{\frac{1}{\alpha_i}+\sum_k \frac{\delta_k}{\lambda_k}+\frac{1}{\alpha_o}} \quad [\mathrm{W/(m^2 \cdot ℃)}] \qquad (2\text{–}13)$$

式中　α_i，α_o——温室覆盖层内表面及外表面换热系数，一般 α_i=8.7 W/（m^2·℃），对于外表面换热系数，冬季 α_o=23 W/（m^2·℃），夏季 α_o=19 W/（m^2·℃）；

δ_k——各层材料的厚度（m）；

λ_k——各层材料的导热系数［W/（m·℃）］，参见表 2–4。

表 2–4　常用材料的密度及导热系数

材料名称	密度(kg/m^3)	导热系数［W/（m·℃）］
钢筋混凝土	2 500	1.74
碎石或卵石混凝土	2 100 ~ 2 300	1.28 ~ 1.51
粉煤灰陶粒混凝土	1 100 ~ 1 700	0.44 ~ 0.95
加气泡沫混凝土	500 ~ 700	0.19 ~ 0.22
石灰水泥混合砂浆	1 700	0.87
砂浆黏土砖砌体	1 700 ~ 1 800	0.76 ~ 0.81
空心黏土砖砌体	1 400	0.58
水泥膨胀珍珠岩	400 ~ 800	0.16 ~ 0.26
聚苯乙烯泡沫塑料*	15 ~ 40	0.04
聚乙烯泡沫塑料	30 ~ 100	0.042 ~ 0.047
石棉水泥板	1 800	0.52
纤维板	600	0.23
胶合板	600	0.17
锅炉炉渣	1 000	0.29
膨胀珍珠岩	80 ~ 120	0.058 ~ 0.07
锯末屑	250	0.093
稻壳	120	0.06
钢材	7 850	58.2

续表

材料名称	密度(kg/m³)	导热系数［W/（m·℃）］
铝材*	2 770	177
夯实黏土墙或土坯墙*	2 000	1.1
木材（松和云杉）*	550	0.175 ~ 0.350
石油沥青油毡、油纸	600	0.17

注：除标注 * 者外，资料来源于《建筑物理》第三版，刘加平，2002。

3）温室采暖系统或日光温室墙体散热量。对于不加温温室（例如日光温室），蓄热墙体中蓄积的热量在夜间将逐渐散发出来，成为温室得热的一部分，其散热量可按下式计算：

$$Q_h=k_w(15-t_i)^{0.1}A_w \quad (t_i<15℃) \tag{2-14}$$

式中 A_w——蓄热墙体的面积（m^2）；

k_w——经验系数，一般对于日光温室的蓄热墙体，k_w=30~50，当墙体保温蓄热性好、白天蓄积热量多时取较高值。

对于加温温室，夜间温室的得热主要来源于采暖系统的加温热量 Q_h，这时即使有蓄热墙体，因室内气温较高，墙体散发热量较小，一般忽略不计。如果蓄热墙体保温性较差，墙体还可能向外传出热量，这时应该按式（2-12）与式（2-13）计算其向室外的散热量。

4）地中传热量 Q_f。地中传热情况比较复杂，其传热量与地面状况、土壤状况及其含水量、室内气温高低等因素有关，且根据不同情况，其传热方向也有不同。

在加温温室中，地中传热为失热，耗热量一般仅占总损失热量的5%~10%。可采用下式进行计算，计算中将温室地面按离外围护结构的距离，从外到内每 10 m 划分为一个区（图 2-7），每区取不同的传热系数。

$$Q_f=\sum K_{sj}A_{sj}(t_i-t_o) \tag{2-15}$$

式中 A_{sj}——温室地面各分区面积（m^2）；

K_{sj}——地面各分区的传热系数［W/（m^2·℃）］。

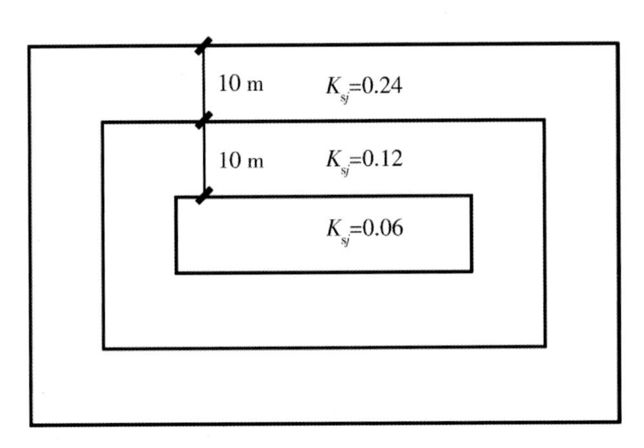

图 2-7　温室地面的分区与传热系数

在不加温温室中，夜间地中传热为得热，其得热量可按下式计算：

$$Q_r=-k_s(15-t_i)^{0.1}A_s\ (t_i<15℃) \quad (2-16)$$

式中　k_s——经验系数，一般对于日光温室的地面，k_s=20~30，当温室周围有防寒沟、白天蓄积热量多时取较高值。

5）通风的显热耗热量 Q_v。通风产生的显热损失可按下式计算：

$$Q_v=L\rho_a C_p(t_i-t_o) \quad (2-17)$$

式中　L——通风量（m^3/s）；

ρ_a——空气密度，一般可按 $\rho_a=353/(t_i+273)$ 计算，或直接取为 1.2 kg/m^3；

C_p——空气的定压质量比热容，取 C_p=1 030 J/（kg · ℃）。

在冬季为了减少温室通风热量损失，往往采用密闭管理的方式。这时虽然通风系统完全关闭，但由于围护结构不可避免地存在缝隙漏风的情况，这种情况下实际仍存在的通风热量损失通常称为冷风渗透耗热量，同样按上述方法进行计算。温室缝隙的渗漏引起的通风量可按照换气次数来算出，通风量等于换气次数乘以温室的内部体积，即：

$$L=\frac{1}{13\ 600}nV \quad (m^3/s) \quad (2-18)$$

式中　n——温室的换气次数（次 /h），一般为 0.5~3 次 /h，温室密闭性好时取较小值；

V——温室的内部体积（m^3）。

6）通风排出的室内植物蒸腾、地面蒸发消耗潜热量 Q_e。通风排出的室内植物蒸腾、地面蒸发潜热决定于室内向空气中蒸发水分的多少，这取决于很多因素，如空气的相对湿度、地面土壤潮湿状况、植物繁茂程度和温室中实际栽培面积所占比例等情况，准确地计算较为困难。一般根据经验，可以按与温室吸收的太阳辐射热量成一定比例的方法进行计算。

$$Q_e=e\,Q_s \quad (W) \tag{2-19}$$

式中 e——通风潜热损失与温室吸收的太阳辐射热之比，其值大小与影响室内地面和植物等蒸发与蒸腾的因素有关，一般可取 $e=0.4\sim0.7$。

但在温室采取密闭不通风的管理方式时，例如在冬季夜间，温室内湿度很高，室内地面与植物等产生的蒸发与蒸腾量很小。这时可忽略通风潜热损失，即取 $Q_e\approx0$。

（二）温室的冬季采暖

1. 采暖热负荷的计算　根据温室的热平衡方程，可以计算温室的冬季采暖热负荷，这是温室内配置采暖设备的重要技术数据。因为通常最大加温负荷是在夜间，室内吸收的太阳辐射热量 $Q_s=0$。同时夜间通常实行密闭的管理，有 $Q_e\approx0$。所以冬季夜间的采暖热负荷即可计算为：

$$Q_h=Q_w+Q_f+Q_v \quad (W) \tag{2-20}$$

在粗略估算时，采暖热负荷也可用采用以下简化计算式进行计算：

$$Q_h=UA_s(t_i-t_o)(1-\alpha)/\beta \quad (W) \tag{2-21}$$

式中 U——经验热负荷系数，玻璃覆盖 6.4 W/（m^2·℃），聚乙烯膜覆盖 7.3 W/（m^2·℃）；

α——保温覆盖材料的热节省率（0.25~0.65，见表 2-3）；

β——保温比（A_s/A_g），连栋温室 β=0.7~0.8，单栋温室 β=0.5~0.6；

A_g——温室覆盖表面积（m^2）；

A_s——温室地面面积（m^2）。

2. 采暖系统的配置

1）热水采暖系统。我国较大型的温室通常采用燃煤热水采暖，燃煤费用相对燃油较低。

热水采暖系统主要由锅炉、输送管道以及散热设备组成。锅炉供给的热水通过管道系统送入室内散热器，通过散热器外表面以自然对流和辐射的形式把热量散发到室内。

散热器采用铸铁或钢制，内部为热媒流通的通道，外表面具有较大的面积，以利散热。有柱型、翼型、串片型等类型。目前温室多采用钢制圆翼型散热器，占用空间小，散热强度大（有不同规格，每米长度散热量在 300~800 W 不等）。也有直接用钢管（光管）作为散热器的。

热水采暖系统热媒采用 60~80 ℃热水，加热平稳均匀，因水热容量大，热稳定性好，室内温度波动小，停机后保温性强，是应用广泛的采暖方式，适用于较大型的温室。但热水采暖系统的锅炉、配管和散热器等设备费用较高，在寒冷地区管道怕冻，必须充分进行保温防护。

2）热风采暖系统。热风采暖设备一般是采用一定热源、通过换热装置以强制换热的方式加热空气，使之达到较高温度（30~60 ℃），然后由风机将热空气送入需采暖的空间，为使热风在室内分布均匀，有时采用送风管道进行输送分配。

热风采暖设备主要有热风炉、空气加热器、暖风机等形式。

燃煤热风炉是利用煤燃烧后的高温烟气通过热交换装置加热空气，烟气排出室外，以避免对室内造成污染。燃煤热风炉设备简单，运行费用低，因此在我国小型温室内采用较多。其缺点除燃烧煤对环境产生污染的问题外，使用中管理较为麻烦，不易实现自动化控制。

空气加热器是采用热水、蒸汽，或燃烧燃油、天然气，或采用电加热，使空气流经空气加热器中的换热构造时得到加热。而将空气加热器与风机合为一个整体的设备，则称为暖风机。采用燃油、天然气或电能的热风采暖系统具有使用灵活、控制调节容易等优点，但运行费用较高。

由于热风采暖系统不需像热水采暖系统那样的散热器与供、回水管道系统，因此设备费用较低，冬季可以和通风相结合而避免冷风对植物的危害。缺点是热稳定性差，采暖设备停机后余热少，室温降低较快，温度波动较大，但在系统能实现自动控制时影响很小。

对于小型温室，或冬季室外气温不是太低的地区、仅需短期临时加温的温室，可采用热风采暖，其配置灵活，设备费用较低。热风采暖也常用作采用热水采暖系统的大型温室的辅助加热设备，在严寒季节主供暖系统还不能满足要求时短时启用。

热风采暖系统主要设备为燃油暖风机或燃煤热风炉，以及将热风均匀输送分配到温室各个部位的送风管道，风管可由塑料薄膜制成。由于燃烧产生的烟气中往往含有二氧化硫、一氧化碳和氮氧化物等有害气体，因此暖风设备中烟气是通过热交换装置将洁净空气加热为热风送出，然后烟气排出室外。

3）炉灶煤火加温。我国传统的单屋面温室多采用炉灶煤火加温，炉灶设置于温室内，烟气排出室外，加温热量通过烟道散发到室内。

（三）温室的节能

据调查，我国传统加温温室每年消耗标准煤达 300~900 t/hm^2，大型连栋温室更高，年耗煤量可达 900~1 500 t/hm^2。一般冬季加温的费用占生产成本的 30%~70%。因此，温室环境调控中的保温节能是降低生产成本、提高经济效益的重要措施。

温室节能技术包括加强保温、采暖系统合理设计与管理、新能源利用等三个方面。

1. 温室的保温　提高温室的保温性，对于加温温室是最经济有效的节能措施，对于不加温温室，是保证室内温度条件的主要手段。

温室的热量散失有通过地中土壤、冷风渗透和通过围护结构覆盖层散失三个主要途径。通常加温温室冷风渗透损失热量和地中传热量各占总热损失的 10% 左右。如加强温室的密闭性，可将冷风渗透热量损失减少到总热损失的 5% 以下。减少地中传热量则通常可采取在温室周边开设防寒沟的办法。

通过围护结构覆盖层的热量散失是温室热损失的主要部分，一般占总热损失的 70% 以上，因此减少该部分热量损失是保温技术的重点。其技术措施有采用保温性好的覆盖材料和采用多层覆盖（一般两层较多见）等。

多层覆盖可有效减少温室通过覆盖层的对流与辐射传热损失，是最常用的保温措施，保温效果显著。有固定覆盖、内外活动保温幕帘和室内小棚覆盖等多种形式。

固定覆盖构造简单，保温严密，但两层的固定覆盖比单层覆盖白天透光率降低 10%~15%。近年得到较多应用的双层充气膜覆盖，是将双层薄膜四周用卡具固定，两层薄膜中充以一定压力的空气，这实质上相当于双层固定覆盖，保温严密，效果较好。

活动保温覆盖是在固定覆盖层内侧或外侧设置可动的幕帘，夜间展开覆盖保温，白天收拢，基本不影响白天采光，但需设置幕帘开闭的机构，结构上较复杂一些。因其白天收拢不影响进光，可采用保温性较好的反射性材料或厚的保温材料，提高保温效果。

近年在温室中得到普遍应用的缀铝膜内保温幕即是用反射性材料制成的，这种覆盖材料具有较高的长波辐射反射率和优良的保温性能，又有一定透气、透湿性，有利于降低室内湿度。夏季缀铝膜又可利用其对阳光的反射作用兼用于温室的遮阳降温，提高其利用率。

温室覆盖层保温性能可用传热系数进行评价，传热系数越小保温性越高，采用节能措施后的效果则用热节省率（或节能率）α 进行评价：

$$\alpha = (K_1 - K_2)/K_1 \quad (2\text{–}22)$$

式中　K_1，K_2——采用保温覆盖前、后的覆盖层传热系数［$W/(m^2 \cdot s)$］。

前面表 2–3 列出了一些保温覆盖材料的热节省率。

2. 合理设计与管理采暖设施　准确计算采暖负荷与配置采暖系统，可避免过量配置产生的浪费。应根据室内植物的要求合理选用供暖方式与布置采暖系统。如一些在地面放置育苗盘或花钵的育苗或花卉温室，采用地面加热系统可有效直接对植物生长区和根区加温，并避免温室上部空间温度不必要的升高，减少覆盖层散热，可节能 20% 以上。

温室采暖系统的运行应根据植物生长各时期的不同要求和适应室外气象条件的变化进行有效调节，以避免加温热量的浪费。白天上午和正午光照条件较好的时间段，可采用较高气温以增进光合作用。夜间采用适当的较低温度，不仅能节省加温能源，还可减少因呼吸对光合产物的消耗，这种温度管理方法称为变温管理。阴雨天光照较弱，较高气温并不能显著提高光合强度，为避免无谓的加温能耗，温度可控制得低一些。

3. 新能源（可再生能源）的有效利用　温室的加温能源，国外多为石油和天然气，我国主要使用煤炭。减少能源在温室生产中的消耗，不仅能降低生产成本，也是节约地球有限资源、保护环境的需要。世界各国都开展了利用太阳能、风能、地热能和生物质能等作为温室加温能源的研究，其中最有普遍应用前景的是太阳能和生物质能（沼气等）。

太阳能是地球上最廉价且普遍存在的清洁能源，但由于其时间性和能量密度较低的特点，有效收集和存储是其利用技术上的难点。

地中热交换系统为一种利用温室自身集热和用土壤蓄热的太阳能利用系统，由风机与温室地面下埋设的管道组成。当白天室内气温升高到一定程度（一般 20~25℃以上）时，开动风机使空气流过管道，热风加热管周土壤，把热量蓄积到土壤中。到夜间室内气温降低到设定点（例如低于 10 ℃）时再开动风机，使空气从管道中流过，空气被土壤加热而带出蓄积的热量。其释放的热量可使室内气温提高 3~7℃，同时由于地下管道的蓄热，可使地温提高 4~8 ℃。这种节能系统在国内外均开展了研究试验，并在一些温室中得到推广应用。

沼气用于温室加温也是节能的有效途径，并具有良好生态环境效益。我国园艺生产者创造了将温室与畜禽舍结合在一起的种养结合生态温室。在这种植物与动物生产的能源与物质互补生态系统中，畜禽呼出的二氧化碳成为植物的二氧化碳气肥源，而植物光合作用吸收二氧化碳，产生氧供给动物，畜禽散发的体热成为温室的补充热源。如果在温室地面下建沼气池，以畜禽粪便做沼气原料，温室内较高的气温可促进沼气发酵，提高产气率，沼气可用作温室加温和农村生活与生产的能源，发酵后的产物为优质有机肥。这样，在温室内形成养殖、沼气和种植有机结合的良性生态系统，可获得良好的经济效益和环境效益。

五、温室的通风与降温

（一）温室通风换气的目的

通风换气是调控温室内环境的重要技术手段。温室使用的目的是创造适于植物生长的、优于室外自然环境的条件，但在相对封闭的条件下，室外热作用和室内植物等对室内环境的影响容易累积，易产生高温、高湿和不适的空气成分。这时，通风换气往往是最经济有效的环境调控措施。

1. 排出多余热量，抑制高温　温室等园艺设施采用透明材料覆盖，白天太阳辐射热大量进入，在室外气温较高和日照较强的季节，密闭的温室内气温可高于外部 20℃以上，甚至可超过 50℃。通风可引入室外相对较低温度的空气，排出室内多余热量，防止出现过高气温。

2. 补充二氧化碳，提高室内二氧化碳浓度　温室等园艺设施内白天因植物光合作用吸收二氧化碳，造成二氧化碳浓度降低，有时甚至降到 100 mg/m³ 以下，不能满足植物正常光合作用的需要。通风可从引入的室外空气中获得二氧化碳补充。

3. 排出室内的水汽，降低空气湿度　温室内潮湿土壤表面水分的蒸发和植物蒸腾作用，均将大量增加室内空气中的水汽，产生较高的室内空气湿度。通风可有效引入室外干燥空气，排出室内水汽，降低室内空气湿度。

（二）通风的基本形式

按通风系统的工作动力不同，通风可分为自然通风和机械通风两种形式。

1. 自然通风　自然通风是靠室内外的温度差产生的热压或外界自然风力产生的风压促使空气流动。自然通风系统投资少且不消耗动力，运行费用低，日光温室和塑料大棚中多采用这种通风形式。大型连栋温室等设置有机械通风系统的温室一般也同时设置自然通风系统，并往往在运行管理中优先启用。但自然通风系统能力有限，并且其通风效果受温室所处位置、地势和室外气候条件（风向、风速）等因素的影响。

自然通风系统为保证热压通风效果，一般在侧墙偏下部设置进风口，屋面上设置排风天窗，尽可能加大通风窗间高差。多设置屋脊天窗，但塑料薄膜温室从减少屋面薄膜接缝和方便开窗机构布置等考虑，也较多地设置谷间天窗。为获得较大的通风窗口面积，侧窗和天窗较多采用通长设置的方式。塑料薄膜温室通常采用卷帘式通风窗，通风面积大，且开闭的卷膜机构较简单，造价低廉。为使风压与热压通风的效果叠加，避免相互抵消，通风窗的设置应尽可能使风压和热压通风的气流方向一致，如使天窗排风方向位于当地主导风向的下风方向，避免风从天窗处倒灌。如果屋脊天窗对两侧窗口的开闭分别控制，可以适应不同的风向。

2. 机械通风　又称强制通风，是依靠风机等设备强制空气流动，其作用能力强，通风效果稳定，室内气流组织和调节控制方便，并可在空气进入温室前进行加温、降温以及除尘等处理。但是风机等设备需要一定投资和维修费用，运行要消耗电能，运行成本较高，风机运行中还会产生噪声等问题。大型连栋温室由于室内面积和空间大、环境调控要求高，在我国自然气候条件下，仅靠自然通风往往不能完全满足生产要求，通常须设置机械通风系统。

机械通风系统一般有排气通风、进气通风和进排气通风三种基本形式。排气式通风又称为负压通风，风机布置在排风口，由风机将室内空气强制排出，室内呈低于外部空气压力的负压状态，外部新鲜空气由进风口吸入。排气通风系统换气效率高，易于实现大风量的通风，室内气流分布较均匀，因此，在温室中目前使用最为广泛。但排气通风要求设施有较好的密闭性，否则不能实现预期的室内气流分布要求。进气式通风系统是由风机将外部空气强制送入室内，形成高于室外空气压力的正压，迫使室内空气通过排气口排出，又称正压通风系统。其优点是对温室的密闭性要求不高，且便于对空气进行加热、冷却、过滤等预处理，室内正压可阻止外部粉尘和微生物随空气从门窗等缝隙处进入污染室内环境。但室内气流不易分布均匀，易形成气流死角，为此，往往须设置气流分布装置，如在风机出风口连接塑料薄膜风管，气流通过风管上分布的小孔均匀送入室内。进排气通风系统又称联合式通风系统，是一种同时采用风机送风和风机排风的通风系统，室内空气压力可根据需要调控。因使用设备较多，投资费用较高，实际生产中应用较少，仅在有特殊要求而以上通风系统不能满足时采用。

（三）温室的降温

遮阳和通风是夏季抑制室内高温的有效技术措施，但很多时候还不能完全解决问题。遮阳和通风都不能直接降低进入室内的空气温度，在夏季，很多时候室外气温已高于植物生长适宜的气温条件，即使采用大风量机械通风，室内气温也最多降至接近室外气温的水平。例如在室外气温 32℃左右时，即使采用遮阳和大风量的通风，温室内的气温仍有可能超过 34℃。因此要控制室内气温在植物生长要求的范围内，必须进行人工降温。

人工降温技术一般有机械制冷、冷水降温和蒸发降温等。机械制冷是利用压缩制冷设备进行制冷，其优点是制冷量大，同时还可除湿，但设备费用和运行费用很高，在温室生产中一般不予采用。冷水降温利用低于空气温度的冷水与空气接触进行热交换，降低空气的温度，消耗大量的低温水，除当地有可利用的丰富的低温地下水的情况外，一般不宜采用。适用于温室夏季的降温技术是蒸发降温。

蒸发降温是利用水在空气中蒸发，从空气中吸收蒸发潜热的特性，使空气温度降低。水的蒸发潜热很大，约为 2 440 kJ/kg，仅消耗较少水量即可吸收大量的热量，因此远比冷水降温节水。例如，假设冷水降温时采用 12 ℃的冷水，冷水吸热后温度升高 10 ℃，达到 22 ℃，则消耗 1 kg 冷水所吸收的热量仅为 41.8 kJ。即吸收室内相同热量的情况下，蒸发降温的耗水量仅为冷水降温的 1/58，而设备及运行费用远远低于机械制冷，如应用最广的湿帘降温系统，其设备费用仅约为机械制冷的 1/7，运行费用仅为 1/10 左右。

蒸发降温的不足之处是降温效果受气候条件的影响，在湿度较高的天气下降温效果较差。另外降温的同时，空气的湿度也会增加，使室内湿度过高。但由于蒸发降温设备简单，运行可靠及维护方便，经济节能，仍不失为夏季生产的有效降温技术。

我国北方地区气候干燥，在室外气温较高时，空气相对湿度 40%~50%，甚至更低，一般夏季空调室外计算湿球温度在 27 ℃以下，蒸发降温有较好的效果。室外空气经蒸发降温设备处理后，气温通常可降低 7~10 ℃，可降低至 26~28 ℃。

（四）温室的遮阳

强烈的太阳辐射热能通过透明覆盖材料大量进入温室内，这是夏季温室内产生高温的重要原因。因此，设置遮阳大幅度减少进入温室的太阳辐射热能，对于抑制高温具有显著的作用，遮阳幕（网）已成为我国多数地区解决夏季温室环境调控问题所必备的设施，按设置部位的不同分为外遮阳与内遮阳两种类型。

外遮阳是在温室外覆盖材料上方覆盖塑料遮阳网。外遮阳网将太阳辐射遮挡在室外，遮阳网自身吸收的热量散发在室外，因此其降温效果优于内遮阳。

内遮阳须采用与外遮阳不同的材料，因为如遮阳网对太阳辐射热吸收率高，吸收后的热量散发到室内，将影响降温效果。目前采用可以有效反射日光的铝箔或镀铝薄膜条编织的缀铝膜，可将进入室内的部分太阳辐射反射出去。内遮阳幕的优点是在冬季又可兼作保温幕使用，因此适用于我国北方冬季保温与夏季降温并重的地区。

六、温室内的湿度与二氧化碳调控

（一）温室内的湿度调控

空气湿度也是影响作物生育的重要因素之一。相对湿度过高，会使作物的蒸腾作用受到抑制，造成光合强度下降，并且不利于根部对营养的吸收和体内的养分输送。持续的高湿环境易使作物徒长，影响开花结实，并易发生各种病害。而相对湿度过低，会因植物叶片气孔关闭而影响植物叶片对二氧化碳的吸收，如同时日照强烈、气温较高，作物将失水过多而造成暂时或永久萎蔫。持续的低湿度环境不仅影响植物产品的产量，同时因水分不足，细胞缺水，产品会萎蔫变形，纤维增多，色泽暗淡，使产品品质下降。

温室内空气中水汽的增加主要归因于土壤表面的蒸发和植物叶面的蒸腾，而通风换气排湿，以及在覆盖材料内侧和植物叶面的水汽凝结，可使室内空气中的水汽含量减少。温室内的湿度状况与影响室内水汽动态平衡的因素，即室内土壤湿度、植物的茂盛程度、室内加温和通风的情况、室内气温的变化以及室外气象情况等因素有关。

由于温室内相对封闭的环境，室内湿度通常比室外高得多。温室内空气湿度一日内变化的总的特点是，绝对湿度白天高、夜间低，而相对湿度则是白天低、夜间高。

在白天，随着室内气温的升高，空气相对湿度降低，晴天可降低到80% 左右。下午以后，随着室内气温的降低，相对湿度开始升高。温室密闭管理时，夜间室内相对湿度常达到 90% 以上，甚至接近 100%，而如夜间加温时，可使相对湿度降低到 85% 以下。

不同植物以及在不同的生育期对室内相对湿度有不同的要求，多数蔬菜和花卉生长适宜的相对湿度为 60%~90%，具体高低还与其他环境条件（光照、气流速度、气温等）有关。温室内湿度环境的调节主要是降低室内湿度，主要措施分述如下。

1. 通风换气　通风换气是最经济有效的降湿措施，尤其是室外湿度较低时，通风换气可以排出室内的水汽，使室内绝对湿度和相对湿度得到显著降低。

但是，在室外气温较低的季节，在通风排出室内多余水汽的同时，温室内的热量也被排出室外，通风量较大时将引起室内气温显著降低，因此应控制通风量的大小，或采取间歇通风的办法，或结合采用其他方式降湿。

2. 加温降湿　冬季结合采暖的需要进行室内加温，可有效降低室内相对湿度。

3. 地膜覆盖与控制灌水　室内土壤表面覆盖地膜或减少灌溉用水量，均可减少地面潮湿的程度，减少地面的水分蒸发。近年推广采用的膜下滴灌或地下渗管等节水灌溉技术，可使地面蒸发降低到最小限度，室内相对湿度可控制在 85% 以下。

4. 防止覆盖材料和内保温幕结露　在温室覆盖材料内侧的结露和随之产生的水滴下落，将沾湿室内的植物和地面，造成室内异常潮湿的状况，增加室内的水分蒸发量。为避免结露的产生，应采用防流滴功能的覆盖材料或在覆盖材料内侧定期喷涂防滴剂，同时在构造上，需保证覆盖材料内侧的凝结水能够有序流下和集中。

内保温幕采用透气吸湿性材料，可使幕下的水汽向幕上扩散，避免产生保温幕内侧结露和水滴下落到植物茎叶上面的情况。

（二）温室内的二氧化碳调控

二氧化碳是植物光合作用的重要原料。温室内环境相对封闭，由于植物光合作用、呼吸作用等，其内部二氧化碳与室外不同。室外环境大气中的二氧化碳含量大约为 0.035%，温室内，在日出前，因植物与土壤呼吸作用，二氧化碳浓度可达 0.05% 以上，日出后因植物光合作用吸收二氧化碳，其浓度迅速降低，在不通风的情况下，至正午二氧化碳浓度会降至 0.01% 以下，使植物处于饥饿状态。为保证植物光合作用的正常进行，需要增加二氧化碳浓度的调控。

通风换气是最为经济有效的补充二氧化碳的方法，且在春、夏、秋季，通风换气也是温室温度环境等调控经常性的要求。但通风换气最多只能将室内二氧化碳浓度提高到接近外界大气中浓度的水平，在冬季通风换气还会排出室内的热量，不利节能。为此，在冬季设施需密闭管理的季节，应考虑进行二氧化碳施肥，增加室内二氧化碳浓度。

1. 二氧化碳肥源及施肥设备

1）有机肥发酵。依靠有机物分解产生二氧化碳，成本低，简单易行。但二氧化碳的发生量、发生时间较为集中，不便调控。

2）燃烧碳氢化合物。燃烧煤油、天然气或液化石油气等燃料获得二氧化碳。该方法控制容易，但成本较高，国内应用较少。

3）化学药剂反应法。利用以下化学反应产生二氧化碳：

$$2NH_4HCO_3 + H_2SO_4 = (NH_4)_2SO_4 + 2H_2O + 2CO_2\uparrow$$

该方法设备构造简单、操作简便、费用低，副产物硫酸铵可作化肥使用。但使用硫酸具有一定危险性。

4）液态二氧化碳。为乙醇工业等的副产品，二氧化碳经压缩盛放于钢瓶内，使用时打开阀门释放到温室内。该方法使用简便，便于控制，费用也较低，适合附近有液态二氧化碳供应的地区使用。

5）燃烧煤或焦炭产生二氧化碳。国内厂家开发的采用普通炉具的二氧化碳发生设备，将普通煤炉燃烧的烟气经过过滤器除掉粉尘和煤焦油等成分，再用气泵送入反应室，烟气通入特别配制的药液中，通过化学反应，吸收有害气体，输出纯净的二氧化碳含量较高的气体。

2. 二氧化碳施用方法　二氧化碳施用的浓度应根据植物种类、生育期和天气条件等因素而定。光照强烈时植物光合作用较强，二氧化碳消耗量大，因此晴天可采用较高的浓度，一般 0.1%~0.15%；阴天应采用较低浓度，一般 0.05%~1%。

二氧化碳，叶菜和根菜类在生长前期施用；果菜类蔬菜，为避免茎叶过于繁茂，应在开花结果期二氧化碳吸收量较快增长时开始施用。

一天之内，一般选择在上午进行，下午停止施用。施用开始时间，在日出后 1 h 左右为宜，施用时间的长短，应根据栽培植物与环境温度、光照条件等而定，在换气之前 30 min 停止施用较为经济。

第二节
日光温室建筑设计

一、日光温室建筑设计要点和场地选择

（一）日光温室建筑设计要点

1. 提供适于作物生长发育的环境条件　日光温室建筑应保证白天能充分利用太阳辐射，获得大量光和热；夜间密闭良好且保温，条件好的日光温室应有加温设备。屋面形状应能充分透进太阳辐射，骨架结构要简单，构件数量要少且截面积要小以减少阴影遮光面积。屋面要求倾角合理，除满足采光的要求外，还应保证下雨时薄膜屋面上（尤其是屋脊附近）的水滴容易顺畅流下，不发生积水。随着作物生长阶段的不同和天气的变化，应便于调控温室内小气候，特别是春夏季的高温高湿和秋冬季的低温弱光，不仅影响作物的生长，还易诱发病虫害，所以要求日光温室能够较方便地调控室内环境。气温高或湿度高时便于通风换气和降温，光照过强时便于采取遮阴措施。此外，应设置方便的施肥、灌溉设施。

2. 具备良好的生产作业条件　日光温室内应适于劳动作业，保护劳动者的身体健康。室内要有足够大的空间，减少或取消立柱，便于室内的生产管理作业，但也不必过于高大，否则不方便放风和扣膜等作业，而且结构也不安全；为减轻草苫卷放作业的劳动强度，应考虑设置机械卷放机构；后墙上方应设有管理、维护人员安全进行草苫卷放作业或进行卷放机构维护作业的行走面积；采暖、灌水管道等设备配置应注意不

影响耕地和其他生产作业；室内环境应结合作物的需求适当调控。

3. 具有坚固的结构　日光温室使用中，会承受风、雨、雪和室内生产、设施维护作业等产生的荷载作用，必须切实保证使用中的结构安全。尤其是日光温室使用中会遇到积雪、暴风、冰雹等自然灾害，必须具有坚固的结构，保证使用中不发生破坏。

4. 合理选用透明覆盖材料　要求选用透光率高、保温性好的覆盖材料。此外，覆盖材料应不易污染，抗老化耐用，防滴性好。玻璃和PC板材是理想的覆盖材料，保温透光性能良好，寿命高，但比较昂贵。目前聚乙烯薄膜在我国应用最多，其透光、保温性和防滴性等较差，寿命短，但价格便宜。

5. 建造成本不宜太高　尽量降低建筑费用和运行管理费用，这是关系日光温室能否实现经济效益的重要问题。这与坚固的结构、完备的环境调控功能等要求是互相矛盾的。因此，要根据当地的气候和经济情况合理考虑建筑规模和设计标准，选择适用的日光温室类型、结构材料以及环境调控设备。另外，日光温室是轻体结构，使用年限一般为10~20年，在结构设计的设计参数取值和建筑规模上，应与一般建筑物有所不同。

6. 保护环境　应注意采取适当方式处理废旧薄膜和营养液栽培时的废液，避免造成环境污染。

（二）日光温室建筑场地的选择

日光温室建筑场地的好坏与结构性能、环境调控、经营管理等关系很大，因此在建造前要慎重选择场地。

为了充分采光，要选择南面开阔、高燥向阳、无遮阴的平坦矩形地块。因坡地平整起来费工增加费用，而且挖方处的土层遭到破坏易使填方处土层不实，容易被雨水冲刷和下沉。向南或东南有小于10°的缓坡地较好，有利于设置排灌系统。

节能日光温室在冬、春、秋三季进行反季节园艺作物生产，以冬季生产为关键时期。冬季太阳高度角低，为了争取太阳辐射多进入室内，建造日光温室大体上应采取前屋面朝南的东西向方位，但根据具体情况，有时候前屋面也可适当偏东或偏西。作物上午的光合作用强度较高，日光温室前屋面采取南偏东 5°~10°，可提早 20~40 min 接收太阳的直射光，对作物光合作用是有利的。但是高纬度地区冬季早晨外界气温很低，提早揭开草苫，室内温度下降较大，所以，北纬 40° 以北地区，如辽宁、吉林、黑龙江和内蒙古地区，为保温而揭苫时间晚，日光温室前屋面应采用南偏西朝向，以利于延长午后的光照蓄热时间，为夜间储备更多的热量。北纬 39° 以南，早晨外界气温不很低的地区，采用南偏东朝向是可以的，但若沿海或离水面近的地区，虽然温度不很低，但清晨多雾，光照不好，也可采取南偏西朝向。但是不论南偏东还是偏西，偏角均不宜超过 10°。

为了减少温室覆盖层的散热和风压对结构的影响，要选择避风地带。冬季有季候风的地方，最好选在上风向有丘陵、山地、防风林或高大建筑物等遮挡的地方，但这些地方又容易形成风口或积雪，必须事先进行调查研究。另外，要求场地四周没有障碍物，以利高温季节通风换气和促进作物的光合作用。所以要调查风向、风速的季节变化，结合布局选择地势。在农村宜将温室建在村南或村东，不宜与住宅区混建。为了有利保温和减少风沙的袭击，还要注意避开河谷、山川等易形成风道、雷区的地段。

应选择土壤肥沃疏松，有机质含量高，无盐渍化和其他污染源的地块，一般要求壤土或沙壤土，最好 3~5 年未种过瓜类、茄果类蔬菜，以减少病虫害发生。但用于无土栽培的日光温室，在建筑场地选择时，可不考虑土壤条件。为使基础牢固，要选择地基土质坚实的地方。如地基土质松软，像新填土的地方或沙丘地带，基础容易下沉。避免因为加大基础或加固地基而增加造价。

温室主要是利用人工灌水，要选择靠近水源、水量充足、水质好、pH 中性或微酸性，无有害元素污染，冬季水温高（最好是深井水）的地方。为保证地温，有利地温回升，要求地下水位低，排水良好。高地下水位不仅影响作物的生长发育，还易引发病害，也不利于建造锅炉房等附属设施。

应选离水源、电源等较近且交通运输便利的地方，以便于管理、运输。日光温室相对于连栋温室，虽然用电设备相对较少，但管理中照明、保温被卷放、通风、临时加温、灌溉等用电设施有日益增多的趋势，因此建设地点的电力条件应该保证。

温室区要避免建在有污染源的下风向，以减少对薄膜的污染和积尘。如果温室生产需要大量的有机肥（一般 1 hm^2 黄瓜或番茄年需有机肥 10~15 t），温室群最好能靠近有大量有机肥供应的场所，如工厂化养鸡场、养猪场、养牛场和养羊场等。

二、日光温室剖面设计

（一）日光温室剖面几何参数

日光温室结构主要有前屋面即采光屋面、后屋面和围护墙体三部分组成。节能日光温室以太阳辐射作为主要能量来源，确定合理的采光面、良好的保温性能是设计成功的关键。前屋面角、后坡仰角、脊位比、跨度、脊高等是设计日光温室的主要技术参数，见图 2–8。

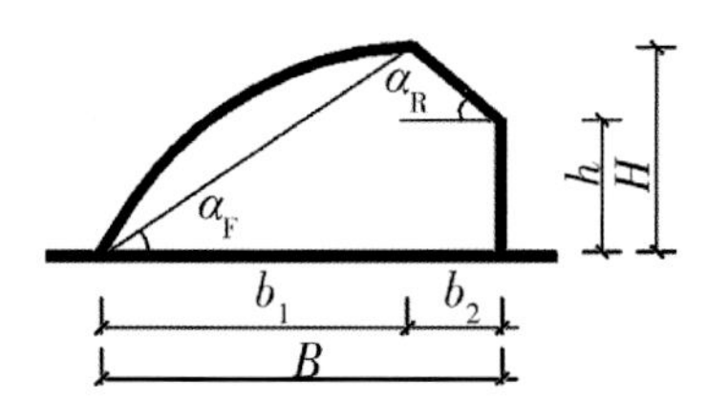

图 2–8 日光温室剖面几何参数

B. 净跨度 b_1. 前屋面水平投影长度 b_2. 后屋面水平投影长度 H. 脊高 h. 后墙高 α_R. 后坡仰角 α_F. 前屋面角

（二）前屋面角

前屋面角，又称前坡参考角、采光屋面角，为屋脊和前屋面底脚连线与水平面的夹角。温室结构设计应使冬季阳光尽可能得到充分利用，前屋面角很大程度上决定着光线透射入温室的比率。根据前面有关温室光照环境的讲述内容，为提高温室屋面的透光率，应尽量减小屋面的太阳光线入射角，入射角越小，透光率越大，反之透光率就越小。

如日光温室前屋面与太阳光线垂直，即光线入射角为 0° 时，理论上这时透光率最高。但这种情况在节能日光温室生产上并不实用，因为太阳高度角在不断变化，进行采光设计是考虑太阳高度角最小的冬至日的正午时刻，并不适用于其他时间。况且这样设计温室，前屋面角 α_F 必然很大，非常陡峭，既浪费建材又不利于保温（图 2–9）。

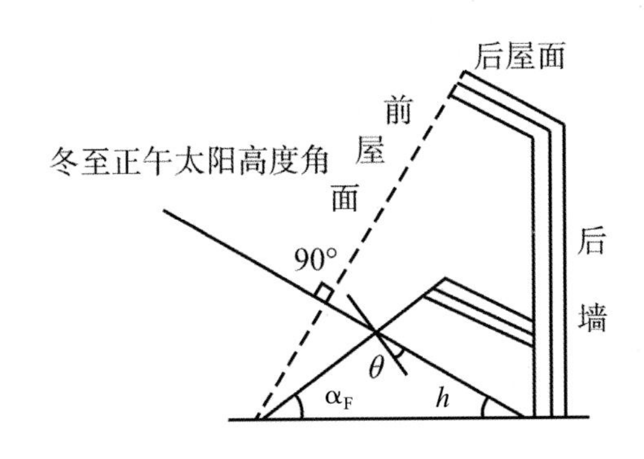

图 2–9　太阳高度角和前屋面角示意图

由于透光率与入射角的关系并不是呈直线关系，入射角 0° ~40°，透光率降低不超过 5%；入射角大于 40° 以后，随着入射角的加大，光线透过率显著降低。因此可按入射角小于 40° 的要求设计前屋面角，即取前屋面角 $\alpha_F \geqslant 50-h$，这样不会产生前屋面角很大的情况。但是如果只按正午时刻计算，则只是正午较短时间达到较高的透光率，午前和午后的绝大部分时间，阳光对温室采光面的入射角将大于 40°，达不到合理的采光状态。

一般要求中午前后 4 h 内（一般为 10~14 时）太阳对温室前屋面的入射角都能小于或等于 40°。这样，对于北纬 32° ~43° 地区，节能日光温室采光设计应在冬至日正午入射角 40° 为参数确定的屋面角基础上，再增加 5° ~7°，这是第二代节能日光温室的设计方法。这样 10~14 时阳光在前屋面上的入射角均小于 40°，就能充分利用严冬季节的阳光资源。因此，前屋面角可按下式计算：

$$\alpha_F \geqslant 50-h+(5^\circ \sim 7^\circ) \qquad (2\text{–}23)$$

式中太阳高度角按冬至日正午时刻计算。例如沈阳地区冬至太阳高度角为 24.75°，则由上式可知合理的前屋面角为 30.25° ~32.25°。

但如果是主要用于春季的温室，因太阳高度角比冬季大，则前屋面角可以取小一些。

目前日光温室前屋面多为半拱圆式，前屋面的屋面角（各部位的倾角为该部位的切平面与水平面的夹角）从底脚至屋脊是从大到小在不断变化的值。要求屋面任意部位都满足上述要求也是不现实的，实际上，只要屋面的大部分主要采光部位满足上述倾角的要求即可。例如，可取前底角（底脚处屋面倾角）为 50° ~60°，距离底脚 1 m 处 35° ~40°，2 m 处 25° ~30°，3 m 处 20° ~25°，4 m 以后 15° ~20°，最上部 15° 左右。

（三）日光温室的跨度和高度

日光温室的跨度影响着太阳辐射能量截获量、温室总体尺寸、土地利用率。跨度越大截获的太阳直射光越多，如 7 m 跨度温室的地面截获的太阳辐射能量为 4 m 跨度温室的 1.75 倍。

实际上，日光温室后墙也参与截获太阳辐射，则其跨度和高度均影响截获太阳辐射的多少。在跨度相等的条件下，温室最高采光点的空间位置成为温室拦截太阳辐射多少的决定性因素。最高采光点越高太阳辐射截获量越大，当然单纯提高采光点会导致温室造价增加。因此，日光温室节能设计中要找到各种要素、参数的最佳组合。

我国的日光温室经过半个多世纪的发展，各地均优选出一些构型，如在寒温带南缘的辽宁、吉林和黑龙江南缘各地区一些有代表性的日光温室，如辽沈Ⅰ型日光温室、鞍山Ⅱ型、改进型一斜一立式，其跨度依次为 6 m、7.2 m 和 7.5 m，相对应的最高采光点依次为 2.8 m、3 m、3.2~3.4 m。

数十年园艺栽培实践结果表明，在使用传统建筑材料、采光材料并采用草苫保温的条件下，在中温带地区建日光温室，跨度以 8 m 左右为宜；在中温带与寒温带的过渡地带，跨度以 6 m 左右为宜；在寒温带地区，如黑龙江和内蒙古北部地区，跨度宜取 6 m 以下。这样的跨度有利于使日光温室同时具备造价低、高效节能和实现周年生产三大特性。

（四）采光屋面形状的确定

当跨度和最高采光点被设定之后，温室采光屋面形状就成为温室截获日光能量的决定性因素（此处不涉及塑料膜品种、老化程度、积尘厚度、磨损程度等因素），因此设计者对屋面形状设计应予以高度重视。

节能型日光温室屋面形状有两大类：一类是由一个或几个平面组成的折线型屋面，其剖面由直线组成；另一类是由一个或几个曲面组成的曲面型屋面，其剖面由曲线组成。折线型屋面的屋面角就是直线与水平线的夹角。曲面型屋面，其剖面曲线上各点的倾角（曲线的切线与水平线的夹角）都不相等，比较复杂，其各点在某时刻透入温室的太阳直接辐射照度是不相同的，整个屋面透入温室的太阳直接辐射量，需要逐点分析进行累计，根据累计的辐射量，可对不同曲线形状屋面的透光性能进行比较。

理想的采光屋面形状应能同时满足以下四方面要求：①能透进更多的直射辐射能；②温室内部能容纳较多的空气；③室内空间有利于园艺作业；④造价较低。

实践证明，在我国中温带地区（指山西、河北、辽宁、宁夏以及内蒙古、新疆的部分地区）建设日光温室时，圆与抛物线组合式曲面比单圆、抛物线、椭圆线更好。圆与抛物线采光面不但比上述几种类型的入射光量都多，而且还比较易操作管理，容易固定压膜线，大风时薄膜不致兜风，下雨时易于排走雨水。

（五）日光温室后坡仰角

日光温室后坡仰角是指日光温室后坡即后屋面与水平面之间的夹角。日光温室后坡仰角的大小对日光温室的采光和保温性均有一定的影响。后坡仰角应视温室的使用季节而定，但至少应该略大于当地冬至正午的太阳高度角，在冬季生产时，尽可能使太阳直射光能照到日光温室后屋面内侧；在夏季生产时，则应避免太阳直射光照到后屋面内侧。一般后坡仰角取当地冬至正午的太阳高度角加 6° ~8°。例如沈阳地区冬至太阳高度角为 24.75°，则合理的后坡仰角应大于 30.75° ~32.75°。

（六）日光温室的后屋面水平投影长度

日光温室后屋面的长短直接影响日光温室的保温性能和内部的光照情况。当日光温室后屋面长时，日光温室的保温性能提高，但当太阳高度角较大时，就会出现温室后屋面遮光的现象，使日光温室北部出现大面积阴影。而且日光温室后屋面长，其前屋面的采光面将减小，造成日光温室内部白天升温过慢。反之，当日光温室后屋面短时，日光温室内部采光较好，保温性能却相应降低，形成日光温室白天升温快，夜间降温也快的情况。日光温室的后屋面水平投影长度一般以 1~1.5 m 为宜。

（七）脊位比和脊高

前屋面水平投影长度与净跨度的比值称为脊位比。一般节能日光温室可取大于或等于 0.8。

脊高指温室的最高点到地面的垂直距离。温室的跨度、脊位比、前屋面角、后坡仰角确定后，根据几何关系即可确定温室的脊高，进而确定后墙高等参数。

三、日光温室的保温设计

节能日光温室在密闭的条件下，即使在严寒冬季，只要天气晴朗，在光照充足的午间室内气温也可达到 30℃以上。但是如果没有较好的保温措施，午后随着光照减弱，温度很快下降。特别是夜间，各种热量损失有可能使室温下降到作物生育适温以下，遇到灾害性天气，往往发生冷害、冻害。因此，做不好保温设计，就不能满足作物正常生育对温度条件的要求。日光温室的保温性与温室墙体结构、后屋面及前屋面的覆盖物等有关。

（一）日光温室墙体的材料、结构与厚度

日光温室的墙体和后屋面，既可以支撑、承重，又具有保温蓄热的作用。因此，在设计建造墙体和后屋面时，除了要考虑承重强度外，还要考虑材料的导热、蓄热性能和建造厚度、结构。一般来讲，日光温室墙体和后屋面的保温蓄热是主要问题，为了保温蓄热的需要，一般都较厚，承重一般容易满足要求。现在日光温室墙体和后屋面多采用多层复合构造，在墙体内层采用蓄热系数大的材料，外层为导热系

数小的材料。这样就可以更加有效地保温蓄热，改善温室内环境条件。

1. 墙体厚度　鞍山市园艺研究所对墙体的厚度与保温性能进行了研究，采用三种不同厚度的土墙：①土墙厚 50 cm，外覆一层薄膜；②土墙厚 100 cm；③土墙厚 150 cm，其他条件相同。结果表明，自 1 月上旬至 2 月上旬，②比①室内最低气温高 0.6~0.7 ℃，③比②室内最低气温高 0.1~0.2 ℃；室内最高气温差分别为 0.2~0.5 ℃和 0.1~0.3 ℃。由此可看出，随着墙体厚度的增加，蓄热保温能力也相应增加，但厚度由 50 cm 增至 100 cm，增温明显，由 100 cm 增至 150 cm，增温幅度不大，也就是实用意义不大。根据经验，单质土墙厚度以比当地冻土层厚度增加 30 cm 左右为宜。

夹心墙体由内至外一般采用 240 mm 黏土砖、120 mm 聚苯板、120~240 mm 黏土砖。外保温墙体由内至外一般采用 370~490 mm 黏土砖、90~120 mm 聚苯板、钢丝网砂浆面层，见图 2-10。夹心墙体目前生产中已很少使用。

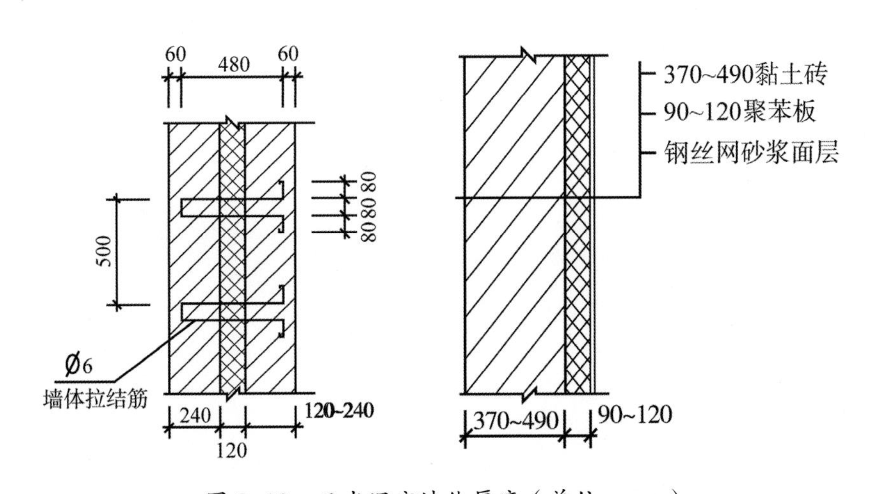

图 2-10　日光温室墙体厚度（单位：mm）

2. 墙体的材料与构造　节能型日光温室墙体有单质墙体，如土墙、砖墙、石墙等，以及异质复合墙体（内层为砖、外层保温层）。异质复合墙体较为合理，保温蓄热性能更好。研究表明，白天在温室内气温上升和太阳辐射的作用下，墙体成为吸热体，而当温室内气温下降时，墙体成为放热体。其中墙体内侧材料的蓄热和放热作用对温室内环境影响很大。因此，墙体应由三层不同的材料构成，内层采用蓄热能力高的材料，如红砖、干土等，在白天能吸收更多的热并储存起来，到夜晚即可放出更多的热；外层应由导热性能差的材料，如砖、加气混凝土砌块等，以加强保温性能；两层之间，一般使用隔热材料填充，如珍珠岩、炉渣、木屑、干土和聚苯乙烯泡沫板等，阻隔室内热量向外流失。

墙体材料的吸热、蓄热和保温性能，主要从其导热系数、蓄热系数和比热容等几个热工性能参数判断，导热系数小的材料保温性好，比热容和蓄热系数大的材料蓄热性能较好。表 2–5 列出了日光温室常用墙体材料的热工性能参数供参考。

表 2–5　日光温室常用墙体材料的热工性能参数

材料名称	密度(kg/m^3)	导热系数［W/（m·℃）］	蓄热系数［W/（m^2·℃）］	比热容［kJ/（kg·℃）］
钢筋混凝土	2 500	1.74	17.2	0.92
碎石或卵石混凝土	2 100 ~ 2 300	1.28 ~ 1.51	13.50 ~ 15.36	0.92
粉煤灰陶粒混凝土	1 100 ~ 1 700	0.44 ~ 0.95	6.30 ~ 11.4	1.05
加气泡沫混凝土	500 ~ 700	0.19 ~ 0.22	2.76 ~ 3.56	1.05
石灰水泥混合砂浆	1 700	0.87	10.79	1.05
砂浆黏土砖砌体	1 700 ~ 1 800	0.76 ~ 0.81	9.86 ~ 10.53	1.05
空心黏土砖砌体	1 400	0.58	7.52	1.05
夯实黏土墙或土坯墙*	2 000	1.1	13.3	1.1
石棉水泥板	1 800	0.52	8.57	1.05
水泥膨胀珍珠岩	400 ~ 800	0.16 ~ 0.26	2.35 ~ 4.16	1.17
聚苯乙烯泡沫塑料*	15 ~ 40	0.04	0.26 ~ 0.43	1.6
聚乙烯泡沫塑料	30 ~ 100	0.042 ~ 0.047	0.35 ~ 0.69	1.38
木材（松和云杉）*	550	0.175 ~ 0.35	3.9 ~ 5.5	2.2
胶合板	600	0.17	4.36	2.51
纤维板	600	0.23	5.04	2.51
锅炉炉渣	1 000	0.29	4.4	0.92
膨胀珍珠岩	80 ~ 120	0.058 ~ 0.07	0.63 ~ 0.84	1.17
锯末屑	250	0.093	1.84	2.01
稻壳	120	0.06	1.02	2.01

注：除标注“*”者外，资料来源于《建筑物理》第三版，刘加平，2002。

（二）后屋面的结构与厚度

日光温室后屋面的结构与厚度也对日光温室的保温性能产生影响。一般由多层组成，有防水层、承重层和保温层。一般防水层在最顶层，承重层在最底层，中间为保温层。保温层的材料通常有秸秆、稻草、炉渣、珍珠岩、聚苯泡沫板等导热系数低的材料。此外，后屋面为保证有较好的保温性，应具有足够的厚度，在冬季较温暖的河南、山东和河北南部地区，厚度可取 30~40 cm，东北、华北北部、内蒙古等寒冷地区，厚度为 60~70 cm。后屋面做法见图 2–11。

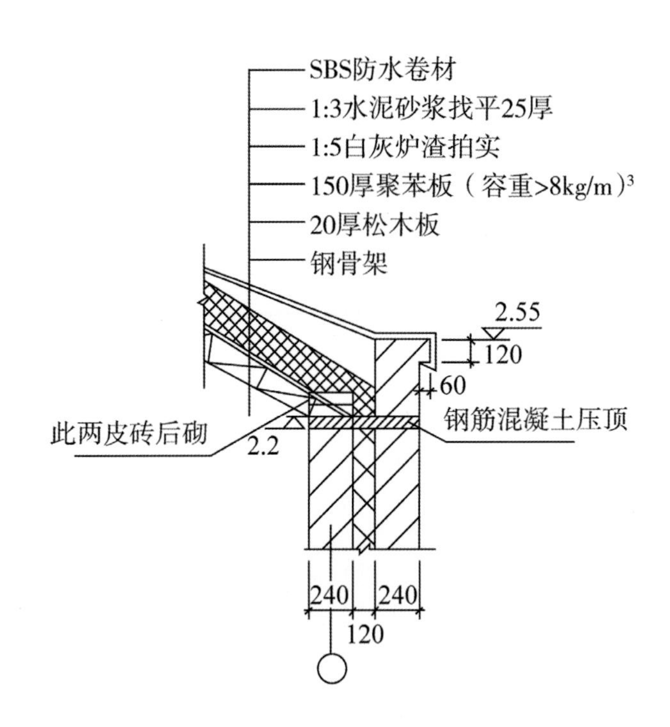

图 2–11　日光温室后屋面做法（单位：mm）

（三）前屋面保温覆盖

前屋面是日光温室的主要散热面，散热量占温室总散热量的 73%~80%，所以前屋面的保温十分重要。节能型日光温室前屋面保温覆盖方式主要有两种。

1. 外覆盖　即在前屋面上覆盖轻型保温被、草苫、纸被等材料。

外覆盖保温在日光温室中应用最多。草苫是最传统的覆盖物，是由蒲草、稻草等材料编织而成的，由于其导热系数小，加上材料疏松，中间有许多静止空气，保温效果良好，可减少 60% 的热损失。在冬季寒冷地区，常常在草苫下附加 4~6 层牛皮纸缝合而成的纸被，这样不仅增加了覆盖层，而且弥补了草苫稀松导致缝隙透气散热的缺点，提高了保温性。但草苫等传统的覆盖材料较为笨重，易污染、损坏薄膜，易浸水、腐烂等。因而近十年来研制出了一类新型的被称为保温被的外覆盖保温材料，这种材料轻便、洁净、防水而且保温性能不逊于草苫。保温被一般由三层或更多层组成，内、外层由塑料膜、防水布、无纺布（经防水处理）和镀铝膜等一些保温、防水和防老化材料组成，中间由针刺棉、泡沫塑料、纤维棉、废羊绒等保温材料组成。目前市场上出售的保温被，其保温性能一般能达到或超过传统材料的保温性能，但有的保温被的防水性和使用寿命等性能还有待提高。

2. 内覆盖　即在室内张挂保温幕，又称二层幕、节能罩，白天揭晚上盖，可减少热损失 10%~20%。保温幕多采用无纺布、银灰色反光膜或聚乙烯膜、缀铝膜等材料。

（四）减少缝隙冷风渗透

在严寒冬季，日光温室的室内外温差很大，即使很小的缝隙，在大温差下也会形成强烈对流交换，导致大量散热。特别是靠门一侧，管理人员出入开闭过程中，难以避免冷风渗入，应设置缓冲间，室内靠门处张挂门帘。墙体、后屋面建造都要无缝隙，夯土墙、草泥垛墙，应避免分段构筑垂直衔接，应采取斜接的方式。后屋面与后墙交接处，前屋面薄膜与后屋面及端墙的交接处都应注意不留缝隙。前屋面覆盖薄膜不用铁丝穿孔，薄膜接缝处、后墙的通风口等，在冬季严寒时都应注意封闭严密。

（五）设置防寒沟

在温室四周设置防寒沟，沟内填入稻壳、麦秸等，可减少温室内热量通过土壤外传，阻止外面冻土对温室的影响，可使温室内土温提高 3℃以上。防寒沟设在距温室周边 0.5 m 以内，一般深 0.8~1.2 m、宽 0.3~0.5 m，也可在温室四周铺设聚苯泡沫板保温，见图 2-12。

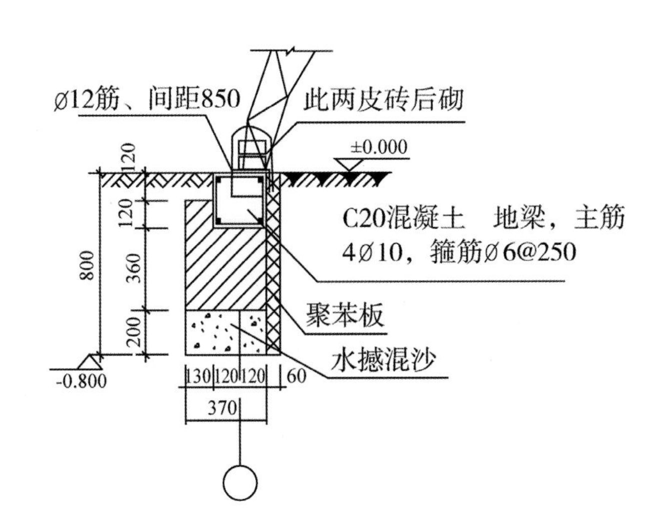

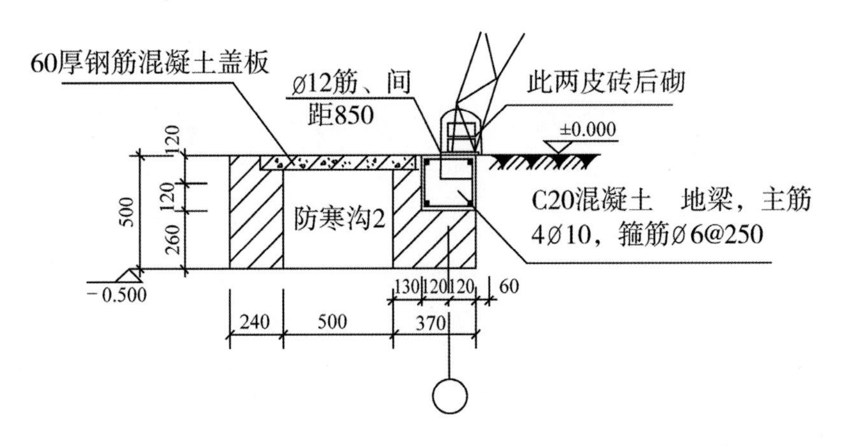

图 2-12　防寒沟做法（单位：mm）

第三节
日光温室结构设计

一、荷载

（一）荷载分类与取值

荷载是指施加在建筑结构上的各种作用。结构上的作用是指能使结构产生效应（结构或构件的内力、应力、位移、应变、裂缝等）的各种原因的总称。由于常见的能使结构产生效应的原因，多数可归结为直接作用在结构上的力集（包括集中力和分布力），因此习惯上都将结构上的各种作用统称为荷载（也有称为载荷或负荷）。但如温度变化、材料的收缩和徐变、地基变形、地面运动等作用不是直接以力集的形式出现，而习惯上也以“荷载”一词来概括，称为温度荷载、地震荷载等,这就混淆了两种不同性质的作用。为了区别这两种不同性质的作用，根据《建筑结构可靠度设计统一标准》，将这两类作用分别称为直接作用和间接作用。这里讲的荷载仅等同于直接作用。在建筑结构设计中，除了考虑直接作用外，也要根据实际可能出现的情况考虑间接作用。

直接作用的荷载分为永久荷载、可变荷载和偶然荷载三类。永久荷载指结构使用期间，其值不随时间变化，或其变化与平均值相比可忽略不计，或其变化是单调的并能趋于极限的荷载，主要有结构自重、土压力、水压力、预应力等。可变荷载是指结构使用期间，其值随时间变化，且其变化与平均值相比不可忽略的荷载，主要有风荷载、雪荷载、作物荷载、楼面活荷载、屋面活荷载和积灰荷载、吊车荷载等。偶然荷载是指结构使用期间不一定出现，一旦出现，其值很大且持续时间很短的荷载，如爆炸力、撞击力、地震力等。

土压力和预应力作为永久荷载是因其均随时间单调变化且能趋于极限，其标准值为其可能出现的最大值。对于水压力，水位不变时为永久荷载，水位变化时为可变荷载。

农业建筑多为单层建筑，本身不产生积灰，规划中也不应安排在产生大量粉尘的工业建筑的附近，所以，屋面活荷载和屋面积灰荷载基本不出现。

建筑结构设计时，对不同荷载应采用不同的代表值。永久荷载应采用标准值作为代表值。可变荷载应根据设计要求采用标准值、组合值、频遇值或准永久值作为代表值。偶然荷载应按建筑结构使用的特点确定其代表值。

标准值为设计基准期内最大荷载统计分析的特征值，如均值、众值、中值或某个分位值。标准值是荷载的基本代表值。组合值为荷载组合后，其效应在设计基准期内的超越概率，能与该荷载单独出现时的相应概率趋于一致的荷载值，或使组合后的结构具有统一规定的可靠指标的荷载值。频遇值是设计基准期内，荷载超越的总时间为规定的较小比率或超越频率为规定频率的荷载值。准永久值是设计基准期内，荷载超越的总时间约为设计基准期一半的荷载值。

上述设计基准期是指为确定可变荷载代表值而选用的时间参数，一般工业与民用建筑为 50 年或 100 年，温室 10~20 年，畜禽舍 20~30 年。

荷载设计值是荷载代表值与荷载分项系数的乘积。

（二）永久荷载

永久荷载包括建筑结构或非结构元件自重、永久设备荷载等。

1. 结构或非结构构件自重　根据构件设计尺寸和材料密度计算确定。对自重变异较大的材料和构件（如现场制作的保温材料、混凝土薄壁构件等），自重的标准值应根据对结构的不利状态，取上限值或下限值。

2. 永久设备荷载　指诸如加热、通风、降温、补光、遮阳、灌溉等永久性设备的荷载。

加热系统和灌溉系统主供回水管如悬挂于结构时，其荷载标准值取水管装满水的自重。遮阳保温系统的荷载按材料自重计算竖向荷载，并按压 / 托幕线或驱动线数量计算水平拉力。荷载计算中还要考虑遮阳保温幕展开和收拢两种状态的组合荷载。喷灌系统采用水平钢丝绳悬挂时要考虑每根钢丝水平方向作用力，当采用自行走式喷灌车灌溉时要考虑每台车的运动荷载。补光系统、通风及降温系统设备的自重由供货商提供。

温室内永久设备荷载难以确定时，可以按照 70 N/m² 的竖向均布采用。

3. 作物荷载 作物荷载是温室的特有荷载。当悬挂在温室结构上的作物荷载持续时间超过 30 d，则作物荷载应按照永久荷载考虑，表 2–6 给出了一些作物的吊挂荷载。结构计算中应明确作物荷载的吊挂位置和荷载作用的杆件。

表 2–6 作物荷载标准值

作物种类	番茄、黄瓜	轻质容器中的作物	重质容器中的作物
荷载标准值（kN/m²）	0.15	0.30	1.00

（三）屋面可变荷载

1. 屋面活荷载 房屋建筑的屋面，其水平投影面上的屋面均布活荷载及其荷载分项系数，按表 2–7 采用。屋面均布活荷载，不应与雪荷载同时组合。

表 2–7 屋面均布活荷载

项次	类别	标准值（kN/m²）	组合值系数	频遇值系数	准永久值系数
1	不上人屋面	0.5	0.7	0.5	0
2	上人屋面	2.0	0.7	0.5	0.4

不上人的屋面，当施工或维修荷载较大时，应按实际情况采用；对不同结构应按有关设计规范的规定，将标准值做 0.2 kN/m² 的增减。上人的屋面，当兼作其他用途时，应按相应用途屋面活荷载计算。对于因屋面排水不畅、堵塞等引起的积水荷载，应采用构造措施加以防止；必要时，应按积水的可能深度确定屋面活荷载。屋顶花园活荷载不包括花圃土石等材料自重。

2. 施工和检修荷载 设计屋面板、檩条、天沟、钢筋混凝土挑檐、雨篷和预制小梁时，施工或检修荷载（人和小工具的自重）应取 1 kN，并应在最不利位置处进行验算。对于轻型构件，当施工荷载超过上述荷载时，应按实际情况验算，或采用加垫板、支撑等临时设施承受。

当计算挑檐、雨篷等结构的承载力时，应沿板宽每隔 1 m 取一个集中荷载；在验算挑檐、雨篷倾覆时，应沿板宽每隔 2.5~3 m 取一个集中荷载。

当采用荷载准永久组合时，可不考虑施工和检修荷载。

（四）风荷载

垂直于建筑物表面的风荷载标准值 w_k，主要承重结构按式（2–24）计算，围护结构按式（2–25）计算。

$$w_k=\beta_z\mu_s\mu_z w_0 \quad (kN/m^2) \qquad (2\text{–}24)$$

$$w_k=\beta_{gz}\mu_s\mu_z w_0 \quad (kN/m^2) \qquad (2\text{–}25)$$

式中　β_z——高度 z 处的风振系数；

β_{gz}——高度 z 处的阵风系数；

μ_z——风压高度变化系数；

μ_s——风荷载体型系数；

w_0——基本风压（kN/m^2）。

1. 基本风压　基本风压按下式计算：

$$w_0 = v_2/1\,600 \quad (kN/m^2) \qquad (2\text{–}26)$$

式中　v_2——基本设计风速（m/s）。

我国建筑结构荷载规范 GB 50009—2012 给出了全国各气象台站在不考虑结构重要性系数的条件下，重现期分别为 10 年、50 年和 100 年 10 m 高空处时距为 10 min 平均风速下的基本风压值。农业建筑设计中可根据实际设计使用寿命，按式（2–27）计算结构的设计基本风压。

$$x_R=x_{10}+(x_{100}-x_{10})\left(\frac{\ln R}{\ln 10}-1\right) \quad (kN/m^2) \qquad (2\text{–}27)$$

式中　R——重现期（年）；

x_R、x_{10}、x_{100}——分别代表重现期为 R 年、10 年和 100 年的基本风压值（kN/m^2）。

不同类型温室的设计重现期可按表 2–8 采用。

表 2-8 温室结构设计基本风压计算重现期

温室形式	塑料大棚	日光温室	塑料温室	玻璃温室	PC板温室
计算重现期（年）	5 ~ 10	15 ~ 20	15 ~ 20	25 ~ 30	25 ~ 30

2. 风压高度变化系数　风压高度变化系数根据建设地区的地形和距离地面或海平面的高度确定。对于拱屋面或坡屋面建筑，建筑物主体结构强度计算中，屋面风压高度变化系数按建筑物平均高度（指地面到建筑物屋面中点的高度，即檐高与屋面矢高一半的和）计算；在计算围护结构构件强度时的风压高度变化系数，墙面构件按屋檐高度计算，屋面构件按屋脊高度计算。风压高度变化系数照 GB 50009—2012 确定。

3. 风荷载体型系数　建筑物主体结构强度和稳定性计算时，不同外形建筑物的风荷载体型系数参照 GB 50009—2012 选用。

4. 阵风系数　围护结构风荷载的阵风系数根据建筑物高度和地面粗糙度，参照 GB 50009—2012 确定。

5. 风振系数　单层农业建筑一般高度小于 10 m，风振系数 β_z 取 1，即不考虑风振的影响。

在我国各地，重现期为 20 年的基本风压，一般为 0.25~0.75 kN/m^2，风力较大的地区取较大的数值。

阵风系数，地面粗糙度类别为 A、B、C、D 时，在离地面 5 m 高度处分别为 1.65、1.70、2.05、2.40，在离地面 10 m 高度处分别为 1.60、1.70、2.05、2.40。

风压高度变化系数，地面粗糙度类别为 A、B、C、D 时，在离地面 5 m 高度处分别为 1.09、1.00、0.65、0.51，在离地面 10 m 高度处分别为 1.28、1.00、0.65、0.51。

其中地面粗糙度 A 类指近海海面和海岛、海岸、湖岸及沙漠地区；B 类指田野、乡村、丛林、丘陵以及房屋比较稀疏的乡镇和城市郊区；C 类指有密集建筑群的城市市区；D 类指有密集建筑群且房屋较高的城市市区。

风荷载体型系数按表 2-9 取值。风荷载的组合值系数为 0.6。

表 2-9　风荷载体型系数

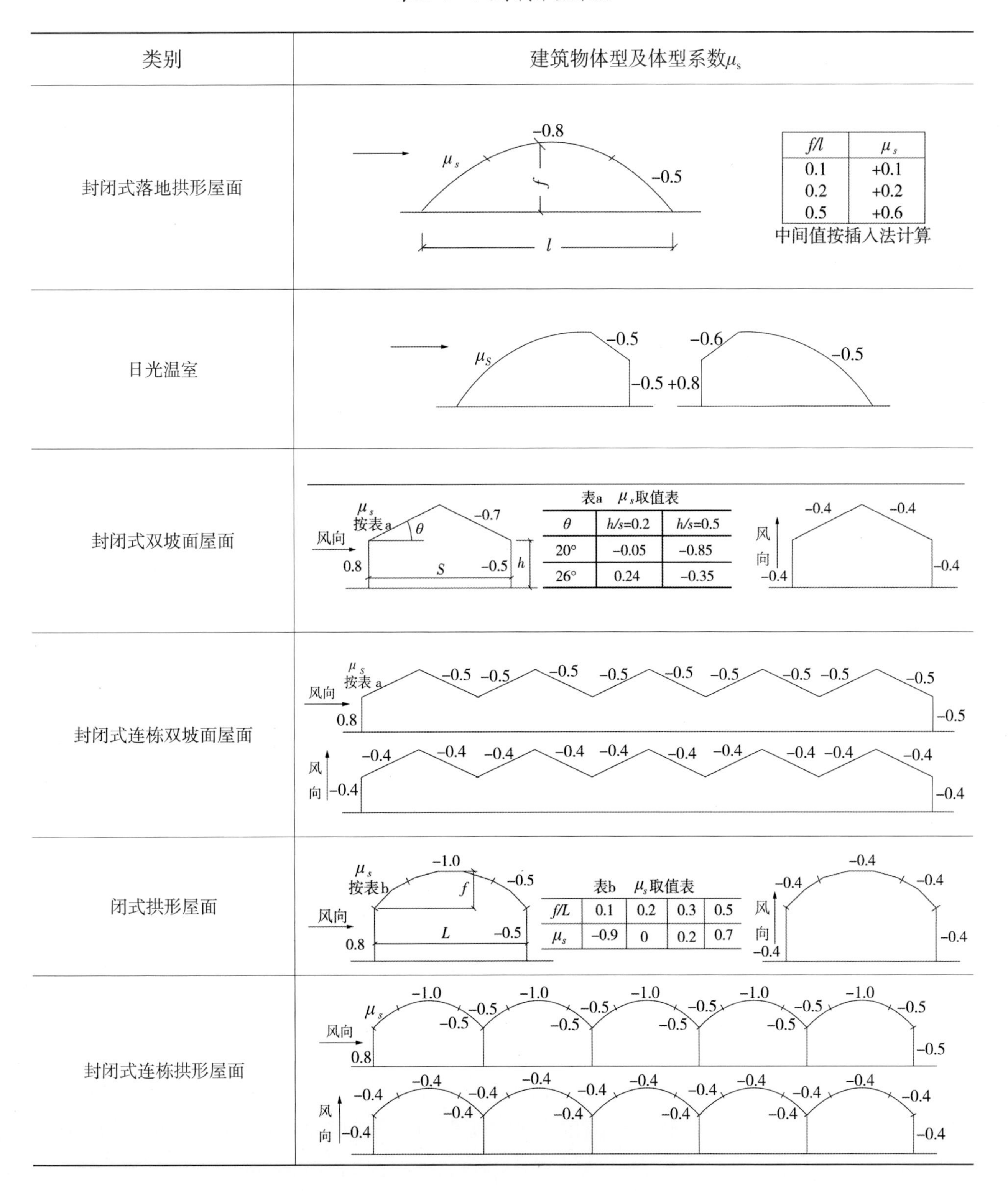

类别	建筑物体型及体型系数μ_s
封闭式落地拱形屋面	
日光温室	
封闭式双坡面屋面	
封闭式连栋双坡面屋面	
闭式拱形屋面	
封闭式连栋拱形屋面	

f/l	μ_s
0.1	+0.1
0.2	+0.2
0.5	+0.6

中间值按插入法计算

表a　μ_s取值表

θ	h/s=0.2	h/s=0.5
20°	−0.05	−0.85
26°	0.24	−0.35

表b　μ_s取值表

f/L	0.1	0.2	0.3	0.5
μ_s	−0.9	0	0.2	0.7

（五）雪荷载

雪荷载就是作用在建筑结构屋面水平投影面上的雪压，其标准值 s_k 计算如下：

$$s_k = s_0 \times \mu_r \times C_1 \quad (kN/m^2) \qquad (2-28)$$

式中　s_0——基本雪压；

C_t——加热影响系数；

μ_r——屋面积雪分布系数。

1. 基本雪压　GB 50009—2012 给出了全国各气象台站测定的 10 年、50 年和 100 年一遇的基本雪压。当建设地点的基本雪压在规范中没有给出时，可根据当地年最大降雪深度计算：

$$s_0 = \rho g h \quad (kN/m^2) \qquad (2-29)$$

式中　ρ——积雪密度（t/m^3）；

g——重力加速度（9.8 m/s^2）；

h——积雪深度，指从积雪表面到地面的垂直深度（m）。

我国各地积雪平均密度按下述取用：东北及新疆北部 150 kg/m^3；华北及西北 130kg/m^3，其中青海 120 kg/m^3；淮河—秦岭以南一般 150 kg/m^3，其中江西、浙江 200 kg/m^3。

当地没有积雪深度的气象资料时，可根据附近地区规定的基本雪压和长期资料，通过气象和地形条件的对比分析确定。山区的雪荷载应通过实际调查后确定，当无实测资料时，可按当地邻近空旷地面的雪荷载乘以系数 1.2 采用。

农业建筑设计中应根据建筑结构的使用年限按公式（2–27）换算可得到相应的设计用基本雪压值。

2. 加热影响系数　加热影响系数是针对屋面结构热阻很小的温室建筑提出的，对其他类型的保温屋面 C_t 取为 1。温室由于透光覆盖材料的热阻较小，当室内温度较高时，热量会很快从透光覆盖材料传出，促使屋面积雪融化，进而造成屋面积雪分布的不同和数值变化。因此，温室加温方式对屋面雪荷载的影响必须加以考虑，并且加温方式的选择应该能代表温室整个使用寿命期内的实际发生状况。如不能确认其整个寿命期内的加温方式，则须按间歇加温方式选择采用。表 2–10 列出了不同透光覆盖材料温室屋面的加热影响系数。

表 2–10　不同屋面覆盖材料的加热影响系数

屋面覆盖材料类型	加热影响系数	
	加热温室	不加热温室
单层玻璃	0.6	1.0
双层密封玻璃板	0.7	1.0
单层塑料板	0.6	1.0
多层塑料板	0.7	1.0
单层塑料薄膜	0.6	1.0
双层充气塑料薄膜	0.9	1.0

3. 积雪分布系数　积雪分布系数根据建筑结构的屋面形状参照 GB 50009—2012 选用。

（六）荷载组合

1. 荷载组合的要求　当结构上有两种或两种以上的可变荷载时，由于所有可变荷载同时达到其单独出现时可能达到的最大值的概率极小，因此，除主导荷载（产生最大效应的荷载）仍以其标准值为代表值外，其他伴随荷载均应采用小于其标准值的组合值为荷载代表值。

当整个结构或结构的一部分超过某一特定状态，不能满足设计规定的某一功能要求时，则称此特定状态为结构对该功能的极限状态。设计中的极限状态往往以结构的某种荷载效应，如内力、应力、变形、裂缝等超过相应规定的标志为依据。结构的极限状态在总体上分为承载能力极限状态和正常使用极限状态两大类。承载能力极限状态一般以结构的内力超过其承载能力为依据，正常使用极限状态一般以结构的变形、裂缝、振动参数超过设计允许的限值为依据。

建筑结构设计应根据使用过程中可能出现的荷载，按承载能力极限状态和正常使用极限状态分别进行荷载（效应）组合，并应取各自的最不利的效应组合进行设计。

承载能力极限状态采用荷载效应的基本组合或偶然组合，其表达式为：

$$\gamma_0 S_d \leq R_d \tag{2-30}$$

式中 γ_0——结构重要性系数，应按各有关建筑结构设计规范的规定采用；

S_d——荷载组合的效应设计值；

R_d——结构构件抗力的设计值，应按各有关建筑结构设计规范的规定确定。

结构重要性系数 γ_0 主要反映结构在产生破坏的情况下对人身安全、经济损失和社会造成影响的程度，温室的结构重要性系数取值参照表 2–11，对沿海 160 km 以内的地区，可采用线性内插法。

表 2–11 温室结构重要性系数

温室类型	距海岸线160 km以上	沿海台风多发地区
允许公众进入的零售温室	1.00	1.05
其他温室	0.95	1.00

对于正常使用极限状态，应根据不同的设计要求，采用荷载的标准组合、频遇组合或准永久组合，并按下列设计表达式进行计算：

$$S_d \leqslant C \quad (2\text{–}31)$$

式中 C 为结构或结构构件达到正常使用要求的规定限值，例如变形、裂缝、振幅、加速度、应力等的限值，按各有关建筑结构设计规范的规定采用。

2. 荷载组合的方式

1）基本组合。永久荷载和可变荷载的组合称为基本组合。荷载基本组合用于强度及稳定计算。

荷载基本组合的效应设计值 S_d，应从下列荷载组合值中取用最不利的效应设计值确定：

（1）由可变荷载控制的效应设计值。应按下式进行计算：

$$S_d=\sum_{j=1}^{m}\gamma_{G_j}S_{G_jk}+\gamma_{Q_1}\gamma_{L_1}S_{Q_1k}+\sum_{i=2}^{n}\gamma_{Q_i}\gamma_{L_i}\psi_{c_i}S_{Q_ik} \quad (2\text{–}32)$$

式中：γ_{G_j}——第 j 个永久荷载的分项系数；

γ_{Q_i}——第 i 个可变荷载的分项系数，其中 γ_{Q_1} 为主导可变荷载 Q_1 的分项系数；

γ_{L_i}——第 i 个可变荷载考虑设计使用年限的调整系数，其中 γ_{L_1} 为主导可变荷载 Q_1 考虑设计使用年限的调整系数；

S_{G_jk}——按第 j 个永久荷载标准值 G_{jk} 计算的荷载效应值；

S_{Q_ik}——按第 i 个可变荷载标准值 Q_{ik} 计算的荷载效应值；其中 S_{Q_ik} 为诸可变荷载效应中起控制作用者；

ψ_{c_i}——第 i 个可变荷载 Q_i 的组合值系数；

m——参与组合的永久荷载数；

n——参与组合的可变荷载数。

（2）由永久荷载控制的效应设计值。应按下式进行计算：

$$S_d=\sum_{j=1}^{m}\gamma_{G_j}S_{G_jk}+\sum_{i=2}^{n}\gamma_{Q_i}\gamma_{L_i}\psi_{c_i}S_{Q_ik} \tag{2-33}$$

基本组合中的效应设计值仅适用于荷载与荷载效应为线性的情况。当对 S_{Q_ik} 无法明显判断时，应轮次以各可变荷载效应作为 S_{Q_ik}，并选取其中最不利的荷载组合的效应设计值。

2）标准组合。采用标准值或其组合值为荷载代表值的组合称为标准组合。荷载的标准组合用于变形计算，组合原则与基本组合相同。即有：

$$S_d=\sum_{j=1}^{m}S_{G_jk}+S_{Q_1k}+\sum_{i=2}^{n}\psi_{c_i}S_{Q_ik} \tag{2-34}$$

组合中的设计值仅适用于荷载与荷载效应为线性的情况。

3）频遇组合。对可变荷载采用频遇值或准永久值为荷载代表值的组合称为频遇组合。它是永久荷载标准值、主导可变荷载的频遇值与伴随可变荷载的准永久值的效应组合。其荷载效应组合的设计值按下式计算：

$$S_d=\sum_{j=1}^{m}S_{G_jk}+\psi_{f_1}S_{Q_1k}+\sum_{i=2}^{n}\psi_{q_i}S_{Q_ik} \tag{2-35}$$

式中　ψ_{f_1}——可变荷载 Q_1 的频遇值系数；

ψ_{q_i}——可变荷载 Q_i 的准永久值系数。

频遇组合主要用于正常使用极限状态设计时检验荷载的短期效应。组合中的设计值仅适用于荷载与荷载效应为线性的情况。

4）准永久组合。对可变荷载采用准永久值为荷载代表值的组合称为准永久组合。其荷载效应组合的设计值按下式计算：

$$S_d=\sum_{j=1}^{m}S_{G_jk}+\sum_{i=1}^{n}\psi_{q_i}S_{Q_ik} \tag{2-36}$$

5）偶然组合。由永久荷载、可变荷载和一个偶然荷载作用的组合称为偶然组合。对于偶然设计状况（包括撞击、爆炸、火灾事故的发生），均应采用偶然组合进行设计。由于偶然荷载的出现是罕遇事件，它本身发生的概率极小，因此，对偶然设计状况，允许结构丧失承载能力的概率比持久和短暂状态可大些。考虑到不同偶然荷载的性质差别较大，目前还难以给出具体统一的设计表达式，设计中应由专门的标准规范规定。

二、日光温室钢骨架设计

（一）日光温室钢骨架设计

室内无柱的日光温室骨架，最好选用钢平面桥架，因为钢材的强度高、弹性模量大，能承受较大的荷载而用钢量少（1 m^2 日光温室用钢量仅为 5 kg 左右），因此被广泛用于温室结构中。抗锈蚀的问题可以通过镀锌等措施来解决。设计合理的钢骨架可使用 20 年。

1. 计算简图　选择两铰拱式钢平面桁架作为计算简图（图 2-13）。所谓两铰拱是指前后支座处既不能发生竖向位移，又不能发生水平位移，可通过两支座的构造来实现：支座处直角形的钢筋分别卡在前、后墙上，墙的刚度较大，对骨架在支座处的水平和竖向位移有足够的约束作用。

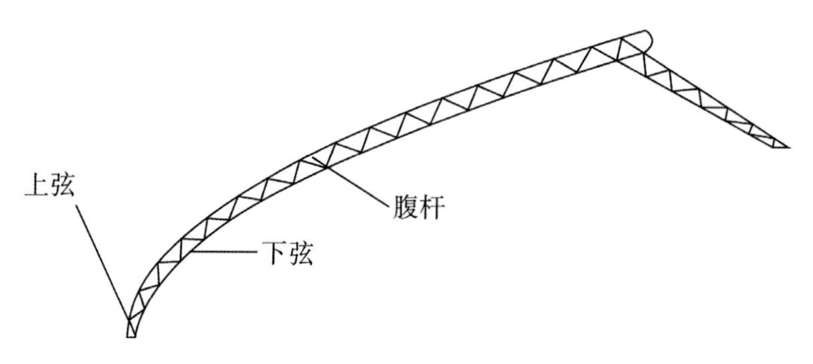

图 2-13　钢平面桁架

2. 日光温室钢骨架荷载及荷载组合

1）日光温室钢骨架荷载。

（1）永久荷载（恒载）。包括钢骨架自重及后坡结构自重。作物荷载（吊重）亦可根据其使用性质按永久荷载计算。

（2）可变荷载（活荷载）。包括雪荷载、风荷载、作物荷载（吊重）、外覆盖草帘重、施工荷载等。

2）荷载组合。根据日光温室在施工阶段及使用阶段可能发生的情况，其荷载组合可按表 2–12 进行。

3）内力及位移计算。利用平面桁架的计算程序，算出各荷载组合作用下结构的内力及位移。需要注意的是，位移的计算应取荷载标准值进行计算。

表 2–12　计算桁架的荷载组合表

序号	荷载组合	发生情况
1	$G+K+S+Q_1+(V)$	后人上屋顶操作
2	$G+Q_1+Q_2+(V)$	人站屋顶上放草帘
3	$G+Q_1+K+W_S+(V)$	刮南风，人站屋顶上卷草帘
4	$G+Q_1+Q_2+W_N+(V)$	刮北风，人站屋顶上放草帘
5	$G+q$	施工时（设后坡已做完），覆膜操作

注：G——恒载（骨架自重及后坡结构自重），K——外覆盖草帘重（前坡均布），S——雪荷载，Q_1——人重（屋脊集中），V——作物荷载（吊重），Q_2——草帘卷重（屋脊集中），W_s——南风压力，W_n——北风压力，q——施工荷载（均布）。

（二）日光温室钢骨架结构安全及耐久性能

1. 影响温室钢骨架结构安全性和耐久性的因素　钢结构承载力和刚度的失效、钢结构的失稳、钢结构的脆性断裂及钢结构的腐蚀等是钢结构发生破坏的主要形式。在日光温室冬季生产中，钢骨架始终处于高湿高温与低温交替变化、动载等恶劣环境和不利因素的影响中，直接影响钢结构的安全和耐久性能，设计不合理及施工存在的缺陷也会加剧发生破坏的可能性。

1）钢骨架结构承载力不足及刚度失效。使用荷载和条件的改变、钢材的强度指标不合格、连接强度以及结构或构件的刚度不满足设计要求、结构支撑体系不够等是使钢骨架结构承载力不足及刚度失效的主要原因。

2）钢骨架结构的失稳。钢骨架结构的失稳包括丧失整体稳定性和丧失局部稳定性。这两类失稳形式都将影响结构或构件的正常承载和使用，或引发结构的其他形式的破坏。构件设计的整体稳定不满足及构件受力条件的改变是钢骨架结构失稳的主要原因。

3）钢骨架结构的脆性断裂。钢结构的脆性断裂是其极限状态中最危险的破坏形式之一。除与钢材本身的抗脆性能有关外，与构件的加工制作、构件的应力集中及应力状态，使用过程中的低温和动载等因素直接相关。

4）钢骨架结构的腐蚀。钢材的腐蚀分为大气腐蚀、介质腐蚀和应力腐蚀等。普通钢结构钢材的抗腐蚀能力比较差，尤其在高温高湿环境中，其受腐蚀的程度更为严重。

2. 注意事项　对影响日光温室钢骨架结构安全性、耐久性的因素分析表明，合理进行设计，严格施工管理，加强安全围护，是保证结构安全、耐久的根本。

1）正确、合理的设计是保证钢骨架结构安全的前提。钢骨架结构设计通常简化成平面桁架，按两铰拱进行内力计算与分析。设计时荷载的取值及荷载组合是否合理是保证钢骨架结构安全的关键。目前，我国还没有日光温室设计相应的荷载规范与标准，设计时可按工业与民用建筑的相关标准和农业温室结构荷载规范参照执行。但是，日光温室有其自身的特殊性，在荷载的取值及组合上存在较大的差异。

（1）应正确分析、确定可能发生的各种荷载。钢骨架结构上作用的荷载除钢骨架结构自重及后坡结构层自重外，还有各种活荷载，包括外覆盖材料自重、风雪荷载、检修荷载、室内作物的吊重，以及卷帘机的使用带来的附加荷载等。其中外覆盖材料自重及卷帘机的使用带来的附加荷载均属于动荷载，其在卷帘的过程中，作用位置和大小均发生改变，设计时应加以考虑。

（2）荷载的组合应充分考虑农业生产建筑的使用及管理特点。荷载组合时除结构自重外，其他各种活荷载均有可能同时发生，如在冬季雪天，温室需人工除雪，此时外覆盖材料自重、风雪荷载、检修荷载（人工除雪）、室内作物的吊重等活荷载同时发生，就是最不利的组合形式，与建筑结构荷载规范的组合形式有较大的差别。

（3）在骨架设计时应充分考虑卷帘机在卷帘时产生的附加荷载的作用。卷帘机支架一般直接与骨架焊接在一起，在卷帘过程中，会对骨架产生较大的附加力的作用，设计时应充分考虑。

（4）沿纵向各榀骨架之间的系杆是保证整体稳定的关键，是必不可少的。

2）严格控制施工质量是保证钢骨架结构安全和耐久的具体措施。在正确、合理设计的基础上，施工质量是保证钢骨架结构安全和耐久的另一个关键环节。

（1）应严格控制材料的质量。材料质量的优劣直接影响结构的安全性与耐久性。考虑日光温室高温高湿使用环境特点，在材料的选择上应尽量使用镀锌钢管和钢筋，并且应严格按设计要求采用，避免使用锈蚀严重的钢材及废钢材。

（2）要严把焊接质量关。钢骨架与钢筋之间采用焊接时，应采用两面焊，并保证焊缝长度；焊接前必须将焊缝处母材上的油污和杂质清除干净；焊条型号必须与母材匹配。

3）正常维护与使用是钢骨架结构耐久的根本。钢骨架在投入使用前必须进行防腐处理，尤其是焊缝位置，更应加强。温室在使用其间，经历一年四季各种环境影响，尤其是高温高湿及雨水等的侵蚀，很容易发生锈蚀，定期检查维护是十分必要的。

冬季覆盖材料的积雪要及时清除，避免出现严重超载现象。超载使用会加快结构破坏速度，严重影响结构的耐久性能。

三、日光温室墙体设计

日光温室墙体除满足保温要求外，还应满足强度和稳定性的要求，要求验算墙体的高厚比。北方地区日光温室墙体（尤其是北墙）不高，厚度较大，因此高厚比均能满足要求，一般不需验算。砖石等砌体是抗压性能强、抗拉性能差的材料，因此墙体抗压、局部抗压、受剪等也能满足要求，不需验算，但抗弯性能必须进行验算。温室北墙与普通建筑物北墙受力特点不同，普通建筑物墙体一般只承受竖向荷载使墙体受压，而砌体抗压能力很强，因此能满足要求。无柱的拱形桁架在竖向荷载作用下，两端支座不仅有竖向反力，还有水平反力，这种水平反力对墙体产生向外的水平推力，从而使墙体产生弯矩，前地垄墙低矮，因此弯矩很小，不必验算。而北墙相对较高，使墙体产生三角形分布的弯矩，墙底（即基础顶面）最大，应进行受弯验算。

（一）墙体结构材料

采用砌筑方法，用砂浆将单个块体黏结而成的整体称为砌体；由砌体组成的墙、柱等构件作为建筑物或构筑物主要受力构件的结构称为砌体结构。砌体材料包括块体和砂浆。

1. 块体　块体是组成砌体的主要材料。我国目前在建筑中采用的块体主要有以下几种。

1）人造砖块。有两大类：一类是烧结砖，包括烧结普通砖和烧结多孔砖（孔洞率不小于 25%，图 2–14），以黏土、页岩、煤矸石或粉煤灰为主要原料，经过焙烧而成。烧结普通砖的外形尺寸是 240 mm × 115 mm × 53 mm。另一类是蒸压砖，包括蒸压灰沙砖和蒸压粉煤灰砖。

2）砌块。即混凝土小型空心砌块，由普通混凝土或轻骨料混凝土制成，主规格尺寸为 390 mm × 190 mm × 190 mm，空心率 25%~50%（图 2–15）。

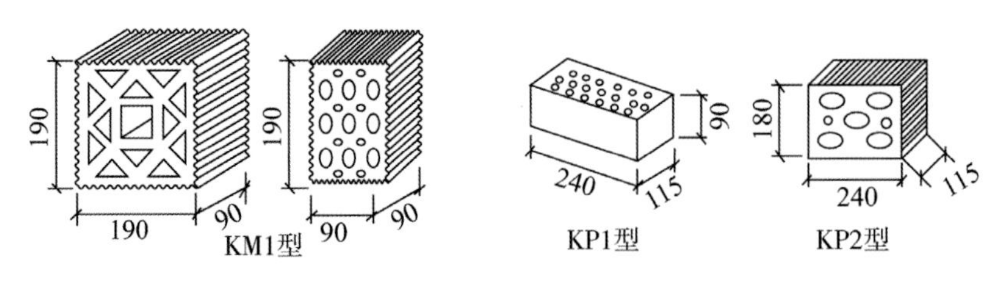

图 2–14　承重黏土空心砖（单位：mm）

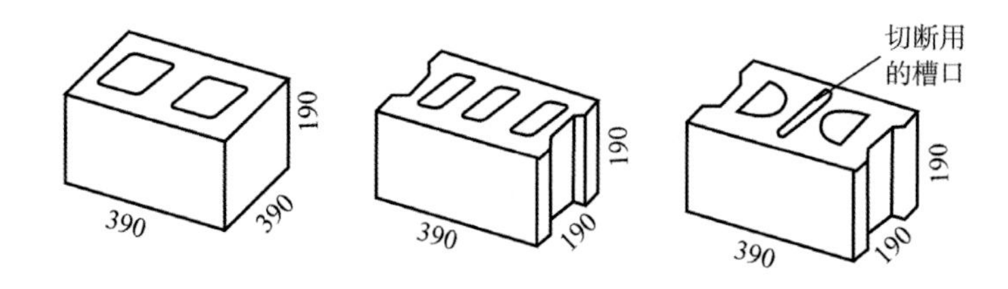

图 2-15　混凝土小型空心砌块（单位：mm）

2. 砂浆　砂浆是由胶凝材料（如水泥、石灰等）及细骨料（如粗沙、中沙、细沙）加水搅拌而成的黏结块体的材料。其主要作用是使块体黏结形成受力整体；找平块体间的接触面，促使应力分布均匀；充填块体间的缝隙，减少其透风性，提高砌体的隔热和抗冻性能。

砂浆按其组成材料的不同可分为水泥砂浆、混合砂浆、柔性砂浆和砌块专用砂浆。

3. 砌体结构材料选择　砌体结构中的块体应具有足够的强度，以满足对承载能力的要求。同时，块体应有良好的耐久性（主要是抗冻性）、较好的保温性和隔热性能。

砌体结构中的砂浆不但应具有足够的强度，还应该具有一定的和易性（可塑性）以便于砌筑，具有一定的保水性以保证砂浆硬化所需要的水分。一般情况下，砌体常采用混合砂浆砌筑，而地面以下或防潮层以下的砌体及潮湿房间的墙体，则采用水泥砂浆。

日光温室外围护结构墙体在冬季处于低温高湿状态，因此在砌筑砂浆选择上在地面以下或防潮层以下的砌体应采用水泥砂浆。由于温室墙体总荷载不是很大，对材料强度要求不是很高，一般采用 MU10 黏土砖和 M5 水泥砂浆及混合砂浆即可。

（二）墙体承载力计算

日光温室墙体主要承受由水平荷载产生的弯矩，墙底截面（即基础顶面）最大，应进行抗弯验算。

砌体受弯构件应进行抗弯计算和抗剪计算。受弯构件能够承受的弯矩设计值 M（kN・m）为：

$$\frac{M}{W} \leqslant f_{tm} \text{ 或 } M \leqslant W f_{tm} \qquad (2\text{-}37)$$

式中　W——截面抵抗矩（m^3）；

f_{tm}——砌体弯曲抗拉强度设计值（MPa），见表 2-13。

受弯构件能够承受的剪力设计值 V（kN）为：

$$\frac{V}{bz} \leqslant f_v \text{ 或 } V \leqslant bzf_v \qquad (2\text{-}38)$$

式中　f_v——砌体的抗剪强度设计值（MPa），见表 2-13；

b——截面宽度（mm）；

z——内力臂（mm）。z= 截面惯性矩 I/ 截面面积矩 S，矩形截面 z= 截面高度 $h \times 2/3$。

一般情况下，产生的水平剪力较小，可不进行验算。

表 2-13　沿砌体灰缝截面破坏时砌体的弯曲抗拉和抗剪强度设计值（MPa）

强度类别	破坏特征及砌体种类	砂浆强度等级			
		≥M10	M7.5	M5	M2.5
弯曲抗拉	烧结普通砖、烧结多孔砖	0.17	0.14	0.11	0.08
	蒸压灰沙砖、蒸压粉煤灰砖	0.12	0.10	0.08	0.06
	混凝土砌块	0.08	0.06	0.05	
抗剪	烧结普通砖、烧结多孔砖	0.17	0.14	0.11	0.08
	蒸压灰沙砖、蒸压粉煤灰砖	0.12	0.10	0.08	0.06
	混凝土砌块	0.09	0.08	0.06	

四、基础设计

所有的工程都建在地基土层上，农业设施工程也不例外。因此，农业设施工程的全部荷载都由它下面的土层来承担，受到工程结构影响的那部分土层称为地基，而工程结构向地基传递荷载，介于上部结构与地基之间的部分则称为基础。基础和地基是工程结构的根基，也是保证工程结构安全性和满足使用要求的关键。

（一）常用基础类型

根据埋置深度和所利用的土层，基础可以分为两类：埋置深度不大

（小于或相当于基础底面宽度，一般不大于 5 m）的基础称为浅基础；当浅层地基土质不良，需要利用深层良好土层，采用专门的施工方法和施工机具建造的基础称为深基础。根据受力特点和结构形式，基础又可以分为独立基础、条形基础、筏形基础、箱形基础、桩基础等。基础的形式很多，设计时应选择适合于上部结构、符合使用要求、技术合理的基础形式。设施农业工程的基础一般采用浅基础，本节主要介绍浅基础的设计要求和设计方法。

常用的浅基础包括柱下独立基础、墙下条形基础、柱下条形基础、柱下交梁基础、筏形基础等。设施农业工程常用的是柱下独立基础和墙下条形基础，这两种基础统称为扩展基础，根据其受力特点和所用材料又可分为无筋扩展基础和钢筋混凝土扩展基础。

无筋扩展基础由砖、毛石、混凝土或毛石混凝土、灰土、三合土等材料组成，无须配置钢筋。这些材料都具有较高的抗压强度，但抗拉、抗剪强度较低。为防止基础破坏和开裂，一般不允许基础内的拉应力和剪应力超过材料强度设计值，这可通过加大基础的高度来满足。这种基础一般较高，几乎不会发生挠曲变形，故习惯上也称为刚性基础。

砖或毛石砌筑的基础，地下水位以上部分可采用混合砂浆，地下水位以下或较为潮湿的则应采用水泥砂浆砌筑。砖或毛石的选择遵循就地取材的原则，一般毛石基础的耐久性比砖好，又节省能源，应优先采用（图 2–16a、b）。当荷载较大，基础高度又受限时，采用混凝土浇筑的无筋扩展基础或在混凝土中掺入 25%~30% 的毛石形成毛石混凝土，耐久性较好，也适合于地下水位较高的情况，但材料成本较高（图 2–16c）。

用石灰和粉土或黏土，以 3 ：7 或 2 ：8 的比例拌和均匀后，在基槽内分层夯实（每层约 150 mm 厚）形成灰土基础，或掺入适量水泥形成三合土基础。这种基础材料费用较低，适合于地下水位较低的情况（图 2–16d）。

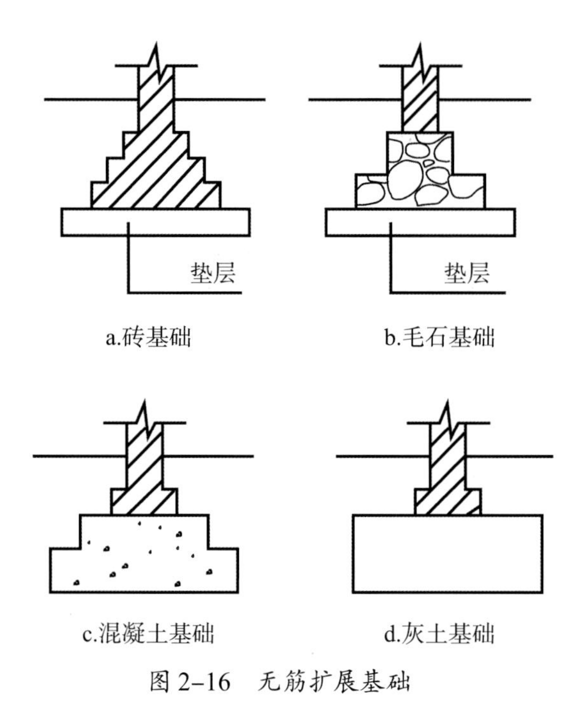

图 2–16 无筋扩展基础

（二）基础埋置深度

基础埋置深度的合理确定要综合考虑建筑物情况、工程地质、水文地质、地基冻融和场地环境条件等方面的因素。

为了较好地承担上部结构传来的荷载并合理利用地基条件，应选择适当的地基土层作为持力层，这将决定基础底面的标高。应尽量使整个结构单元的基础底面处于同一层地基土上，使所有基础的底面为同一标高。若地基土层倾斜较大时，可沿倾斜方向做成台阶形，由深到浅逐渐过渡。

基础应尽量埋置在地下水位以上，避免地下水对基坑开挖、基础施工的影响，也避免地下水对基础的侵蚀。

在我国北方地区，土壤存在冬季冻结、夏季融消的现象。当土颗粒较细、含水量较高时，冬季土壤冻结的过程中，土体会发生膨胀和隆起，称为冻胀；夏季土体解冻，出现软化现象，在建筑物荷载作用下，地基土下陷，称为融陷。土的冻胀和融陷是不均匀的，易导致基础和上部结构的开裂，基础底面应尽量埋置在土壤冻深以下。我国华北、西北、东北等地区的土壤冻深随着纬度的增高从

0.5~3 m 逐步增大。

建筑位于河流、湖泊附近时，应使基础底面位于冲刷线以下，避免水流和波浪的影响。

（三）基础底面尺寸

在初步选定基础类型和埋置深度后，就可根据地基承载力计算基础底面尺寸。

1. 轴心荷载作用　在轴心荷载作用下，基础底面应保证地基持力层所承受的基底压力不大于修正后的地基承载力特征值，基础底面的平均压力 P_k 可按下式计算：

$$P_k=\frac{(F_k+G_k)}{A} \quad (\text{kPa}) \qquad (2-39)$$

式中　A——基础底面面积（m^2）；

F_k——相当于荷载效应标准组合时，上部结构传至基础顶面的竖向力值（kN）；

G_k——基础自重和基础上土体的重力（kN）。

对一般的实体基础，G_k 可近似取 20 dA，当有地下水的浮托作用时，减去水的浮托力取 20 dA−10 h_wA。由此，可以推导得出轴心荷载作用下基础底面面积计算公式：

$$A \geqslant \frac{F_k}{f_a-20d+10h_w} \qquad (2-40)$$

式中　d——基础的平均埋置深度（m）；

h_w——地下水位高于基础底面的差（m）；

f_a——修正后的地基承载力特征值（kPa）。

柱下独立基础在轴心荷载作用下一般采用方形基础底面，其边长 $\geqslant F_k/(f_a-20d+10h_w)$。墙下条形基础的上部荷载一般按单位长度 1 m 计算，基础底面的尺寸也按单位长度 1 m 计算，其宽度 $b \geqslant F_k/(f_a-20d+10h_w)$。

在上面的计算中，应首先对地基承载力特征值进行深度修正，当计算处的基础底面宽度大于 3 m 时还要进行宽度修正，此时应根据修正过的地基承载力特征值重新计算基础底面宽度。另外工程中一般的基础底面尺寸应取 100 mm 的倍数。

2. 偏心荷载作用　偏心荷载作用下基底压力分布不均，除验算基础底面平均压力外，还要求：

$$P_{kmax} \leqslant 1.2f_a \tag{2-41}$$

式中　P_{kmax}——地基所承担的基础底面最大压力值（kPa）。

偏心基础一般设计成矩形底面，一般要求偏心距 $e \leqslant i/6$，这样可以保证基础底面不会出现零压力区，也保证基础不会过分倾斜。此时，基底最大压力可按下式计算：

$$P_{kmax}=\frac{F_k}{b_i}+20d-10h_w+\frac{6M_k}{bl^2} \tag{2-42}$$

式中　M_k——相应于荷载效应标准组合时，作用于基础底面的弯矩（kN·m）；

e——偏心距，$e=M_k/(F_k+C_k)$；

l——偏心基础长边的边长（m），一般与力矩作用方向平行；

b——偏心基础短边的边长（m）。

偏心基础底面尺寸确定一般按照如下步骤进行：①确定基础底面深度，对地基承载力特征值进行深度修正。②按轴心荷载作用计算基础底面面积，放大10%~40%，作为偏心基础底面积初估值。③选取一定的长短边比例，一般不超过2，确定矩形底面的两个边长。④如需进行地基承载力宽度修正，则修正后重新计算底面积和边长。⑤按式（2-42）验算基础底面最大压力，若不满足，则调整边长返回③循环。

（四）基础剖面设计

无筋扩展基础的抗拉和抗弯强度都较低，一般通过控制材料的强度等级和台阶的宽高比来控制基础内的剪应力和拉应力，图2-17所示的无筋扩展基础的构造图中，要求每个台阶的宽高比（$b_2:h$）都不大于表2-14所列的各种材料的宽高比允许值。满足允许值要求，则无须进行内力分析和截面强度计算。

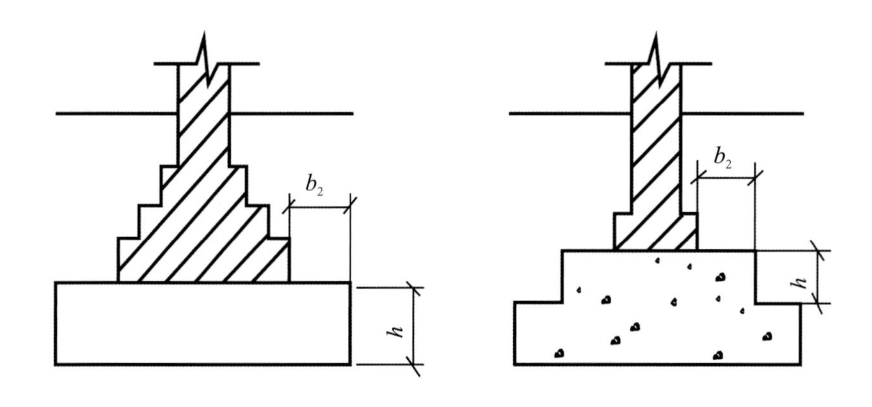

图 2-17　无筋扩展基础构造图

表 2-14　无筋扩展基础台阶宽高比允许值

基础材料	质量要求	台阶高宽比允许值		
		$P_k \leqslant 100$	$100 < P_k \leqslant 200$	$200 < P_k \leqslant 300$
混凝土	C15混凝土	1：1	1：1	1：1.25
毛石混凝土	C15混凝土	1：1	1：1.25	1：1.5
砖	砖不低于MU10，砂浆不低于M5	1：1.5	1：1.5	1：1.5
毛石	砂浆不低于M5	1：1.25	1：1.5	—
灰土	3：7灰土和2：8灰土	1：1.25	1：1.5	—
三合土	石灰：沙：骨料（1：2：4~1：3：6）	1：1.5	1：2	—

为了节省材料，无筋扩展基础一般设计成阶梯形，每个台阶除了满足宽高比的要求，还应符合有关规定。

砖基础俗称大放脚，其各部分尺寸都应符合砖的模数。砌筑方式有两皮一收（每两皮砖 120 mm 收一次 60 mm）和二一间隔收（先砌两皮砖 120 mm 收进一次 60 mm，再砌一皮砖 60 mm 收进一次 60 mm，如此反复）两种，如图 2-18 所示。

毛石基础的每阶伸出宽度不宜大于 200 mm，高度通常为 400~600 mm，并由两层毛石错缝砌成。混凝土的每阶高度不宜小于 200 mm，毛石混凝土每阶高度不宜小于 300 mm。

灰土施工时每层虚铺 220~250 mm，夯实后 150 mm，称为一步灰土。根据需要可设计成二步灰土 300 mm 或三步灰土 450 mm。三合土的基础厚度不宜小于 300 mm。

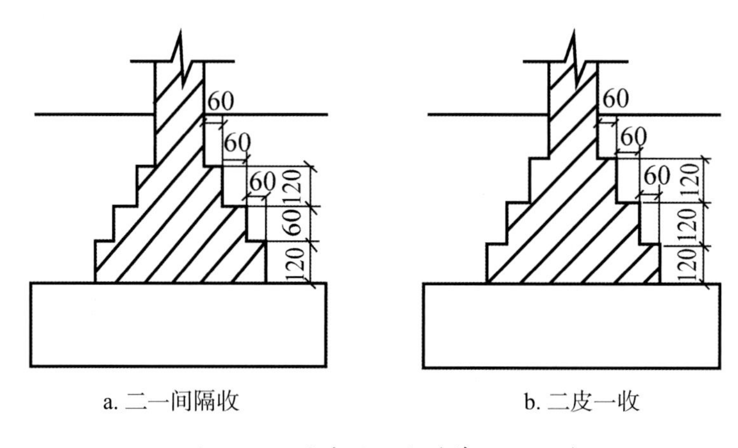

图 2-18　砖基础做法（单位：mm）

第三章
日光温室建造

选择日光温室的建设地点，主要考虑气候、地形、地质、土壤，以及水、暖、电、交通运输等条件。合理选择日光温室的建筑方位是很重要的，与温室内光照环境的优劣以及生产效益有密切的关系，建设单栋温室，只要方位正确，不必考虑场地规划，如建设温室群，就必须合理地进行温室主体及其辅助设施的布置，以减少占地、提高土地利用率、降低生产成本。日光温室的结构主要由采光面、后屋面和围护墙体三部分组成，主要靠吸收太阳能作为主要能量来源，确定合理的采光面、良好的保温性能是设计日光温室成败的关键。前坡参考角、后坡仰角、脊位比、跨度、脊高等是日光温室设计的主要参数。

第一节
日光温室的选址与规划

一、场地选择原则

选择日光温室的建造地点，主要考虑气候、地形、地质、土壤，以及水、暖、电、交通运输等条件。

（一）气候条件

1. 气温　重点是冬季和夏季的气温，对冬季所需的加温以及夏季降温的能源消耗进行估算。

2. 光照　考虑光照度和光照时长，主要受地理位置、地形、地物和空气质量等影响。

3. 风　风速、风向以及风带的分布在选址时也要加以考虑。对于主要用于冬季生产的温室或寒冷地区的温室应选择背风向阳的地带建造；全年生产的温室还应注意利用夏季的主导风向进行自然通风换气；避免在强风口或强风地带建造温室，以利于温室结构的安全；避免在冬季寒风地带建造温室，以利于温室的保温节能。由于我国北方冬季多西北风，一般庭院温室应建造在房屋的南面；大规模的温室群要选在北面有天然或人工屏障的地方，而其他三面屏障应与温室保持一定的距离，以避免影响光照。

4. 雪　从结构上讲，雪荷载是日光温室这类轻型结构的主要荷载。特别是除雪困难的大中型连栋温室，要避免在大雪地区和地带建造。

5. 冰雹　冰雹危害普通玻璃温室的安全，要根据气象资料和局部地区调查研究确定冰雹的可能危害性，避免普通玻璃温室建造在可能造成冰雹危害的地区。

6. 空气质量　空气质量的好坏主要取决于大气的污染程度。大气的污染物主要是臭氧、过氯乙酰硝酸酯类（PAN）以及二氧化硫、二氧化氮、氟化氢、乙烯、氨、汞蒸气等。这些由城市、工矿企业带来的污染分别对植物的不同生长期有严重的危害。燃烧煤的烟尘、工矿企业的粉尘以及土路的尘土飘落到温室上，会严重减弱温室的透光性。寒冷天火力发电厂上空的水汽云雾会造成局部的遮光。因此，在选址时，应尽量避开城市污染地区，选在造成上述污染的城镇、工矿企业的上风向，以及空气流通良好的地带。调查了解时要注意观察该地附近建筑物是否受公路、工矿企业灰尘影响及其严重程度。

（二）地形与地质条件

平坦的地势可节省造价，便于管理。同时，同一栋温室的用地内坡度过大会影响室内温度的均匀性，过小的地面坡度又会使温室的排水不畅，一般认为地面应有 1% 以下的坡度。要尽量避免在早晚容易产生阳光遮挡的北面斜坡上建造温室群。

对于建造玻璃温室的地址，有必要进行地质调查和勘探，避免因局部软弱带、不同承载能力的地基等原因导致不均匀沉降，确保玻璃温室安全。

（三）土壤条件

对于进行有土栽培的日光温室，由于室内要长期高密度种植，因此对地面土壤要进行选择。就土壤的化学性质而言，沙土储存阳离子的能力较差，养分含量低，但是养分输送快；黏土则相反，需要的人工总施肥量低。现代高密度的作物种植需要精确而又迅速地达到施肥效果，因而选用沙土比较合适。土壤的物理性质包括土壤的团粒结构、渗透排水能力、土壤吸水力以及土壤的透气性等，这些都与温室建造后的经济效益密切相关，应选择土壤改良费用较低而产量较高的土壤。值得注意的是，排水性能不好的土壤比肥力不足的土壤更难于改良。

（四）水、电、暖及交通

水量和水质也是日光温室选址时必须考虑的因素。虽然室内的地面蒸发和作物叶面蒸腾比露地要小得多，然而用于灌溉、水培、供热、降温等用水的水量、水质都必须得到保证，特别是对大型温室群，这一点更为重要。要避免将温室置于污染水源的下游，同时，要有排灌方便的水利设施。

对于大型温室而言，电力是必备条件之一，特别是有采暖、降温、人工光照、营养液循环系统的温室，应有可靠、稳定的电源，以保证不间断供电。

日光温室应选择在交通便利的地方，但应避开主干道，以防车来人往，尘土污染覆盖材料。

（五）地理与市场区位

设施园艺生产的高投入特点，必须有高产出和高效益作为其持续发展的保障条件，否则项目从一开始就面临失败的危险，而地理与市场区位条件是影响其效益的重要因素。在我国不同的地域，具有不同的市场需求、产品定位和产品销售渠道与方式，因此在不同的地区发展设施园艺工程就会有不同的生产模式、产品标准、工程投入和管理方式。

在场地确定以后，对于大型温室项目必须进行地质勘探、地形测量，为温室的规划设计和施工打下坚实基础。

二、总体布局

建设单栋日光温室，只要方位正确，不必考虑场地规划。但建设温室群，就必须合理地进行温室及其辅助设施的规划布局，以减少占地，提高土地利用率，降低生产成本。

（一）布局原则

明确园区定位，合理布置各功能区。在场区北侧、西侧设置防护林，距温室建筑 30 m 以上，既可阻挡冬季寒风，又不影响温室光照。合理确定各建筑物的间距，避免相互遮挡，保证温室良好的光照和通风环境。连栋温室尽可能将管理与控制室设在生产区北侧，以利于温室北侧的保温和便于管理。因地制宜利用场地，种植区尽量安排在适宜种植的或土地规则的地带，辅助建筑尽量安置在土壤条件较差地带，并且集中紧凑布置，减少占地，提高土地利用率。场区布局要长远考虑，留有扩建余地。

（二）温室区的建筑组成及布局

达到一定规模的温室群，除了温室种植区外，还必须有相应的辅助设施，主要有水、暖、电等设施，控制室、加工室、保险室、消毒室、仓库以及办公休息室等。在进行总体布置时，应优先考虑种植区的温室群，使其处于场地的采光、通风等的最佳位置。烟囱应布置在主导风向的下方，以免大量烟尘飘落于覆盖材料上，影响采光。加工、保鲜室以及仓库等既要保证与种植区的联系，又要便于交通运输。

1. 温室区的建筑组成

1）生产性建筑。温室区的主要功能是生产各类农产品，是场区的主要建筑物，构成栽培区。以有土栽培为主的温室应布置在土质最好的地块，集中布置于道路的两侧，温室相对集中布置对统一安排供水、供热（减少管网长度）、供电及运输、管理等均有利。单坡温室要注意朝向和间距。温室的工作间（俗称窨头房）或外门要设在距主要道路近的一侧。

栽培区的温室又分育苗栋和栽培栋，有时育苗栋内又设催芽室。育苗栋与栽培栋的比例视作物品种及栽培方式而定，一般为1/20~1/10，果菜苗、果树苗较大，可取较大的比例，叶菜苗则反之。穴盘无土育苗技术的日益普及使所需育苗面积减小，该比例还要根据具体情况而定，并在实践中不断调整。

2）辅助建筑。辅助建筑除了道路、各种管道的管沟等基础设施外，还有下列一些具体的建筑物，如锅炉房、水泵房、配电室、加工及包装间、冷藏库、各类仓库、车库、组织培养室、化验室、无菌消毒室、办公接待室、产品展销间、宿舍、食堂、浴室、公共厕所等。当然，还要视温室区的规模不同，有选择地设置辅助建筑物。

2. 温室区的平面布局　温室区的平面布局要明确功能分区，保证操作管理方便、线路畅通、流程简洁、科学合理，避免各设施之间、各线路之间的互相干扰和交叉。场区内道路最好封闭成环，主干道路两侧要设排水沟。

场区应有围墙，以便于管理并保证安全。大门宜位于场区以外的主干道路边，场内靠近大门只布置值班室、办公室、接待室、展销室等建筑物，栽培区设于内部。锅炉房应位于冬季主导风向的下方，以防止烟尘污染薄膜。毒品库、易燃品库应远离主要建筑物。

温室区的绿化应结合道路统筹考虑，栽培区不种植较高的树木，以免影响温室采光，以花卉、草坪和小灌木为主，辅助建筑区可以种树。可在办公区及其他边角地适当修建小型园林景点、喷泉等以美化环境。

（三）园区道路

园区道路有主、次之分，可分为主路、干路、支路三级道路。主路与场外公路相连，内部与办公区、宿舍区相通，同时与各条干路相接，一般主道路宽 6~8 m，干路（次道路）宽 4~6 m，支路宽 2 m，支路通常为手推车设计。干路和支路在道路网中所占的比例较大，彼此形成网状布置，推荐使用混凝土路面或沙石沥青路面。

（四）场区给排水

生产、生活用水应与消防用水分系统设置，均直埋于冻土层以下，分支接口处应设置给水井及明显标识。一般灌溉方式，微、雾喷灌或微滴（渗）灌溉用水应满足 GB 5084—2005 中农田灌溉水质要求。生活用水则应符合市政饮用水要求或单独设置水处理设施。

雨水可明渠排放，但明排雨水渠，除放坡外渠上沿应与道路或温室（或缓冲间）外墙皮保持一定距离，一般 1~2 m。暗排雨水可节省占地面积。污水管道不应与雨水管道混用，污水应单独无害处理后排放，或无害处理后回收利用。

（五）场区供电

供电网的电缆允许架空、也允许直埋或沟设，但必须按规范规划设计与施工。配电站（室）应以三相五线输入、三相四线输出，输出应为 380 V（单相 220 V），50Hz，电压波动应小于 5%；用电设施配电，应符合 GB / T 13869—2008 用电安全导则。

（六）场区供暖

北纬 41° 以南地区，如冬季最冷月平均气温不低于 -5℃，且极端最低温度不低于 -23℃时，则节能日光温室冬季运行一般可以不加温。在北纬 41° 以北地区，或连栋温室所种植的作物要求较高的气温时，应设置加温设施。应按经济性和环保等方面要求，根据当地条件选择补温能源种类和补温方式。供暖管网允许直埋或沟设，均应符合有关规范。

三、日光温室的方位

温室的建筑方位是指温室的法线方向，日光温室的建筑方位一般以南、南偏东或南偏西为主。在温室群总平面布置中，合理选择温室的建筑方位也是很重要的。温室的建筑方位通常与温室内光照环境的优劣以及生产效益有密切的关系。

一般认为高纬度地区，温室方位以南偏西 5° 为宜，低纬度地区以正南或南偏东 5° 为宜。但不论是偏东还是偏西，一般不宜超过 10°。沈阳地区（高纬度地区）温室方位以南偏西 5° ~7° 为宜。

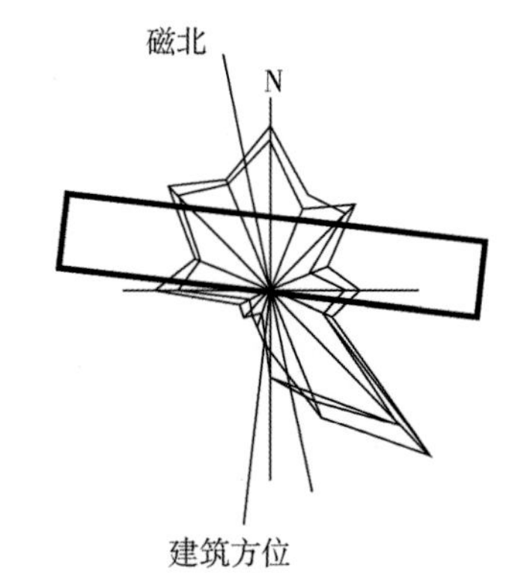

图 3-1　日光温室建筑方位示意图

需要注意的是，这里所说的南、北指的是真南真北，也就是真子午线所指的南北，见图 3-1。当采用罗盘定向时应考虑磁偏角。沈阳地区磁偏角（磁北在真北以西）为 7° 56′ 。

四、日光温室的间距

为提高土地利用率，前后相邻温室的间距不宜过大，必须保证在最不利情况下不至于遮挡光线，一般以冬至日 12 时前排温室的阴影不影响后排采光为计算标准。纬度越高，冬至日的太阳高度角就越小，阴影就越长，前后栋的间距就越大，见图 3-2。

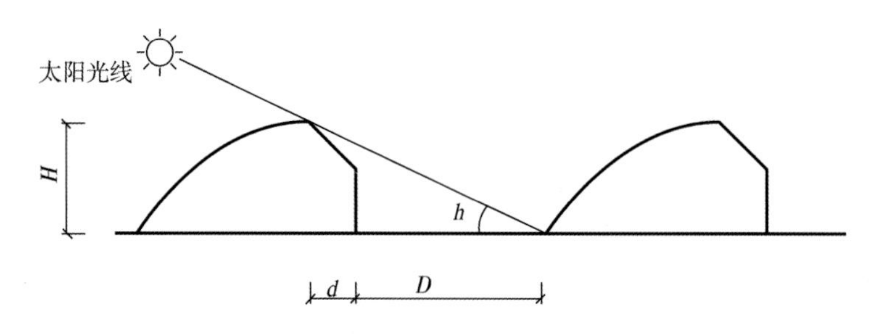

图 3-2 日光温室间距示意图

日光温室间距计算公式为：

$$D=\frac{H}{\tan h}\cos\ \gamma-d \tag{3-1}$$

$$\cos\ \gamma=\frac{\sin h\cdot\sin\varphi-\sin\ \delta}{\cos h\cdot\cos\varphi} \tag{3-2}$$

式中 D——前后两栋日光温室的距离（m）；

d——温室最高点向下垂直地面点到后墙外侧的距离（m）；

H——温室高度（m）；

h——太阳高度角（°）；

γ——太阳方位角（°）；

φ——地理纬度（°）；

δ——太阳赤纬角（°）。

以沈阳地区辽沈Ⅰ型 7.5 m 日光温室为例，计算结果见表 3-1。

表 3-1 辽沈Ⅰ型 7.5 m 日光温室净间距（沈阳地区）

冬至日不同时刻	9：00	9：30	10：00	12：00
太阳高度角（°）	12.63	16.13	19.12	24.78
太阳方位角（°）	-41.67	-35.55	-29.04	0
温室净间距（m）	10.57	8.59	7.48	6.13

计算时，取 H=3.8 m，d=2.1 m，φ=41°46′，δ=23°27′。从表中可以看出，计算时刻接近正午，得出的净间距越小，意味着只是正午时刻不产生遮挡，其他时间段仍不能满足采光要求，因此在条件允许情

况下，温室的净间距可以适当加大。

地面坡度对温室间距将产生影响，坡向朝南时可以适当减小温室间距，反之应加大，见图 3–3。

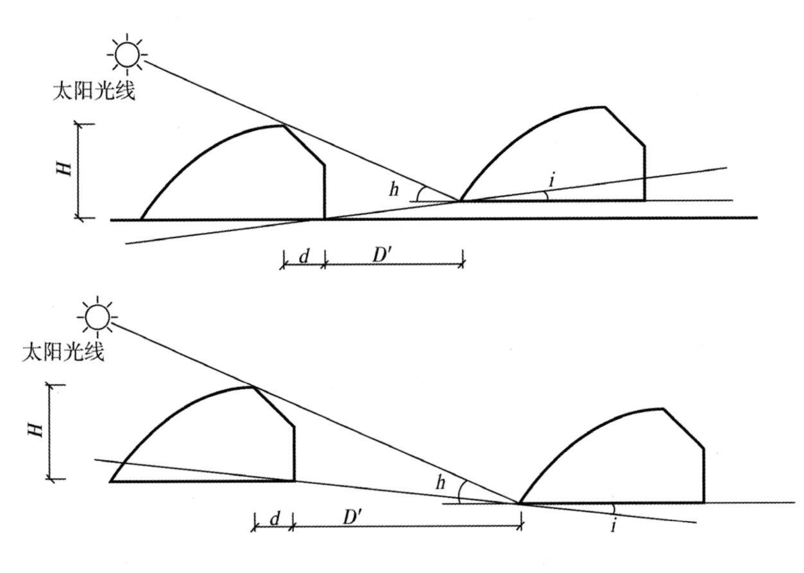

图 3–3　坡度对日光温室间距的影响

如果地面坡度为 i，则温室间距可由下式近似估算：

$$D' = \alpha D \tag{3–3}$$

$$\alpha = \frac{\tan h}{\tan h \pm \tan i} \tag{3–4}$$

式中　α——地面坡度修正系数；

i——地面坡度（°）。

五、温室区规划要点

对温室区进行规划时，事先要把场地的地形图测绘好，比例尺 1 :（500~1 000）（面积较大时比例尺也可再小些），画出等高线，标明方位（用指北针表示），场区附近的主干道路。主要地物、光缆、电缆、高压线网等也要在图上绘出，然后根据温室区的规模及要求在图上进行规划并给出图例。

第二节 日光温室优型结构类型

辽宁是日光温室的发源地，日光温室的发展经历了原始型日光温室、节能型日光温室阶段，主要有海城新Ⅱ型日光温室、鞍Ⅱ型日光温室、琴弦式日光温室、岫岩日光温室、台安感王式日光温室、高后墙感王式日光温室、辽沈系列日光温室等。目前，常用的日光温室还有经济型日光温室，鞍Ⅲ日光温室，熊岳农专Ⅲ、Ⅳ型日光温室及装配式日光温室等。

一、第一代节能日光温室

（一）第一代节能日光温室设计理论

第一代节能日光温室基本按经验设计，一般按冬至日正午时刻的合理采光角来确定。第一代节能日光温室的结构参数见表 3–2。

表 3–2 第一代节能日光温室的结构参数

型号	跨度（m）	脊高（m）	后墙高（m）	后屋面水平投影长度（m）	前屋面角（°）	后坡仰角（°）
高后墙感王式	6	2.2	1.5	1.2	24.6	30.3
海城新Ⅱ型	6	2.1	1	1.5	25	33.7
鞍Ⅱ型	6	2.7	1.8	1.4	30.4	32.7
琴弦式	7.1	3.1	2.3	0.9	26.6	41.6
岫岩	6.5	2.8	1.8	1.1	27.4	30

（二）第一代节能日光温室

1. 高后墙感王式日光温室　如图 3–4 所示。该型温室后坡斜长约 1.6 m，后墙高 1.5 m，厚 0.5 m。由于后坡短，后墙高，作业方便，采光效果较好。

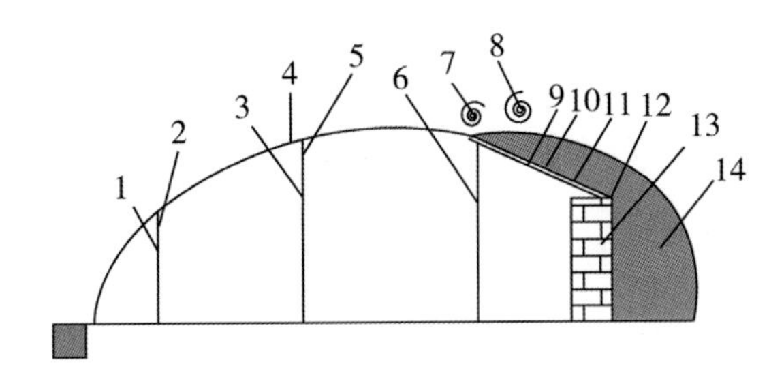

图3-4　感王式日光温室剖面示意图

1.前柱　2.吊柱　3.前柱　4.竹拱架　5.悬架　6.中柱　7.纸被　8.草苫
9.柁木　10.檩木　11.秸箔　12.扬脚泥　13.后墙　14.培土

2. 海城新Ⅱ型日光温室　如图 3-5 所示。该型温室净跨度 6 m，脊高 2.1 m，后墙高 1.1 m，骨架采用每隔 3 道竹拱架间隔 2.8 m 设一道钢拱架（上弦杆为公称直径 20 mm 即 6 分钢管，下弦杆为直径 10~12 mm 的钢筋，腹杆为直径 8~10 mm 的钢筋）。便于利用小拱棚、中棚、保温幕等形式进行多重覆盖，保温性能增加。

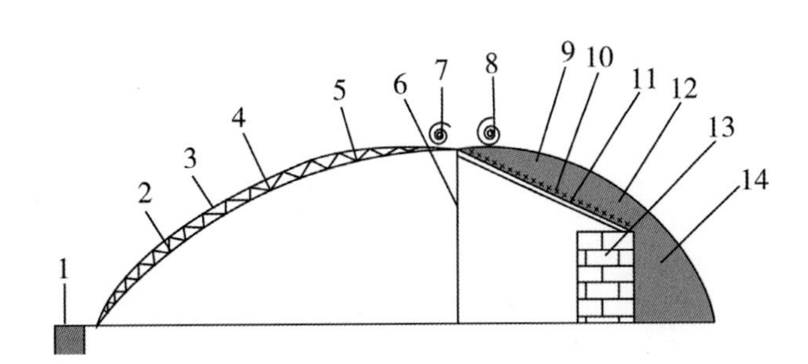

图3-5　海城新Ⅱ型日光温室剖面示意图

1.防寒沟　2.纵拉杆　3.钢拱架　4.吊柱　5.竹拱架　6.中柱　7.纸被
8.草苫　9.檩木　10.柁木　11.扬脚泥　12.后墙　13.培土

3. 鞍Ⅱ型日光温室　如图 3-6 所示。净跨度 6 m，脊高 2.7 m，后墙高 1.8 m，骨架采用钢骨架间距 850 mm，（上弦杆为直径 16 mm 的钢筋，下弦杆为直径 10 mm 的钢筋，腹杆为直径 8~10 mm 的钢筋）。骨架间采用系杆连接。后坡由下到上为：钢骨架，木板皮，两层草苫中间夹一层旧薄膜，整捆稻草或玉米秸。后墙从内向外为：120 mm 厚黏土砖墙，120 mm 厚空气间层或珍珠岩层，240 mm 厚黏土砖墙。光照比原鞍Ⅱ型日光温室增加 9%~21%，增强了温室白天增温能力，但其空间小，昼夜温差大。

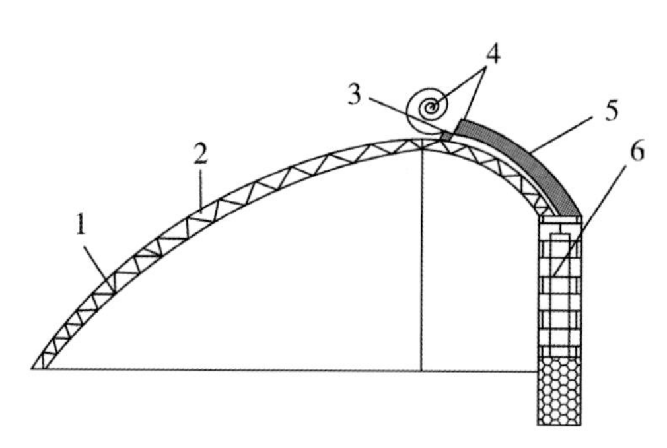

图3–6　鞍Ⅱ型日光温室剖面示意图

1.纵拉杆　2.钢拱架　3.板皮　4.草苫　5.旧薄膜　6.空心墙

4. 琴弦式日光温室　如图 3–7 所示。净跨度 7.1 m，脊高 3.1 m，后墙高 2.3 m，骨架采用木骨架，每 3 m 设一直径 50~70 mm 的钢管作加强梁。骨架上每 400 mm 拉一道纵向 8 号铁丝线固定于两侧山墙外侧的地锚上。

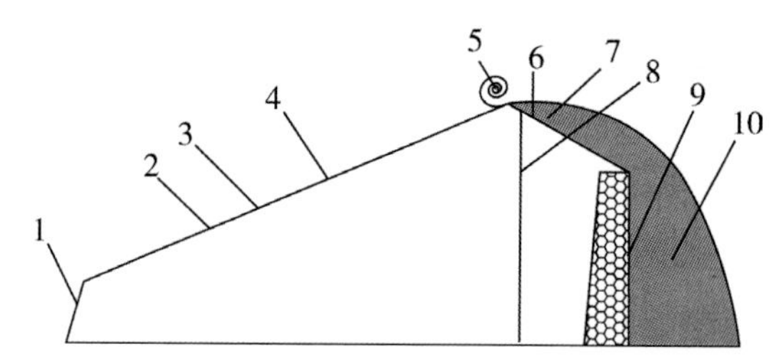

图3–7　琴弦式日光温室剖面示意图

1.立窗　2.8号铁丝　3.细竹竿　4.钢管拱架　5.草苫　6.水泥檩

7.水泥板　8.中柱　9.石墙　10.培土

5. 岫岩日光温室　如图 3–8 所示。净跨度 6.5 m，脊高 2.8 m，后墙高 1.8 m，骨架采用竹骨架。后墙较薄，采用空心水泥砖砌成，培土很厚，保温性能较好，适于冬季、早春、秋季蔬菜生产。

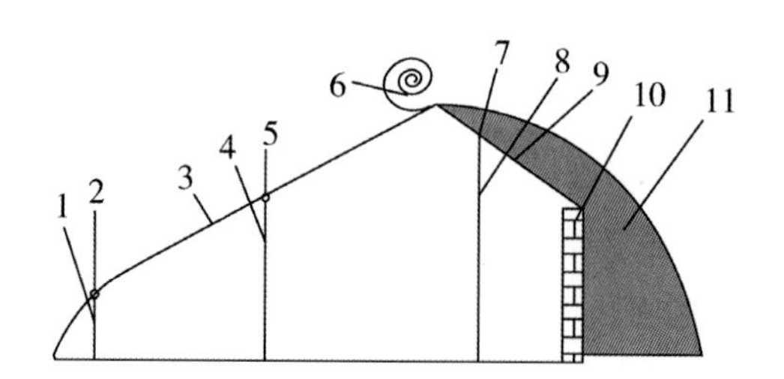

图3–8　岫岩日光温室剖面示意图

1.前柱　2.梁　3.竹拱架　4.前柱　5.梁　6.草苫　7.水泥檩　8.中柱

9.水泥板　10.空心墙砖　11.培土

二、第二代节能日光温室

（一）第二代节能日光温室设计理论

1. 前屋面角　又称前坡参考角、采光屋面角。温室结构设计应使冬季阳光尽可能得到充分利用，前屋面角 α_F 很大程度上决定着光线透射入温室的比率，是日光温室设计和建造中的关键。为提高温室屋面的透光率，应尽量减小屋面的太阳光线入射角，入射角越小，透光率越大，反之透光率就越小。

2. 前屋面（采光面）形状　日光温室前屋面即采光面形状对吸收太阳辐射具有重要的作用。前屋面形状可以取圆弧、抛物线等平滑曲线或几种曲线组合。一般情况下不同的曲线、曲线组合对进光量影响不大，不会超过 5%，因此在设计中可以在图 3-9 所示的阴影范围内连一条平滑曲线即可。同时考虑温室内作业方便及卷放帘顺畅，一般要求前底脚 0.5 m 处高度不小于 0.8 m，屋脊处坡度角不小于 10° 。

3. 结构参数　北纬 36° ~42° 地区第二代节能日光温室结构参数见表 3-3。

表3-3　北纬36° ~45° 地区第二代节能日光温室结构参数

地理纬度	跨度（m）	脊高（m）	后墙高（m）	后屋面水平投影长度（m）
41° N~42° N	8.0	3.6~4.6	2.4	1.5~1.6
	7.5	3.4~4.3	2.2	1.5
	7.0	3.2~3.9	2.1	1.4~1.5
38° N~40° N	10.0	4.0~5.6	2.4	1.5~2.0
	9.0	3.6~5.0	2.2	1.5~1.8
	8.0	3.2~4.3	2.0	1.5~1.6
36° N~38° N	10.0	3.9~4.8	2.2	1.5~2.0
	9.0	3.4~4.2	2.0	1.5~1.8
	8.0	3.0~3.6	1.8	1.5~1.6

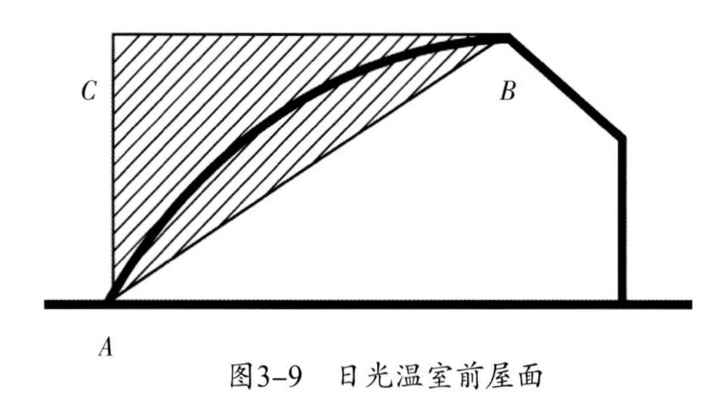

图3-9 日光温室前屋面

（二）第二代节能日光温室——辽沈系列日光温室

1. 辽沈Ⅰ型系列日光温室 辽沈Ⅰ型系列日光温室（沈阳地区）剖面几何参数见表3-4。

表3-4 辽沈Ⅰ型系列日光温室（沈阳地区）剖面几何参数

温室型号	跨度（m）	脊高（m）	后墙高（m）	后屋面水平投影长度（m）	前屋面角（°）	后坡仰角（°）
辽沈Ⅰ型6.0	6	2.9	1.8	1.2	31.1	42.5
辽沈Ⅰ型6.5	6.5	3.1	1.9	1.3	30.8	42.7
辽沈Ⅰ型7.0	7	3.3	2.0	1.4	30.5	41.8
辽沈Ⅰ型7.5	7.5	3.5	2.2	1.5	30.3	40.9
辽沈Ⅰ型8.0	8	4	2.5	1.5	31.6	45

辽沈Ⅰ型日光温室剖面图如图3-10所示。

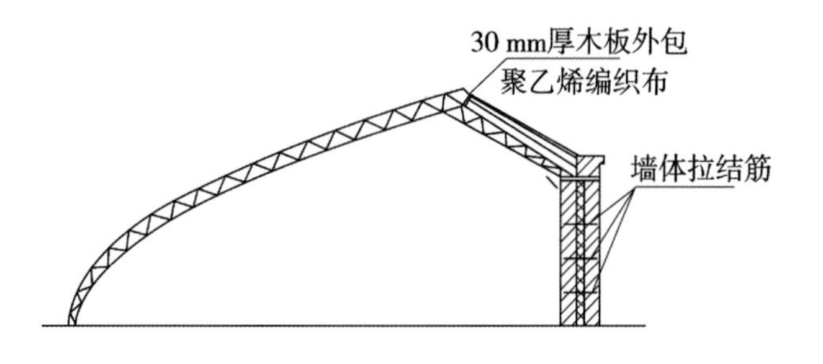

图3-10 辽沈Ⅰ型日光温室剖面示意

辽沈Ⅰ型系列日光温室特点：①在北纬42°及其以南地区，冬季晴天最冷日室内外温差达到30℃，正常年份基本不加温（连阴天和极冷天少量加温）可越冬进行蔬菜生产。②优化剖面形状，冬至时室内后墙、后屋面无光照死角，总进光量比传统温室增加5%~10%。平均温度比传统温室提高3~5℃。③室内无柱，可利用空间比普通生产温室增加30%，便于机械作业及多层立体栽培。

2. 辽沈Ⅱ型（经济型）日光温室　辽沈Ⅱ型（经济型）日光温室剖面几何参数与辽沈Ⅰ型7.5相同，辽沈Ⅱ型（经济型）日光温室剖面图如图3-11所示。

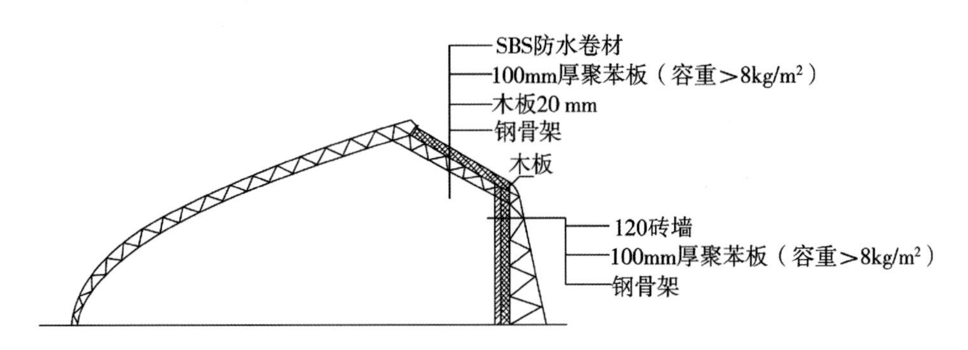

图3-11　辽沈Ⅱ型（经济型）日光温室剖面图

辽沈Ⅱ型（经济型）日光温室采用一体式落地骨架，后墙采用了轻质墙体，在每榀骨架下设置混凝土独立基础，建筑造价较辽沈Ⅰ型日光温室约低25%。钢筋混凝土柱和土墙（或土墙内衬120砖墙）共同作用，避免了土墙遇水易坍塌的情况，造价较辽沈Ⅰ型约低1/3。

3. 辽沈Ⅲ型（南北棚）日光温室　辽沈Ⅲ型（南北棚）日光温室南棚的剖面几何参数与辽沈Ⅰ型7.5相同，北棚的剖面几何参数可以取与辽沈Ⅰ型7.5相同或采取净跨度8.0 m的形式。辽沈Ⅲ型（南北棚）日光温室剖面图如图3-12所示。

辽沈Ⅲ型（南北棚）日光温室具有如下特点：①大大提高面积利用率。比传统单坡日光温室面积利用率提高约40%。②南北棚共用一个墙体，可以减少建设投资，面积增加一倍，但土建造价仅增加约30%。结构受力更加合理。③可以有效地提高南棚的室内温度。北棚在一定

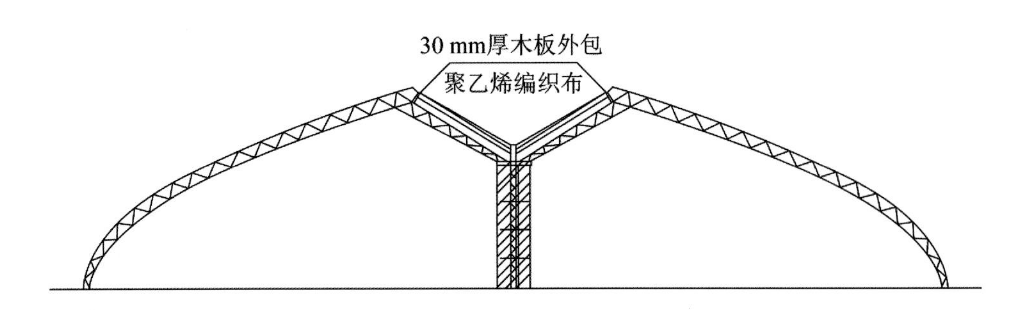

图3-12　辽沈Ⅲ型（南北棚）日光温室剖面图

程度上起到对后墙的保温作用，可以有效地提高南棚的室内温度；南棚可以正常周年生产各种蔬菜。北棚进行果树、蔬菜的提早、延后生产，尤其是果树的延后生产。

4. 辽沈Ⅳ型日光温室　几何参数见表3-5。辽沈Ⅳ型（大跨度）日光温室一般净跨度12 m，脊位比0.79，脊高5.5 m，后墙高3 m，后坡仰角45°，前屋面角30.1°。

表3-5　辽沈Ⅳ型日光温室剖面几何参数

规格	跨度（m）	脊高（m）	后墙高（m）	后屋面投影长度（m）	前屋面角（°）	后坡仰角（°）
9 m温室	9	4.8	2.9	1.8	33.7	46.5
10 m温室	10	5	2.9	1.9	32	47.9
12 m温室	12	5.5	3	2	28.8	51.3

辽沈Ⅳ型（大跨度）日光温室在跨度、面积利用率及空间上实现了较大的突破。辽沈Ⅳ型（大跨度）日光温室跨度达到12 m，温室空间较辽沈Ⅰ型日光温室增加37.8%，采用立体栽培，使温室土地利用率提高了40.2%。

（三）其他形式节能日光温室简介

1. 经济型日光温室　经济型日光温室的剖面图如图3-13。

经济型日光温室采用辽沈Ⅰ型的骨架，具有较好的采光性能；试验表明具有较好的保温性能，基本实现正常年份冬季不加温（极端天

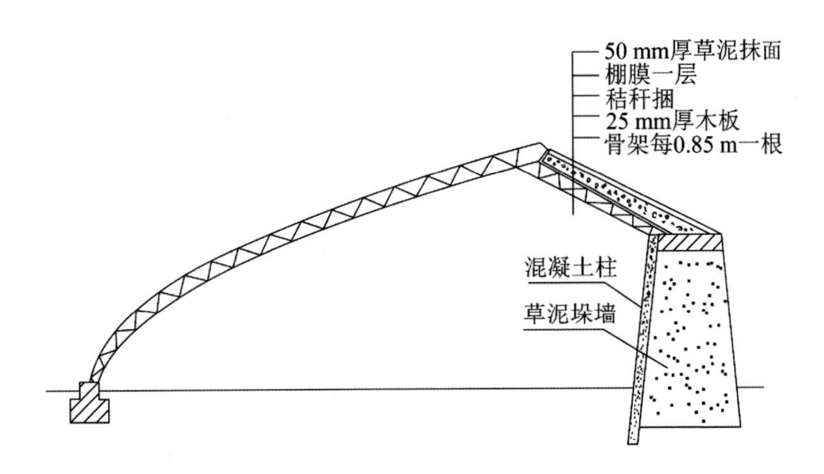

图3-13　经济型日光温室剖面图

气少量加温）可越冬生产喜温蔬菜的目标；温室亩造价约 2.8 万元，折合 42 元 /m^2。经济型日光温室采用底部宽 1 500 mm，上部宽 900 mm 的垛土墙和混凝土柱共同承担骨架的荷载，每榀骨架安放在一根柱上。后屋面自下而上采用 25 mm 厚的松木板 + 整捆的秸秆 + 一层塑料薄膜 +50 mm 厚稻草泥。前屋面夜间保温采用草苫。温室前底脚内侧设置防寒沟，采用 80 mm 厚聚苯板，深 800 mm。

2. 鞍Ⅲ型日光温室　鞍Ⅲ型日光温室的结构参数见表 3-6。鞍Ⅲ型日光温室骨架采用钢筋、钢管焊接平面桁架，墙体采用 500 mm 砖和珍珠岩（或聚苯板）。

表 3-6　鞍Ⅲ型日光温室的结构参数

型号	跨度（m）	脊高（m）	后墙高（m）	后屋面水平投影长度（m）	前屋面角（°）	后坡仰角（°）
Ⅲ-1	6	2.8	1.8	1.4	31.3	35.5
Ⅲ-2	7	3.3	2	1.5	31	40.9
Ⅲ-3	8	3.6	2.2	1.5	29	43

3. 熊岳农专Ⅲ、Ⅳ型日光温室　几何参数见表 3-7。熊岳农专Ⅲ型日光温室，跨度 7.5 m，脊高 3.5 m，后屋面水平投影长度 1.5 m，采用钢管骨架，砖墙，永久后屋面，无支柱。

熊岳农专Ⅳ型日光温室，作为果树反季节栽培的设施，跨度分别为 8 m、9 m、10 m，脊高 3.6 m、3.8 m、4.1 m，后屋面水平投影长度 1.6 m、1.8 m、2 m。

表 3–7 熊岳农专系列日光温室剖面几何参数

型号	跨度（m）	脊高（m）	后墙高（m）	后屋面水平投影长度（m）	前屋面角（°）	后坡仰角（°）
Ⅲ型	7.5	3.5	2	1.5	30.3	45
Ⅳ–1	8	3.6	2.2	1.6	29.4	41.2
Ⅳ–2	9	3.8	2.2	1.8	27.8	41.6
Ⅳ–3	10	4.1	2.4	2	27.1	40.4

4. 全钢装配式日光温室 目前日光温室常用的骨架结构有：①钢平面桁架，上弦采用圆形钢管，下弦和腹杆采用钢筋。这种结构用钢量大，结构复杂，施工速度慢，质量不容易控制。②竹木结构，骨架采用竹片或竹竿。这种形式结构承载能力较低，一般中间需设置 3~5 道柱支撑。③骨架采用氧化镁等材料，自重大，安装困难，整体稳定性差。

全钢装配式日光温室针对上述存在问题，采用落地装配式全钢骨架结构，见图 3–14。

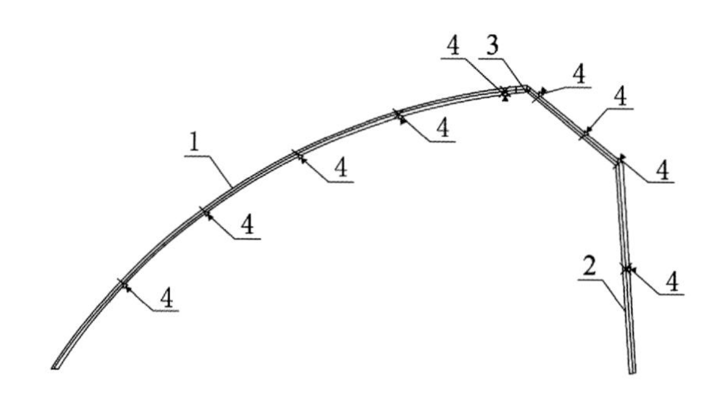

图3–14 全钢装配式日光温室骨架结构示意图

1.前屋面骨架 2.后屋面及立柱 3.连接件 4.系杆

全钢装配式日光温室具有以下特点：①全钢装配结构，结构件工厂预制，温室现场安装施工速度快，比传统的温室施工显著提高速度。②能反复拆卸安装，多次重复利用，为农田休地窜地提供了方便。③骨架构件采用异形截面设计，平面内、平面外刚度大，承载能力、抵抗变形能力强；节省钢材。④钢构件表面采取热浸镀锌并将钢管件两端封闭，保证在温室高湿环境下不发生锈蚀，耐久性好。

5. 多连栋节能日光温室

多连栋节能日光温室就是将多个单坡日光温室组合起来，以适应温室大型化、节能要求，见图 3–15。

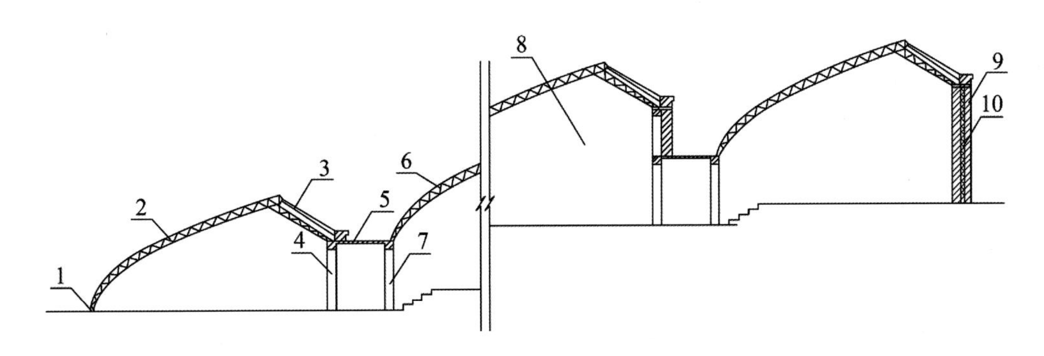

图3–15　多连栋日光温室剖面示意图

1.地垄墙　2.前棚骨架　3.后屋面　4.前排支撑柱　5.棚板　6.后棚骨架　7.后排支撑柱　8.山墙　9.砖墙层　10.保温层

温室采用南屋面采光，拥有永久的围护墙体和后屋面，适合坡度在 6%~10% 的阳坡，可有效地利用天然地面坡度，土地利用率达到 90.0% 以上。

6. 新型滑动覆盖式节能日光温室　新型滑动覆盖式节能日光温室长 60 m，宽 12.4 m，高为 4.6 m，采用半圆弧形彩钢板滑动覆盖。温室的承重结构为钢桁架，其上弦、下弦和腹杆均采用直径为 12 mm 的螺纹钢筋，采用焊接方式连接，平面桁架两端与基础预埋件焊接。每榀钢桁架间距为 1 m，在温室的钢桁架上弦部位布置纵向连杆，亦为直径 12 mm 的螺纹钢筋。温室横向剖面如图 3–16 所示，平面布置见图 3–17。

滑动覆盖式节能日光温室的骨架结构为半圆弧形，上部的保温覆盖件由岩棉彩钢板构成，其中保温覆盖件 N 固定不动，覆盖件 W、Z 可以滑动打开与关闭，当覆盖件 W、Z 完全打开时温室骨架弧面的 2/3

可以透光（图 3–18）。采取岩棉彩钢板保温覆盖件可以有效解决传统日光温室采用草帘等防寒被防雨、防雪、防风、防火能力差的问题，并降低维护成本。同时，半圆弧形结构有利于实现覆盖件的精准运行和自动化控制，可为日光温室的自动化控制和现代化发展提供新的平台。

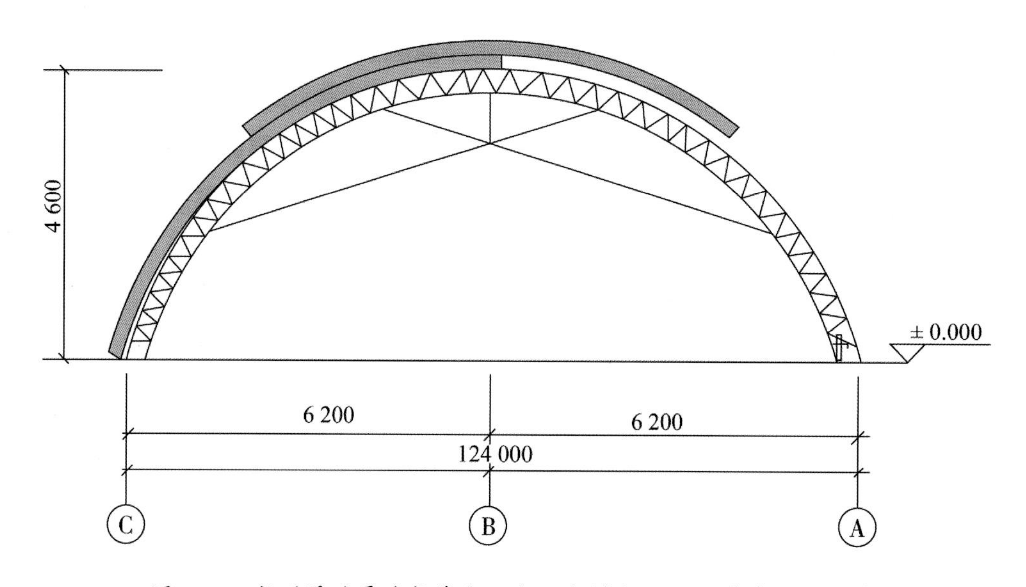

图3–16　新型滑动覆盖式节能日光温室横向剖面图（单位：mm）

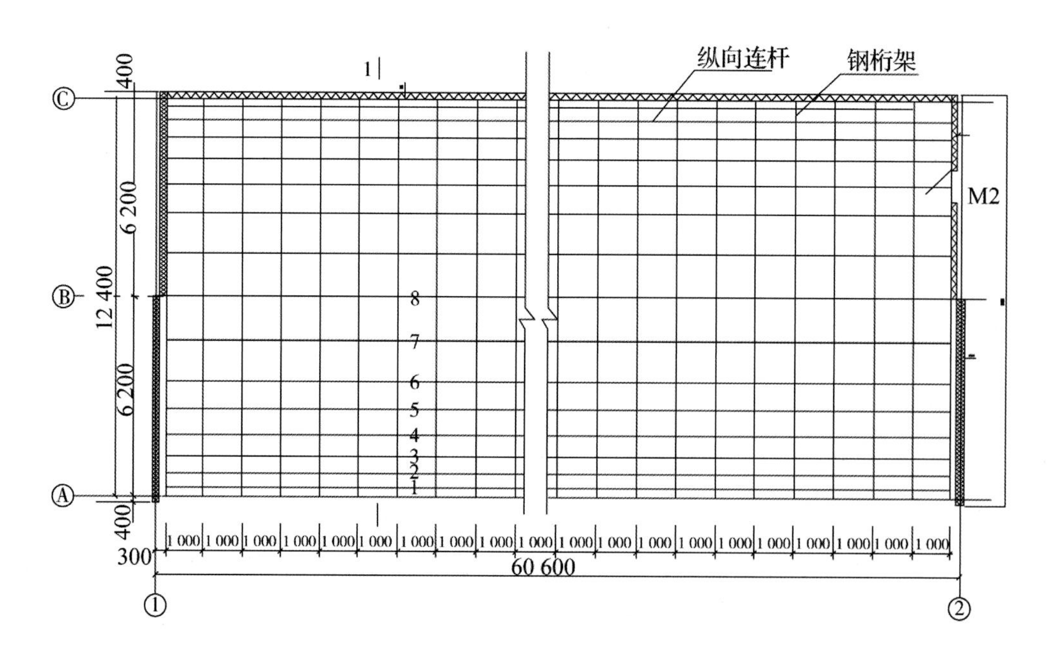

图3–17　新型滑动覆盖式节能日光温室平面布置图（单位:mm）

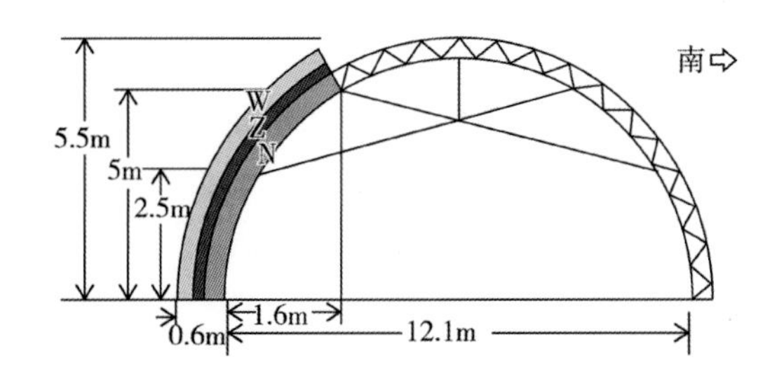

a.滑动覆盖件W、Z完全打开状态

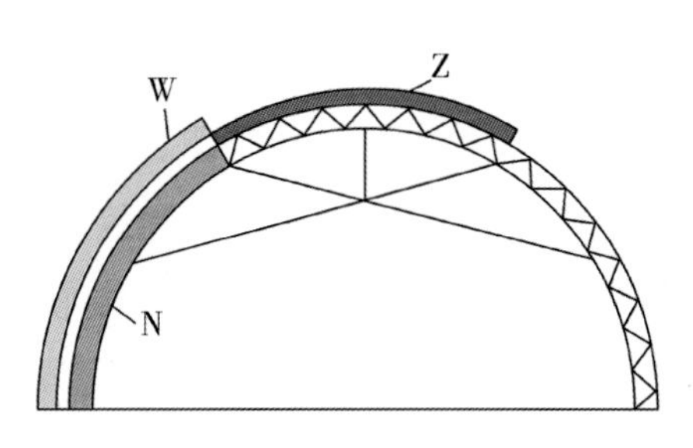

b.滑动覆盖件W、Z半打开状态

图3–18　滑动覆盖式节能日光温室结构截面示意图

滑动覆盖式节能日光温室的东西山墙也由岩棉彩钢板保温覆盖件构成，其中北侧的覆盖件G固定不动，南侧的覆盖件Y可移动（图3–19）。早晨，当太阳升起时，东侧的保温山墙可开启，减少固定式山墙的遮阴。中午过后，东侧山墙关闭，西侧山墙开启，可以保证西侧山墙附近作物的光照。与百米长的土墙和砖墙等固定式山墙比较，新型温室山墙遮光面积可以减少，即新型温室的适宜光照面积提高6%~10%。这对于提高日光温室的有效利用面积，提高作物产量具有重要意义。

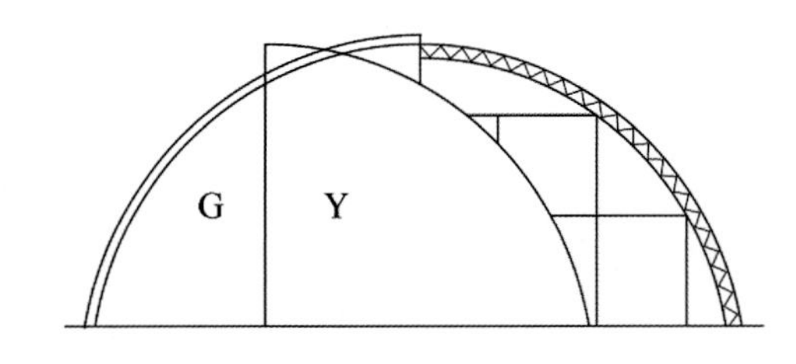

a.保温山墙覆盖件Y半打开

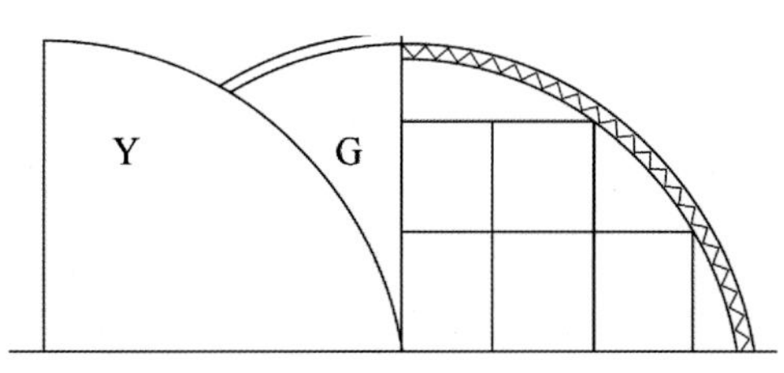

b.保温山墙覆盖件Y完全打开

图3–19　滑动覆盖式节能日光温室移动保温山墙面示意图

三、第三代节能日光温室

（一）第三代节能日光温室设计理论

1. 合理的采光角及前屋面几何参数　按喜温喜光作物对温、光的最低需求，确保冬至日日光温室采光面（斜面）截获之太阳辐射等于春分日地平面截获之太阳辐射来进行日光温室合理采光设计，由此建立节能日光温室建筑参数（图3–20）的设计方法。

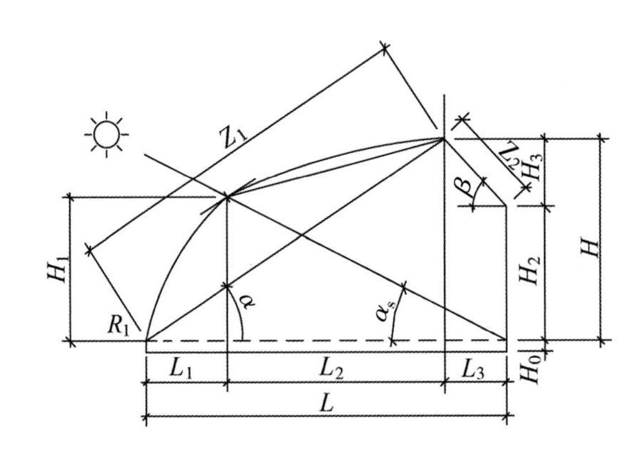

图3-20 日光温室建筑参数

H.脊高 H_0.温室下卧深度 H_1.后墙高度 H_2.后屋面高度 Z_2.温室后屋面斜长

Z_1.温室前屋面斜长 *L*.温室跨度 L_3.后屋面水平投影长度

L_1+L_2.前屋面水平投影长度 α.屋面角 β.后坡仰角

1）合理的屋面角。采用单位长度冬至日日光温室前屋面（采光面斜面）截获之太阳辐射等于春分日地平面截获之太阳辐射来确定日光温室合理的屋面角 α。

$$S_{w,\alpha} \cdot Z_1 = S_{s,0} \cdot L \qquad (3\text{-}5)$$

式中 $S_{w,\alpha}$——冬至日日光温室前屋面角为 α 时的太阳辐照度（W/m²）；

$S_{s,0}$——春分时地平面太阳辐照度（W/m²）；

Z_1——温室前屋面斜长（m）；

L——温室跨度（cm）。

2）脊高、前屋面水平投影长度、后屋面水平投影长度。

脊高

$$H = Z_1 \cdot \sin\alpha \quad (\text{m}) \qquad (3\text{-}6)$$

前屋面水平投影长度

$$L_1 + L_2 = Z_1 \cdot \cos\alpha \quad (\text{m}) \qquad (3\text{-}7)$$

后屋面水平投影长度

$$L_3 = L - (L_1 + L_2) \quad (\text{m}) \qquad (3\text{-}8)$$

3）日光温室后坡仰角、后屋面斜长、后墙高度、温室下卧深度。采用单位长度冬至日日光温室地面、后墙及后屋面截获之太阳辐射等于春分日地平面截获之太阳辐射来确定日光温室后屋面斜长 Z_2、后墙

高度 H_2、后坡仰角 β 以及温室下卧深度 H_0。

$$S_{w,0} \cdot L + S_{w,90} \cdot (H_2 + H_0) + S_{w,\beta} \cdot Z_2 = S_{s,0} \cdot L \qquad (3-9)$$

式中　$S_{w,0}$——冬至日日光温室地平面的太阳辐照度（W/m^2）；

$S_{w,90}$——冬至日日光温室后墙面倾角为 90° 时的太阳辐照度（W/m^2）；

$S_{w,\beta}$——冬至日日光温室后坡仰角为 β 时的太阳辐照度（W/m^2）；

Z_2——温室后屋面斜长（m）；

H_2——后墙高度（m）；

H_0——温室下卧深度（m）。

4）几何参数验算。

（1）日光温室脊位比 λ。

$$\lambda = \frac{L_1 + L_2}{L} = \frac{H}{L\tan\alpha} \qquad (3-10)$$

节能日光温室脊位比 λ 一般取 0.80~0.85。

（2）日光温室后屋面高度 H_2。

$$H_2 = H - L_3 \cdot \tan\beta \qquad (3-11)$$

后坡仰角 β 取当地立春或立冬日太阳正午的太阳高度角加 10°~12°，一般取 40°~45°。

2. 采光面两段圆弧设计　在日光温室跨度、前屋面水平投影长度、后墙高度、前屋面角、后坡仰角等参数确定的情况下，为保证温室内种植床面获得均匀的光照并使前屋面透光率达到最佳水平，保证保温外覆盖材料卷放顺畅，给出了一种采用两段圆弧日光温室采光曲面设计，并且保证在两段圆弧连接点之前的前圆弧段阳光可照射到整个种植床面（图 3-21）。

1）第一圆弧确定。在保证冬至日正午时刻太阳光通过第一圆弧照射到整个种植床面，且入射角小于最佳入射角的前提下，确定第一圆弧结束位置高度及第一圆弧结束位置高度处距前底脚距离水平位置，以确定第一圆弧。

（1）第一圆弧结束位置高度 H_1 确定。

$$\frac{H_1}{\tan\alpha_1} = \frac{H_1}{\tan\alpha_s} - L = 0 \qquad (3-12)$$

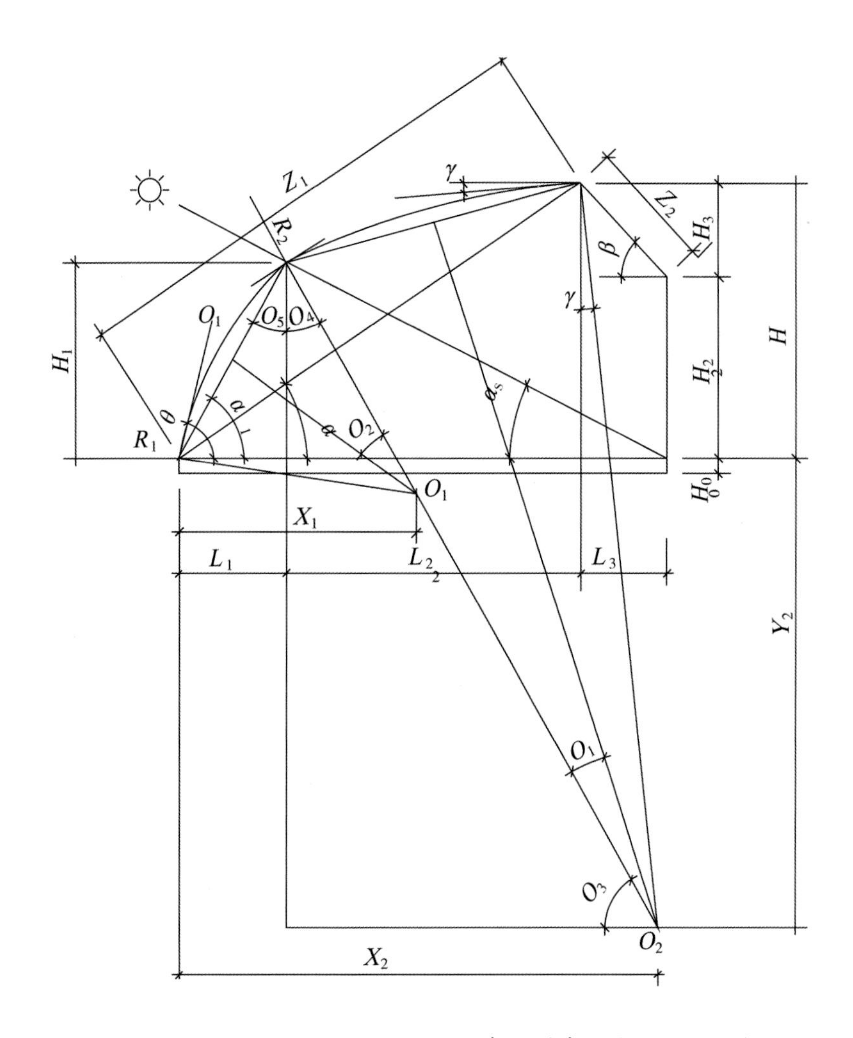

图3-21　日光温室剖面几何参数（参数意义见下文）

式中　H_1——第一圆弧高度；

α_s——太阳高度角；$\sin\alpha_s = \sin\varphi\sin\delta + \cos\varphi\cos\delta + \cos\omega$，$\varphi$为地理纬度；$\omega$为太阳时角；$\omega = 15° \times (t-12)$，$t$为计算的时刻；$\delta$为太阳赤纬，$\delta = 23.45° \times \sin\left(\frac{284+n}{365}\right)$；

α_1——最佳（理想）采光角，$\alpha_1 = 90 - \alpha_s - \rho$；

ρ——最佳入射角（°）；取$k_\theta \approx 1$时，$k_\theta = 1-\left(\frac{\rho}{90}\right)^5$，一般取$\rho \leqslant 12°$；

（2）结束位置高度处距前底脚距离水平位置 L_1。

$$L_1 = \frac{H_1}{\tan \alpha_1} \tag{3-13}$$

L_1 为第一圆弧高度处距前底脚距离。

（3）第一圆弧半径。

$$R_1 = \frac{\sqrt{H_1^2 + L_1^2}}{2} \tag{3-14}$$

$$O_3 = \arccos(\frac{H_1 + R_2 \cdot \cos\gamma - H}{R_2}) \tag{3-15}$$

$$O_4 = 90 - O_3 \tag{3-16}$$

$$O_5 = \arctan(\frac{L_1}{H_1}) \tag{3-17}$$

（4）第一圆弧圆心 O_1 坐标。

$$X_1 = R_1 \cdot \sin(O_4) + L_1 \tag{3-18}$$

$$Y_1 = H_1 - R_1 \cdot \cos(O_4) \tag{3-19}$$

2）第二圆弧确定。要保证保温外覆盖材料卷放顺畅，顶部切线角与水平面夹角不小于 12°，一般取 12° ~ 15° 。在与第一圆弧相切连接处确定第二圆弧。

（1）第二圆弧半径。

$$R_2 = \frac{\frac{\sqrt{(H - H_1)^2 + (L \cdot \delta - L_1)^2}}{2}}{\cos[\arctan \frac{L \cdot \delta - L_1}{H - H_1} + \gamma]} \tag{3-20}$$

γ 为第二圆弧在屋脊处的切线角，一般取 12° ~ 15° 。

（2）第二圆弧圆心 O_2 坐标。

$$X_2 = L \cdot \delta + R_2 \cdot \sin\gamma \tag{3-21}$$

$$Y_2 = H - R_2 \cdot \cos\gamma \tag{3-22}$$

3）前底脚 1 m 处允许最小高度。为保证温室前底脚具有足够的作业空间，限定前底脚 1 m 处允许最小高度，同时也是验算骨架截面几何形状是否合理的依据。

（1）前底脚切线角。

$$\theta = 90 - \omega \tag{3-23}$$

$$\omega = \arctan(\frac{-Y_1}{X_1}) \quad (3\text{–}24)$$

θ 为前圆弧在前底脚处的切线角，ω 为第一圆弧圆心 O_1 与前底脚连线同水平面的夹角。

第一圆弧在前底脚处的切线角 θ 一般 60°～80° 较为合理。

（2）前底脚 1 m 处高度验算。参考位置对应圆弧的圆心角，见图 3–22。

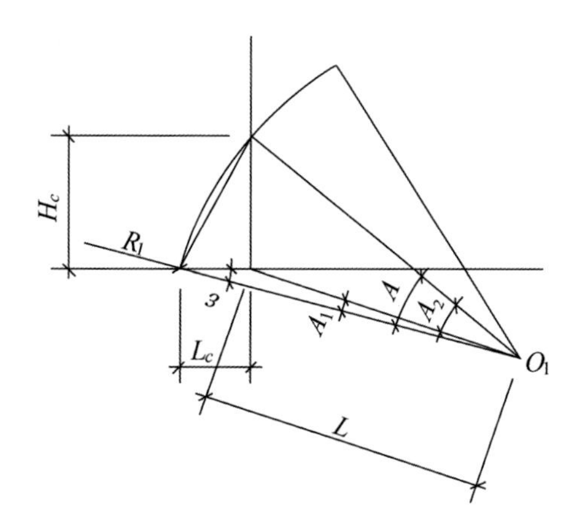

图3–22 日光温室前底脚几何参数

$$A = 2\arcsin(\frac{\sqrt{H_c^2 + L_c^2}/2}{R_1}) \quad (3\text{–}25)$$

$$L' = \sqrt{R_1^2 + L_c^2 - 2R_1 \cdot L_c \cdot \cos\omega} \quad (3\text{–}26)$$

$$A_1 = \arccos(\frac{L'^2 + R_1^2 - L_c^2}{2R_1 L'}) \quad (3\text{–}27)$$

$$A_2 = A - A_1 \quad (3\text{–}28)$$

$$H_c = \sqrt{R_1^2 + L'^2 - 2R_1 \cdot L' \cos A_2} \quad (3\text{–}29)$$

为保证温室前底脚具有足够的作业空间，限定前底脚 1 m 处允许最小高度 1.5 m。

（二）第三代节能日光温室结构参数

北纬 38°～44° 地区日光温室结构参数见表 3–8。

表 3-8　北纬 38°~44° 地区日光温室结构参数

地理纬度	跨度（m）	脊高（m）	后墙高（m）	后屋面水平投影长度（m）	墙体厚度（m）
42° N~44° N	10	5.5~6.0	3.8~4.0	1.7~2.0	砖墙：490 mm，黏土砖+120~150 mm聚苯板 土墙：顶部墙宽2.0~2.5 m
	9	4.8~5.0	3.2~3.4	1.6~1.8	
	8	4.3~4.5	2.8~3.0	1.5~1.7	
	7	3.6~3.9	2.2~2.5	1.4~1.6	
40° N~42° N	12	5.5~6.0	3.8~4.0	1.8~2.0	砖墙：370 mm黏土砖+110~120 mm聚苯板 土墙：顶部墙宽1.5~2 m
	10	5.2~5.5	3.4~3.8	1.7~1.8	
	9	4.6~4.8	3.0~3.2	1.6~1.7	
	8	4.0~4.3	2.6~2.8	1.4~1.6	
	7	3.4~3.6	2.1~2.3	1.3~1.5	
38° N~40° N	12	5.3~5.5	3.5~3.9	1.6~1.8	
	10	5.0~5.2	3.3~3.5	1.5~1.7	
	9	4.3~4.6	2.9~3.0	1.4~1.6	
	8	3.8~4.1	2.5~2.7	1.3~1.5	
	7	3.2~3.4	2.0~2.2	1.2~1.4	

以北纬 45.5° 地区为例，不同跨度温室设计参数见表 3-9，图 3-23。

表 3-9　北纬 45.5° 地区不同跨度温室参数

序号	跨度（m）	脊位比	脊高（m）	前屋面参考角（°）	第一圆弧结束位置距前底脚距离（m）	第一圆弧结束位置高度（m）
1	6.00	0.80	3.75	38	1.13	1.88
2	6.50	0.80	4.06	38	1.23	2.03
3	7.00	0.80	4.38	38	1.32	2.19
4	7.50	0.80	4.69	38	1.42	2.35
5	8.00	0.81	5.08	38	1.51	2.50

续表

序号	第一圆弧半径（m）	第二圆弧半径（m）	前底脚切线角（°）	前底脚1 m处高度
1	3.80	7.92	76	1.75
2	4.12	8.58	76	1.81
3	4.44	9.25	76	1.87
4	4.75	9.91	76	1.92
5	5.22	10.64	76	1.96

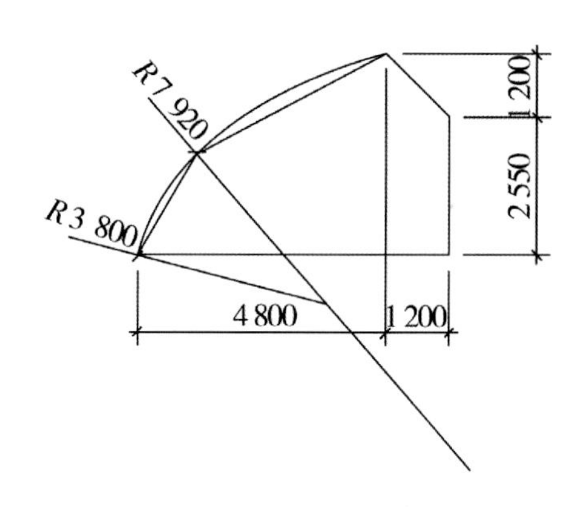

a.6 m 跨度温室

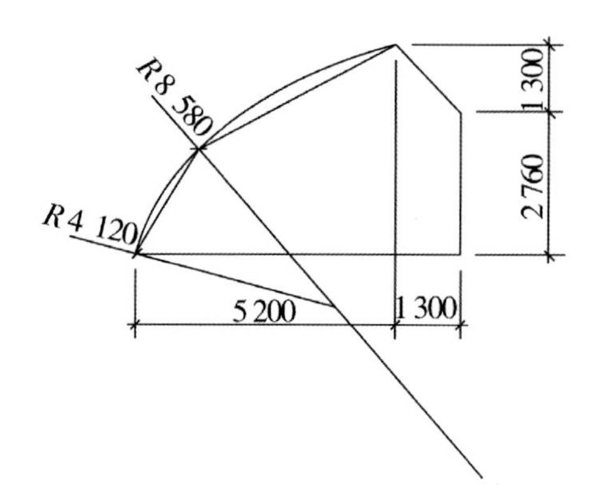

b.6.5 m 跨度温室

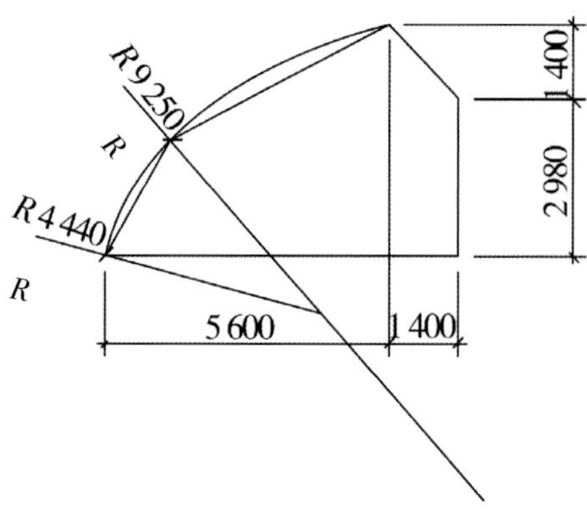

c.7 m 跨度温室

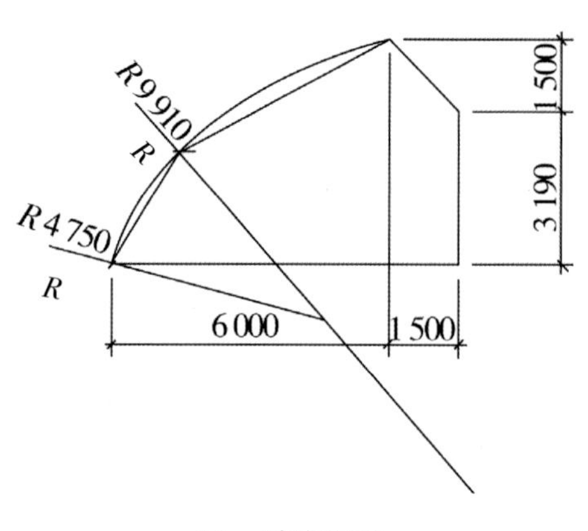

d.8 m 跨度温室

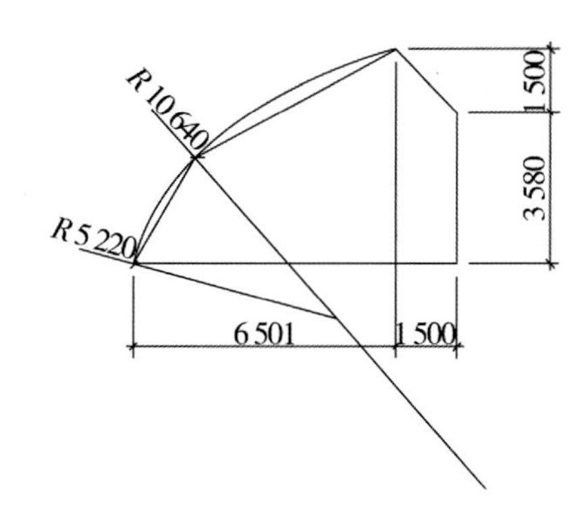

e.8 m 跨度温室

图3–23　北纬45.5° 地区不同跨度温室剖面简图（单位：mm）

第三节
日光温室建造施工

一、日光温室施工测量

（一）施工测量原则与内容

施工测量就是在工程施工过程中进行的一系列定位、放线、测量工作。其任务是把图纸上设计的建筑物的平面位置和高程，按设计要求，以一定精度在施工现场标定出来，以指导各工序的施工。

施工现场的各建筑物，有些是同时施工，有些分期施工，施工现场工种多，施工时地面变动大。要保证各建筑物的准确定位，就应遵循“由整体到局部”，“先控制后细部”的原则，即先在施工现场建立统一的平面控制网和高程控制网，然后再测设各建筑物的轴线、基础及细部。只有这样，才可以减少误差积累，保证放样精度。

施工测量的主要内容包括建立施工（平面、高程）控制网、建筑物的定位及轴线测设、基础施工测量、建筑构件的安装测量、竣工测量和变形观测等。

（二）施工放样的基本工作

将图纸上设计好的建筑物在地面上标定出来，叫施工放样。基本工作就是距离、角度和高程的放样。

1. 在地面上测设水平距离　距离测设是由一已知点起，根据给定的方向，按设计的长度标定出直线终点的位置。测设距离可用钢尺、光电测距仪或全站仪。

建筑物的轴线测设、边长测设或点的定位等，都需要测设已知长度的水平距离。在距离测量精度要求不高的情况下，可采用钢尺按距离测量的方法进行，往返测量相对误差应小于规定值；若距离测量精度要求较高时，应对设计给定的水平距离进行尺长、温度及倾斜改正后，计算出应测量的实际值，然后按此值进行放样。

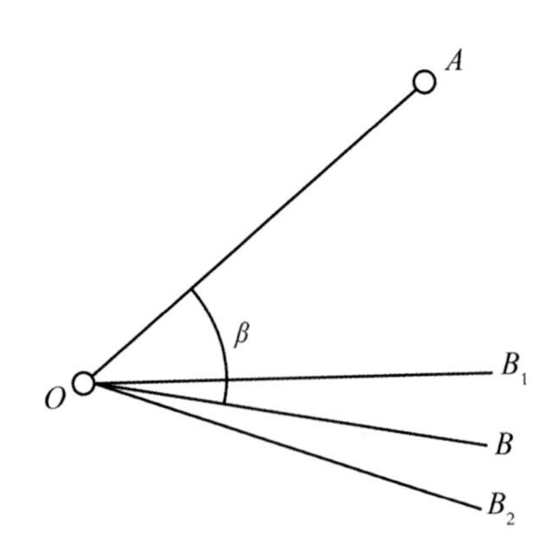

图3-24　测设水平角

2. 在地面上测设水平角　测设水平角，就是根据给定角的顶点位置和起始边的方向，将设计给定的水平角的另一边的方向在地面上标定出来。测设水平角的仪器为经纬仪或全站仪。

如图 3-24，地面上 *OA* 为已知直线，以 *O* 点为顶点，按顺时针方向测设水平角，以便确定 *OB* 线的方向，测设步骤如下：①将经纬仪安置在顶点 *O*，对中、整平后，用盘左（正镜）位置照准目标 *A* 点，利用水平对度螺旋将水平度盘调到0° 00′ 00″，打开水平制动螺旋，旋转照准部将水平度盘对到β值，在视线方向上定出B_1点。②利用盘右位置（倒镜）照准目标A点，将水平度盘对到90° 00′ 00″，转动照准部使水平度盘的读数为90°+β，在视线方向上取$OB_2=OB_1$定出B_2点。取B_1B_2连线的中点B，则OB即为测设方向的方向线，角AOB即为所测设的水平角β。

3. 测设已知高程　高程测设包括点的高程放样和点的高程传递，一般用水准仪和钢尺或全站仪测设。

1）点的高程放样。点的高程放样是根据高程控制测量预留的水准点高程，将图纸上某点的设计高程测设到地面上。如图3–25所示，点A高程为H_A=20.950 m，欲测设B点高程H_B=21.500 m。将水准仪安放置于A、B两点之间，设后视A点的水准尺读数a=1.675 m，视线高程H_I=20.950+1.675=22.625（m），可计算出B点水准尺读数应为$b=H_I-H_B$=22.625–21.500=1.125（m）。测设时，先在B点钉木桩，将水准尺紧靠木桩侧面上下移动，当水准仪中丝读数为1.125 m时，在木桩对应水准尺下端0 m处画线，该线即为所求高程。

2）点的高程传递。如图3–26所示，欲将地面A点的高程H_A传递到基坑内B点上，可在基坑的一侧悬挂一钢尺，钢尺的首端挂一重垂球，当钢尺自由静止后，用水准仪测出后视读数a_1，前视读数b_1。再将仪器搬到基坑内，测出后视读数a_2，前视读数b_2，则B点的高程为：$H_B=H_A+(a_1-b_1)+(a_2-b_2)$。用类似的方法也可将地面点的高程传递到建筑物的高处。

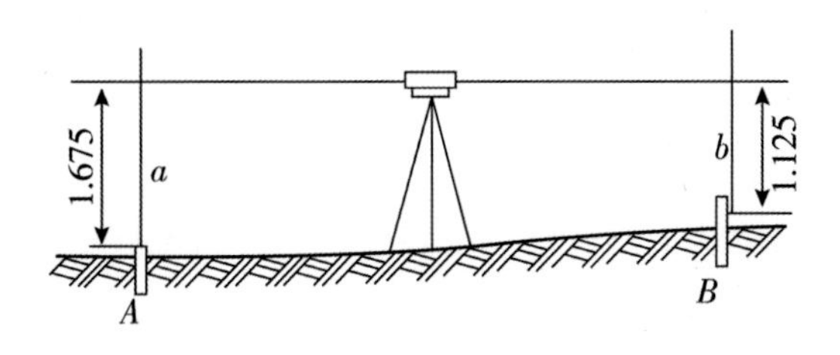

图3–25　点的高程放样

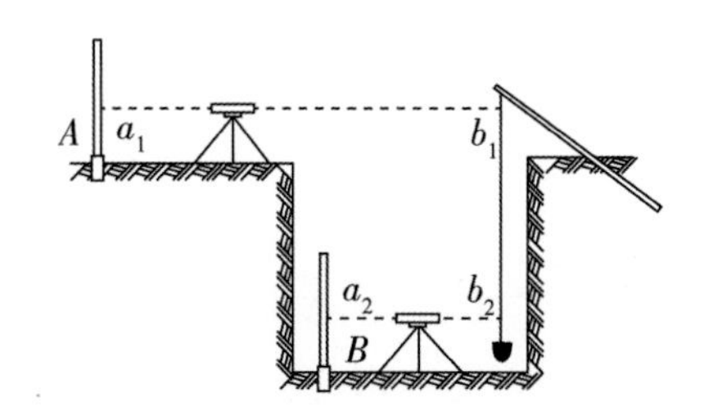

图3–26　点的高程传递

（三）施工控制网

施工前必须在施工场地上建立施工控制网，作为建筑物施工放样、变形观测、竣工测量控制的依据和测量基础。施工控制网包括平面控制网和高程控制网。

1. 平面控制网　施工平面控制网一般分为两级，即基本网和定线网，可布设成三角网或导线网。基本网的作用是控制建筑物的主轴线，定线网的作用是控制建筑物辅助轴线和细部位置（图 3–27）。中心多边形 *ABCDE* 是基本网，1、2、3、4 等是定线网。定线网一般根据建筑物的形状可布设成矩形网，其主轴线 *LL′* 由基本网测设。

2. 高程控制网　施工放样中的高程控制点，一般以平面控制点兼作水准点。水准点应布设在不受施工影响、无振动、便于永久保存的地方。一般采用四等水准测量方法，测量平面控制点的高程。场地高程控制网一般布设成闭合环线，以便校核和保证测量精度。为了测设方便，有时在施工场地适当位置布设一定数量的 ±0.00 m 水准点。

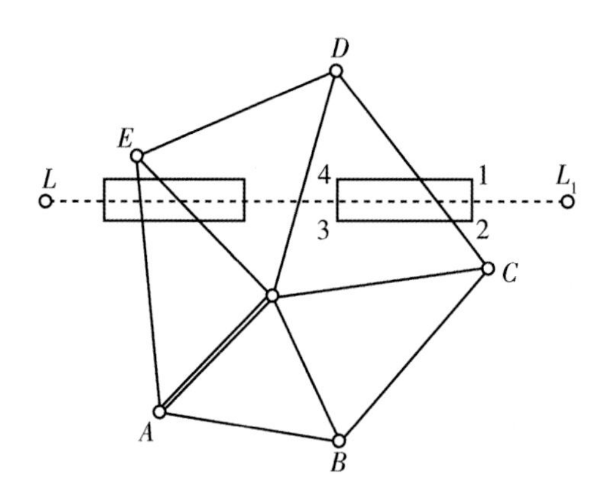

图3–27　施工平面控制网

（四）建筑物的定位与轴线测设

建筑物的定位就是根据建筑平面设计图，将建筑物的主轴线或轴线交点测设到地面上，然后再据此进行细部放样。

依据施工现场的施工控制点和建筑平面设计图，算出拟建建筑物外轮廓轴线交点的坐标，然后采用极坐标法、角度交会法、距离交会法等可在地面上将交点标定出来。如图 3–28 所示，*A*、*B*、*C* 为施工现场平面控制点，1、2、3、4 为拟建建筑物外轮廓轴线交点，其坐标可算出。根据现场条件，采用极坐标法就可对拟建建筑物定位。

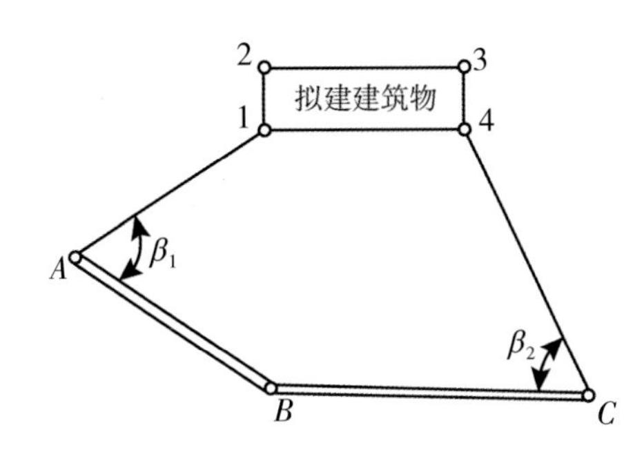

图3-28　建筑物的定位

建筑物定位以后，所测设的轴线交点桩（或称角桩）在开挖基础时将被破坏。为了方便恢复各轴线位置，一般把轴线延长到安全地点，并做好标志。延长轴线的方法有两种：龙门板法和轴线控制桩法。

1. 龙门板法　为便于施工，可在基槽外一定距离钉设龙门板，见图 3-27，步骤如下：①龙门桩应设在建筑物四角与隔墙两端基槽以外 1~1.5 m 处（确保挖坑槽不会被破坏），要钉得竖直、牢固，并使木桩外侧面与基槽平行。②根据建筑场地水准点，用水准仪在龙门桩上测设建筑物 ±0.000 m 标高线。钉龙门板，使其顶面在 ±0.000 m 标高线上。龙门板标高测设的容许误差一般为 ±5 mm。③根据轴线桩，用经纬仪将墙、柱的轴线投到龙门板顶面上，并钉上小钉标明，作为轴线投测点。投测点容许误差为 ±5 mm。④用钢尺沿龙门板顶面，检查轴线（用小钉标明）的间距，经检验合格后，以轴线钉为准将墙宽、基槽宽画在龙门板上。

2. 轴线控制桩法　轴线控制桩应设置在基槽外基础轴线的延长线上，以保留开槽后轴线位置，如图 3-29 所示。轴线控制桩离基槽外边线的距离根据施工场地的条件而定。若附近有固定物，常可将轴线投设在固定物上。

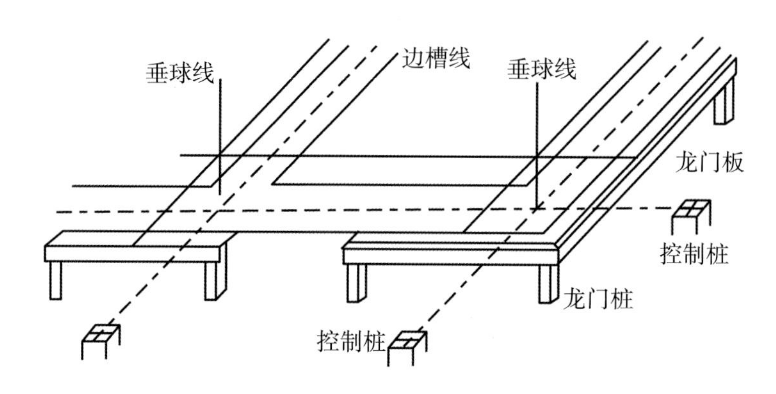

图3-29 龙门板与轴线控制桩

（五）基础施工测量

开挖基础前，根据轴线控制桩（或龙门板）的轴线位置、地基和基础宽度、基槽开挖坡度，可用白灰在地面上标出基槽边线（或称基础开挖线）。

基槽开挖一般不允许超挖基底，应随时注意挖土深度。当基槽挖到距槽底 0.300~0.500 m 时用水准仪在槽壁上每隔 2~3 m 和拐角处钉一水平桩，如图 3-30 所示，用以控制基槽深度及作为清理槽底和铺设垫层的依据。垫层施工后，先将基础轴线投影到垫层上，再按照基础设计宽度定出基础边线，作为基础施工的依据。

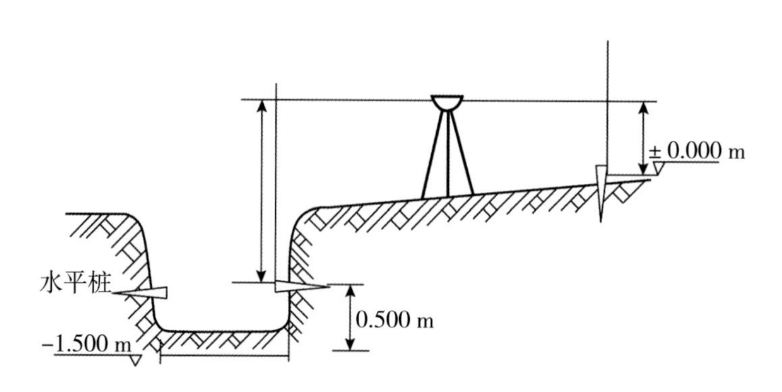

图3-30 基坑水平桩

（六）施工中的其他测量工作

基础墙体砌筑到防潮层标高时，用水准仪测出防潮层的标高，做好防潮层。防潮层做好后，再根据龙门板上的轴线钉，用墨线将墙体轴线和边线弹到防潮层上。并将这些线延伸到基础墙外侧，作为墙体砌筑时墙体轴线和边线放样的依据。

砌筑墙体时，轴线采用垂球线进行检查，允许误差为 ±2 mm。高程传递测量常采用皮数杆，皮数杆是标有每层砖厚及灰缝实际尺寸的木杆，在杆的侧面还画有窗台线、门窗洞口、过梁的位置和标高。立皮数杆时，首先在墙角地面钉一大木桩，用水准仪将 ±0.000 m 标高测画在木桩上，然后将皮数杆的 0.000 m 标高线与大木桩上的 ±0.000 m 标高线对齐，用大钉将皮数杆钉到大木桩上，用来指导墙体砌筑、立门窗等。

另外，施工中还包括柱子的定位、预埋件的定位、构件的安装定位等测量工作。

二、温室建造与施工要点

（一）墙体砌筑工程

温室的围护结构一般采用砌体结构。围护结构的质量对结构受力、建筑外观及建筑的保温隔热功能等均有影响，所以砌体施工是建筑工程的重要组成部分。

1. 砖砌体的组砌形式　实心砖墙（柱）有一顺一丁、三顺一丁、梅花丁等组砌方法（图 3–31）。

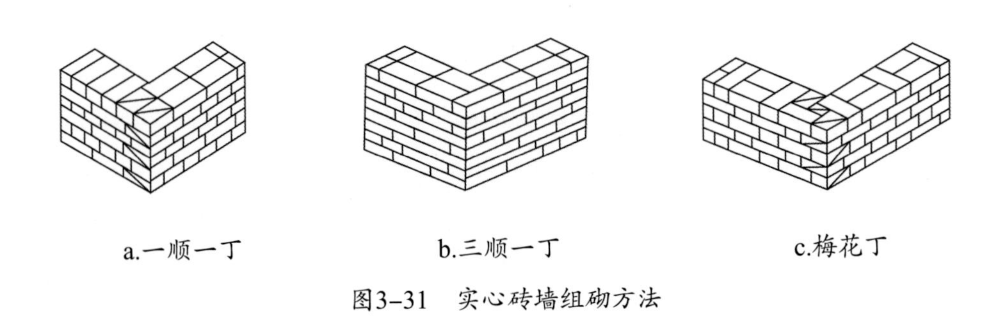

a.一顺一丁　　b.三顺一丁　　c.梅花丁

图3–31　实心砖墙组砌方法

一顺一丁砌法是一皮全部顺砖和一皮全部丁砖间隔向上砌筑，上下皮砖的竖缝要相互错开 1/4 砖长。这种砌法简单、工效高，要求砖的规格一致，以便砖的竖缝均匀分布。

三顺一丁砌法是连续砌筑三皮全部顺砖，再砌一皮全部丁砖，间隔向上砌筑。上下皮顺砖间、丁顺砖间竖缝均要相互错开 1/4 砖长。

梅花丁砌法是每皮砖中，丁砖和顺砖相隔，上皮丁砖座中于下皮顺砖，上下皮间竖缝相互错开 1/4 砖长。这种砌法比较美观，灰缝整齐，但砌筑工效较低。

除此之外，3/4 厚砖墙（即 180 mm 厚）可采用两皮平顺砖和一皮侧顺砖组合而成。1/2 厚（即 120 mm 厚）墙则全部用顺砖砌成，上下皮间竖缝相互错开 1/2 砖长。两砖、一砖半墙也可采取类似的方法砌筑，但每层均由两砖组合而成。

2. 砌砖的施工工艺

1）找平放线。首先用砂浆找平基础顶面，再根据测量标志弹出墙身轴线、边线及门窗洞口位置线。

2）摆砖样。摆好砖样才能提高施工效率，保证砌筑质量，一般由有经验的瓦工完成。砌砖之前，要先进行试摆砖样，排出灰缝宽度，留出门窗洞口位置，安排好七分头及半砖的位置，务必使各皮砖的竖缝错开。在同一墙面上，各部位的组砌方法应统一，并上下一致。

3）立皮数杆。皮数杆是一种方木标志杆，上面画有每皮砖及灰缝的厚度、门窗洞口、梁、板等的标高位置，用以控制砌体竖向尺寸。皮数杆应立于墙角及某些交接处，间距以不超过 15 m 为宜。立皮数杆时，要用水准仪找平，使皮数杆上的楼地面标高线位于设计标高位置。

4）墙体砌筑。墙体砌筑常采用“三一砌筑法”，即“一铲灰、一块砖、一挤揉”的操作方法。竖缝宜采用挤浆或加浆的方法，使其砂浆饱满。砖墙的水平灰缝及垂直灰缝一般应为 10 mm 厚，不得大于 12 mm，也不得小于 8 mm。水平灰缝的砂浆饱满度应不低于 80%。

砖墙的转角处及交界处应同时砌筑，若不能同时砌筑而必须留槎时，应留成斜槎。斜槎的长度不小于高度的 2/3，见图 3–32。

如留置斜槎确有困难时，除转角外也可以留成直槎，但必须砌成阳槎，并加设拉结钢筋，见图 3–33。拉结钢筋的数量为 240 mm 厚及以下的砖墙放置 2 根；240 mm 厚以上的砖墙，每半砖放置 1 根，直径 6 mm。间距沿墙高不大于 500 mm，伸入长度从墙的留槎算起，每边均不得小于 500 mm，其末端应有 90° 的弯钩。建筑抗震设防地区的砖墙不得留直槎。

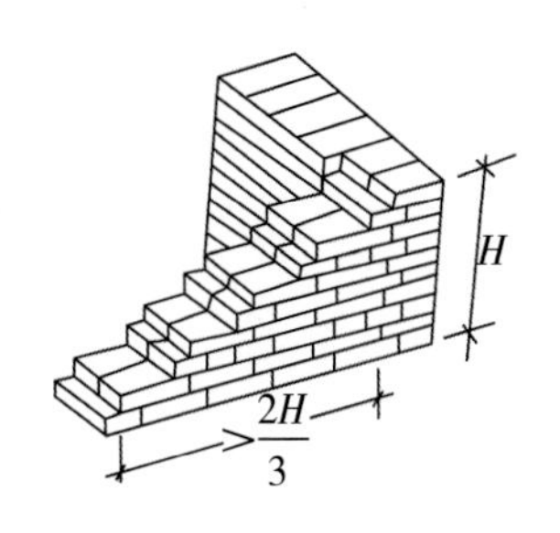

图3–32　斜槎

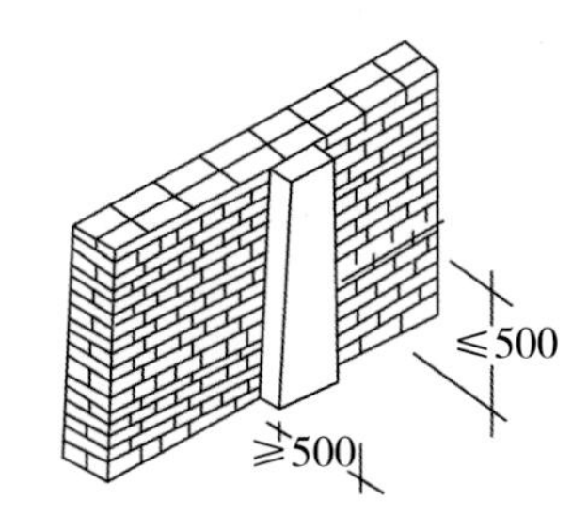

图3–33　直槎（单位：mm）

3. 砖墙砌体的质量要求　砖砌体的质量要求可概括为横平竖直，灰缝饱满，错缝搭接，接槎可靠。

砌体整体和灰缝应横平竖直，砌墙时要不断检查墙体的垂直度，用挂线控制灰缝平直。240 mm 厚及以下的墙体单面挂线，370 mm 厚及以上的墙体要双面挂线。

灰缝饱满是为了保证砌体的整体性，砂浆饱满度一般要求达到 80% 以上。灰缝厚度控制在 10 mm ± 2 mm。要求砂浆有良好的和易性，一般混合砂浆比水泥砂浆的和易性好。砖的干湿程度也会影响砌体质量，砌筑前一般要对砖浇水湿润，使含水率达到 10%~15%。

错缝搭接主要是通过组砌方式来满足。砌块排列要遵守上下错缝、内外搭砌的原则，不能出现连续的垂直通缝。

接槎可靠主要是针对墙体转角和交接处，要严格执行墙体砌筑中留槎的构造要求。

（二）基础工程

为使建筑物基础与地基有良好的接触面从而把墙体基础的荷载均匀地传递给地基，常在基础的底部采用不同的材料作为基础的垫层。垫层根据土质和地区的不同，常采用的有灰土、碎石（或卵石）、三合土、沙石或低标号混凝土等。

1. 垫层施工　垫层施工前，应仔细检查基槽的尺寸、标高等是否符合设计要求。标高过高的地方应铲平，过低的地方用沙石料回填。如发现基础底面所坐落的原土层有松软部位，也应回填卵石或碎砖、石等，并要分层夯实，使地基坚实，基础底面千万不可落在回填土上。

垫层厚度一般根据当地的地质条件、地下水位的高低及上层建筑物的荷载的大小来确定，或根据设计的要求来确定，对于温室来说垫层厚度一般为 20~30 cm，对于地基松软、地下水位较高的地区，可增加到 40~50 cm。

1）灰土垫层的施工。灰土是用熟石灰和黏土按 2∶8 或 3∶7 的比例配制而成，一般适用于地质条件较好，地下水位较低的地区。灰土垫层施工步骤如下：

用木夯或石夯（20~40 kg）将基槽原土层拍夯 1~2 遍，确保地基坚实。

将熟石灰和黏土过筛后按比例拌和均匀，水分应适中。检查水分的方法为用手紧握主料成团，再用手指轻捏即碎为好。拌和工作一般要提前进行，以使石灰能充分闷解。

垫层应分层填筑、分层夯实，每层厚度根据夯实工具确定。一般当采用 20~40 kg 石夯时，虚铺厚度为 20~30 cm。夯实的遍数以夯后垫层达到设计说明中要求的干容重为准。灰土垫层若分段施工时，接缝应避开墙角和承重窗间墙下，层与层之间的接缝应错开，错开间距应大于 50 cm。

灰土垫层施工完成后，应及时进行墙基础施工并及时回填，防止发生早期浸水。

2）三合土垫层施工。三合土是用石灰、黏土和粗沙按 1∶2∶6 的比例拌和而成。一般适用于地质条件较好、地下水位较低的地区。这三种材料粗沙的粒径以 1 cm 左右为宜，加入适量的水充分拌和，检查水分的方法与灰土垫层相同，同样也应分层填入，每层虚厚为 20 cm，夯实后再铺放第二层，直至夯实后达到设计高程。

3）沙垫层和沙石垫层。沙垫层可采用混沙，卵石不宜过多，沙面应清洁，沙质地要坚硬。沙石垫层应注意级配良好，石子的粒径不宜过大，以 3~5 cm 为宜。沙垫层和沙石垫层适用于地质条件较差、地基松软、地下水位较高的地区。施工时沙及沙石垫层直铺在同一标高上，如深度不同时，可采用踏步台或斜坡搭接。搭接处应注意夯实，施工时可先深后浅分段施工，同样每层接头处应错开 50 cm 以上。为使垫层密实，可采用水撼沙。

2. 基础砌筑　基础垫层施工完毕后，经水准仪找平检查合格后，就可以进行弹线，开始砌筑基础。基础弹线是根据龙门板轴线钉上所挂的轴线，在轴线上悬挂垂球线，将轴线投影到垫层面上的，再根据轴线点，定出基础砌体的内、外边线，并用墨线弹出，便可进行基础施工。基础根据所用材料的不同可分为砖基础和毛石基础，砌筑方法如下：

1）砖基础的砌筑。基础埋在地下，因此首要条件是要结实、牢固。具体砌筑时，应首先将基础小皮数杆固定。由墙体的转角开始，砌出四五层砖后，以两端为标准，拉好线绳，以线绳为标准砌筑中间的墙体。在砌第一层砖时，如果发现垫层局部水平标高有误差时，可采用细石混凝土找平，然后开始砌筑。基础砌筑应注意以下几点：

砌基础时，砖各层要错缝，利用碎砖填心时，应分散填放，重要部位不可填放。

由于基础没有外观要求，可以用强度高、外形差的过火砖，但不能用强度不够或外观变形太大的砖。

灰浆要饱满，尤其是立缝更应注意，墙面要经常靠吊，砖层与皮数杆相差不应超过 ±5 mm。

砌完 3~5 层砖应检查一次中心线，校核砌体位置是否正确，避免造成大量的返工。

2）毛石基础的砌筑。砌筑毛石基础之前，要检查毛石的质量，凡是风化、有裂缝的石料不得使用，毛石表面应清洗干净，有裂缝的石料应打开使用；要检查基槽尺寸、垫层标高等是否达到设计要求，并将垫层洒水湿润。运料口不宜预留过多。

根据所放的基础宽度，在龙门板的基础边线上拉两条垂直的边立线，在边立线上挂上水平线。根据所放的基础线，先由墙角开始砌筑，角石应采用三面方正的石块，角石砌好后，再将水平线拉到角石上，开始砌筑内外墙皮，墙皮面俗称面石。墙体中间填筑的石块，俗称腹石，腹石应根据内部空间的大小选择适当的小石块加砂浆填满。第一层是建筑物的基础，砌筑是否稳固对以后的砌筑有很大的影响，所以应选择较大的且有一面平整的石块，将平面放到垫层上。对于土质槽基，可选大而平的石块先铺满一层，再灌入砂浆，然后用小石块填空挤入砂浆，并用手锤敲紧，使砂浆充满空隙；如果在垫层上或岩石上砌筑，则应先铺一层砂浆，再铺石块，让石块通过砂浆与垫层或岩石黏结，可使石块受力均匀；增加稳定性。

砌筑第二层时，要将石块错缝，先将石块进行试摆，不合适的用手锤整形，然后铺上砂浆，砂浆铺在中间，靠墙边 3 cm 左右位置不铺，然后将试摆整形后的石块砌上，挤压并用手锤敲实。石块如果不够稳定，可在外侧用小石片调整其稳定性。块石砌筑也应分层，每层厚度约 30 mm（或按设计要求定）。块石层间竖缝要错开，力求交错排列，层与层之间要大致平整，砌体表面不可有尖角、凸起、凹陷或个别石块放置不稳等现象。

为了保证工程质量，基础砌筑到最上层时，外皮石块要求伸入墙内长度不小于墙厚的一半，每层石间隔 1 m 左右必须砌一块横贯墙身的拉结石，上、下层的拉结石应相互错开位置，拉结石的长度应大于墙厚的 2/3。

辽沈Ⅰ型日光温室，垫层采用水撼沙垫层，厚度为 30 mm。基础采用毛石基础。温室后墙及山墙，基础宽 700 mm，高为 850 mm；由于温室基础较窄，可不分阶，直砌至基础顶面即可。如果石料取材不便，基础也可采用砖基础。为了提高温室的保温效果，在温室前墙脚的内侧，紧贴前墙脚设置深 0.8~1.2 m、厚 6~8 cm 的聚苯板防寒沟。防寒沟可与前墙基础同时施工，但需要注意，在施工中不要损坏聚苯板，以免降低其防寒效果。

（三）安装工程

结构安装工程是建筑工程施工的重要组成部分。随着建筑构件生产制作的工业化程度的不断提高，安装工程的比例会越来越大。因为组装式的建筑具有施工速度快、施工受环境条件影响小、施工需要劳动量小等特点，所以具有广阔的应用前景。尤其是在现代设施农业领域，各种现代化温室建筑的工程量有八成以上为安装工程。

现代化温室建筑的安装工程主要包括钢结构安装、外覆盖材料安装、配套设备安装、建筑设备安装等。以辽沈Ⅰ型温室施工为例来说明安装工程的有关内容。

1. 骨架安装　辽沈Ⅰ型温室骨架间是通过5~6道系杆连接到一起的，相邻两骨架同一部位的系杆上的连接片与骨架上的连接片通过螺栓固定，靠近山墙处的支杆伸入山墙不少于120 mm。这样整个温室骨架与墙体连成一体，不仅结实、坚固，而且稳定性好，承载能力增强，整体美观。骨架及连接件均采用镀锌钢材制成，抗腐蚀，耐久性能良好。

2. 电动卷帘机的安装　辽沈Ⅰ型温室卷帘设备采用电动式卷带机（停电时可以手摇），机架安装位置在大棚正中间的北墙与棚脊之间。机架通常用角钢焊成，当温室骨架安装就位后，把机架焊在骨架后坡上。卷帘机的安装关键是电机轴与减速机轮平行，由于两皮带轮盘是通过皮带轮连接的，因此，应将其安装在同一竖直面内。安装时先用水准仪找平（也可用水平尺放在电机座上找平），然后卷帘机架与大棚骨架焊到一起。将电机安装到电机座上，在钢架顶挂一垂球线，让垂球线紧贴电机轮盘，然后安装减速机，使减速机轮盘紧贴垂球线，再将减速机固定。减速机的两个输出轴必须在同一水平线上并与温室长轴平行，以便安装卷绳轴，卷绳轴通常用40 mm的厚壁管通过轴承固定于卷绳轴支架上，该支架间距为3~4个骨架间距，通常做成梯形，焊于温室骨架后坡上。卷帘机架和卷绳轴支架在温室骨架后坡焊牢并校准位置后，方可上后坡。

3. 塑料薄膜温室外覆盖材料安装　固定天沟两翼及山墙两端拱杆上卡槽→覆盖每跨屋面塑料薄膜→安装卡簧固定塑料薄膜（单层塑料薄膜、固定压膜线）→山墙与侧墙上卡槽固定→安装山墙与侧墙卡簧以固定塑料薄膜（双层充气膜、安装充气泵）。

4. 电气工程

1）配电管路的敷设。配电管敷设在现浇混凝土内的，应根据施工图纸设计的尺寸、位置配合土建施工预留电气孔洞。管路的敷设应在主体结构施工完毕后将配电管、盒、箱安装在主体构件上。

2）管内穿线。在管内穿线前，先检查护口是否齐整；穿线时，配合协调，有拉有送。同一交流回路的导线穿于同一管；不同回路和电压的交流与直流导线穿入各自管内。导线连接、焊接、包扎完成后，检查是否符合设计要求及有关施工规范及质量验收标准的规定。

3）电工施工要求。管子弯曲处扁度要求小于管外径的 1/10，并且不得有弯痕，钢管连接接头处应焊接跨接线，管线伸缩缝处做伸缩处理。

配管必须到位，管子进入箱、盒时，应顺直并排列整齐，露出长度应小于 5 mm，管口应光滑并应护口。

暗装 PVC 管管口应平整、光滑，管与管及箱盒等部件应采用插入片连接。连接处结合面应涂专用的胶合剂，接口应牢固密封。

PVC 管在地面易受机械损伤，一般应采取保护措施。在浇筑混凝土时，应采取防止 PVC 管发生机械损伤的措施。

暗装管在墙体内及现浇混凝土内敷设时，应有大于 15 mm 的保护层。

管内所穿导线的截面积（包括外面保护层）总和不应超过管子截面积的 40%，同一回路的导线必须穿于同一管内，严禁一根管内穿一根导线。

导线连接要牢固，铜线可采用焊接、压接，铝线可采用压接、电阻焊、气焊等。导线连接后的电阻不得大于导线本身的电阻，导线的接头包扎一律采用橡胶带包两层，黑胶带布两层。

开关必须切断相线，应上开下闭。插座的板面排列和接零线相序必须一致，不得有混乱现象。如单相电源，二孔插座为左右孔或上下孔，排列均应一致。

成排灯具安装时，中心线允许偏差不得大于 5 mm。

所有导线必须进行绝缘电阻测试，大于 0.5 mΩ 时，方可进行通电试运行，接线时相序应分清，零线、相线不得混淆。

4）接地及安全。温室电源进线为三相五线制，接地线和温室结构架连接。

整个温室配电系统接地形式为 TN-S 系统。

各种用电设备的外壳都要可靠接地。外壳和结构架直接连接的用电设备其外壳不必再单独接一根接地线，外壳没有和结构架直接连接的用电设备其外壳必须单独引一根符合标准的接地线和就近的结构架相连。

接地线应采用黄绿双色线。

5）插座和照明。温室内的照明灯具应采用防水防尘型，插座应采用防水防溅型，且分布均匀。

6）配电箱。配电箱一般位于温室内一端靠近门的位置，以便于操作和维修、调试（带过渡间的温室除外），配电箱安装要牢固。

配电箱结构密封紧密，油漆完整均匀，标识牌、标识框排列整齐，字迹清晰。

盘面清洁，电气元件完好，型号和规格与图纸相符。电控箱内导线排列整齐美观，导线与端子的连接紧密，标志清晰、齐全，不得有外露带电部分。

总开关及控制元件固定牢固、端正，动作可靠灵活，需要设定参数的元件按图纸要求设定。

配电箱的导线进出口应设在箱体的下底面。进出线应分路成束并做防水弯，导线束不得与箱体进出口直接接触。

7）电气布线。布线基本使用防潮型电线电缆（穿管的导线除外），其截面选择符合图纸要求。

温室内配线接头应位于电机、开关、灯头和插座内，否则，导线接头处必须使用接线盒，使接头位于接线盒内。

护套线进入接线盒或与电气设备连接时，护套层应引入盒内或设备内，导线与设备端子的连接应使用接线鼻。

进入接线盒、设备、电控箱内的导线应有足够长度，至少可两次以上削头重压。

连接绝缘导线时，接头的连接长度应符合以下要求：截面直径在 6 mm 以下的铜线，本身自缠不应少于 5 圈；铜线用裸绑线缠绕时，缠绕长度不应小于导线直径的 6 倍。

当导线弯曲时其弯曲半径不应小于导线外径的 6 倍。

直埋电缆一般采用铠装电缆，埋设深度距地面 700 mm，电缆上下应埋设 100 mm 厚沙层，上面用砖或水泥板覆盖，过路电缆应使用线管防护且埋设深度为 1 000 mm。

线管中不得有积水或杂物，管内导线不允许有接头。

电缆及导线在沿钢索或钢丝绳布线时，两个固定点的间距不应大于 0.6~0.75 m，温室内水平敷设的电缆或电线距水平面的间距不应小于 2.5 m。

距地面 1.8 m 以下的电气设备走线要穿管；同一回路的所有相线及中性线（如果有中性线时）应敷设在同一线槽内或管路内。保护零线的最小截面必须符合国家及地区规范；地线或保护零线应可靠连接，严禁缠绕或钩挂；保护零线上严禁装设熔断器。

第四节 日光温室防灾减灾

一、日光温室灾害类型

日光温室灾害有自然灾害和人为因素引起的灾害。自然灾害主要有雪灾、火灾、风灾、雨（水）灾害、低温冷（冻）灾害等。人为因素多因设计不合理、管理不当等而引起灾害。

二、雪灾

日光温室作为发展设施农业的主要载体，在我国得到了快速发展和广泛应用。然而我国目前还没有统一适用的温室设计、制造和施工标准，致使一些温室产品与国外产品在质量上还存在较大的差距。有些温室经不起大风大雪的考验，塌棚等质量事故时有发生，从而造成了重大经济损失。以沈阳地区为例，2004 年 11 月 4~5 日的降雪，使沈阳市郊的部分保护地蔬菜遭受严重损失，全市压坏、压塌冷暖棚 3 194 个，受灾面积达 200 hm^2，经济损失 829.8 万元。2004 年 12 月 18~19 日，沈阳市降雪量为 14 mm，造成 1 545 个温室或大棚受损。发生上述事故除灾害性天气因素外，不合理的设计、施工及维护管理不当是主要原因。

（一）钢结构日光温室倒塌原因

倒塌的钢骨架结构日光温室一般多是粗略地仿造标准结构的日光温室，在基础墙体设计、骨架材料、施工工艺等方面都存在许多弊病，严重影响了温室质量。有些温室虽用料质量过关，但由于缺乏科学合理的设计也没有起到应有的作用。

1. 结构设计不合理　温室骨架的整体稳定性差是此类温室倒塌最主要的原因。

倒塌温室一般缺少南底脚的地梁和后墙的圈梁，或者梁的强度不够。骨架与前底角基础和后坡、后墙的连接不牢固，有的温室骨架南端仅简单地放在一块红砖或水泥柱上，北侧简单地搭在砖缝中。重压之下很容易滑动脱落。

温室纵向拉杆（系杆）过少。倒塌温室有的仅有 4 道拉杆，特别是骨架的两端与基础连接处没有拉杆。

拉杆与骨架间没有做“人”字形斜拉支撑，有的斜拉只有一侧。这使得单片骨架的稳定性降低发生侧倒而失去原有的支撑力。

拉杆没有固定到山墙上。有些温室的拉杆仅简单地插入土墙或搭在红砖上，没有用地锚固定。有些虽固定在山墙上，但紧靠山墙没有骨架，导致骨架没有形成一个稳固整体，受压后骨架整体侧摆变形而倒塌。

骨架腹杆（拉花）数量不够，且没有形成 90° 角，有些甚至两根腹杆没有连上。因此对骨架不能提供足够支撑，单片骨架抗压强度低。

部分温室倒塌的原因是温室高跨比不当，脊高低，跨度大。有些日光温室高跨比较小，屋面坡度小，结构配置不合理，大大降低了温室的荷载而导致坍塌。

2. 建筑材料不合格

桁架的上下弦钢管和钢筋不达标的现象普遍。大多数农户为了省钱往往采用小钢厂生产的非国标钢管、钢筋等劣质钢材焊接骨架，钢管壁厚仅有 1.5~1.8 mm，与国标 2.12 mm 相去甚远。下弦使用直径 10 mm 的钢筋焊接。桁架腹杆和斜拉使用的钢筋过细，有的甚至使用 8 号或 10 号铁丝。拉杆材料过于单薄。使用钢筋、钢丝绳做拉杆代替 12.5 mm 厚壁管的现象普遍，抗拉能力较差，特别是钢丝绳的稳定性较差，使整个温室棚架的稳定性降低。采用废旧温室骨架拼接桁架。使用单钢管或直径 8 mm 螺纹钢做温室骨架。使用苫土杆等材料做温室骨架。

3. 施工质量低劣

焊接质量差。为了节省投资，农民往往自行焊接温室骨架，焊接质量良莠不齐。焊缝长度不够，单面焊，存在大量虚焊等。温室年久失修，墙体裂缝，骨架脱焊现象普遍。地梁、圈梁及墙体水泥标号不够，受压后被骨架压碎。钢架防锈技术低且不注意保护，骨架锈蚀严重。

4. 其他原因

有的保温被、草苫、棉被等外保温覆盖材料吸水过多，加大了温室骨架的负荷。

栽培黄瓜、甜瓜、高架番茄等作物的温室，由于作物吊重加大了温室桁架的负荷，使温室倒塌的概率增加。

（二）竹木结构日光温室倒塌原因

造成竹木结构温室倒塌的主要原因是骨架整体强度不够，负载能力差。这类温室一般高跨比较小，棚面平缓，容易积雪，尤其是半地下温室受损和倒塌更为严重。

温室内部支柱少，没有腰柱。温室内部支柱的强度不够，特别是混凝土支柱的水泥标号过低，配筋的粗度和数量不够，没有箍筋，有的仅用 8 号铁丝甚至无配筋。支柱的支撑角度不合理，前后排立柱只是简单的直立，在重压下无法起到应有的向外支撑作用，最终导致支柱折断，棚面塌陷。

温室年久失修，材料老化。用料单薄，连接不牢固。

（三）注意事项

雪灾除造成温室局部破坏，严重的可能造成温室的整体坍塌，造成重大损失。温室结构构造设计不合理、温室骨架的整体稳定性差是此类温室倒塌最主要的原因。因此在设计和施工中要严格按设计要求，控制建筑材料的选用及施工质量控制。

前底脚处设置圈梁，骨架前底脚设直角卡筋于圈梁上，防止骨架前移。

后墙顶设钢筋混凝土压顶，骨架后支座用直角卡筋卡于压顶上，防止骨架后移。

每榀骨架必须在同一平面上，上弦钢管的接头不要在同一位置上，且要保证对接焊缝质量。

纵向设 6 道系杆，系杆材料为直径 21.25 mm、壁厚 2.75 mm 的钢管。系杆置于下弦上，与骨架连接用 10 mm 钢筋焊成三角形形状，双面满焊。系杆深入山墙至少 12 cm。

两侧山墙处也要设置骨架，以保证拉杆与山墙的连接牢固，且保证山墙砌筑形状准确。

钢材必须认真除锈，刷防锈底漆一道，银粉一道，有条件的应镀锌。

墙体红砖不应低于 MU10。砌筑砂浆，地面以下用不低于 M5 水泥砂浆，地面以上用不低于 M5 混合砂浆。

三、其他灾害

（一）风灾

由于风荷载过大造成单栋日光温室整体倒塌可能性一般很小，通常是造成温室局部发生破坏，如棚膜破坏、草帘飘移等产生次生灾害。

要正确地选取风荷载，温室园区规划应尽量避开风口，加强大风天气管理，压膜线预埋件要牢固，采用弹性（变形）小的压膜线。采用整体性好的保温被（草帘），避免被大风掀起。

（二）火灾

目前还没有针对温室建筑的防火规范，温室园区及大型连栋温室可以参照建筑设计防火规范、村镇建筑设计防火规范。

要设置必要的防火隔离带、合理分区，设置防火通道。单栋温室面积不宜过大，有条件的配备必要的防火设施，建立专门的防火队伍。

（三）雨（水）灾害

雨（水）可能造成温室局部破坏，如墙体破坏，严重的会使温室发生倒塌事故。在场地选择及日常管理上应注意防雨，避免雨水浸泡墙体，加强屋顶部位防水，初冬及早春季节注意雨雪，必要时可将外覆盖材料卷起。

（四）低温冷害

低温冷害可造成作物减产，影响产品品质，严重时可发生冻害。在管理上，出现持续低温及连续雨雪天气应加强保温，必要时采取加温和补光措施。

第四章
日光温室环境特点与调控

建设日光温室的目的在于为作物的生长发育供适宜的环境条件，实现周年稳定和高效的生产。因此，环境调控是保障作物生产顺利进行的核心问题。温室内的环境条件状况是由室外气象条件、温室结构与覆盖材料、室内环境调控设施的运行状况、室内栽培的植物等复杂因素综合作用所决定的。本章根据这些因素对日光温室内环境的作用与影响，重点讲述温室内光照环境、温度环境、湿度环境、气体环境和土壤环境的特点及调控方法。

第一节
日光温室光照环境特点与调控

地球上几乎所有植物都是通过吸收太阳光来生长发育，并通过各器官得到的光刺激来获得周围环境条件的有关信息。植物利用光能把二氧化碳和水转化为碳水化合物的过程称为光合作用。光不仅是植物进行光合作用等基本生理活动的能量源，也是植物花芽分化、开花结果等形态建成和控制生长过程的信息源。目前我国农业设施的类型中，日光温室和塑料拱棚是最主要的形式，占设施栽培总面积的 90% 以上。日光温室主要以太阳光为光源热源，光环境对日光温室生产的重要性是处在首位的。

日光温室的环境条件，分为地上环境条件和地下环境条件。光照、气温、湿度、二氧化碳浓度、风速等因素，称为地上环境条件；土温、水分、土壤养分等一般称为地下环境条件。在诸多的环境因素中，光照是整个生产过程的关键因素，调控技术要以每天光照状况作为标准，进行其他因素的调节。在光照条件较好时，温度、水分、二氧化碳等条件要相互适应，才利于光合作用的进行；在光照较弱时，温度应该适应光照弱的特点，适当从低调节，抑制作物呼吸强度，以减少光合产物的消耗。

一、日光温室光照环境特点

日光温室内的光照环境要素包括光照强度、光照时间和光谱分布等方面，在自然光照下，光照状况随着温室所在的地理位置、季节、时间和气候条件的变化而变化。自然光照环境的某要素不能满足植物生长发育的要求时，就需要进行人工调控。

（一）光照强度

日光温室的光照强度一般均比温室外的自然光弱，且在空间上的分布极不均匀，在冬季光照往往成为作物生长的限制因子之一。日光温室内的光照来自室外的太阳辐射，因此在辐射强度、光照强度、光谱分布以及光照周期等方面，室内光照环境首先受室外光照条件的影响。室外的太阳辐射则主要受地理纬度、季节、时间和云量的影响，对于某一地理纬度而言，一年四季光的变化规律是稳定的。自然光要透过透明屋面覆盖材料进入温室内，会由于覆盖材料吸收、反射、覆盖材料内面结露的水珠折射、吸收等而降低辐射透过率。尤其在寒冷的冬、春季节或阴雪天，透光率只有自然光强的50%~70%，如果透明覆盖材料不清洁，使用时间长而染尘、老化等因素，透光率甚至不足自然光强的50%。

影响温室内光照环境的主要因素有：

1. 温室的结构、方位与形式

1）屋面倾角对温室透光的影响。温室的方位、结构与形式影响辐射透过率和光照在温室内的空间分布情况，对直接辐射影响较大，对散射辐射影响较小。

温室屋面倾角大小主要影响光线的入射角，从而影响透光率。前屋面角每增加1°，会使室内接收太阳能增加228.79 MJ/（d · hm^2）。所以，前屋面角在一定范围内越大，冬季接受的辐射越多，蓄热就越多。前屋面角的角度是否合理，对于光线的接收具有重要的意义。

一般东西单栋温室的直接辐射平均透过率随着屋面倾角的增大而增加，连栋温室的直接辐射透过率在屋面倾角为30°时呈现最大值，然后随着屋面倾角的增大而减小（图4–1）。不管温室的建设方位及是否连栋，温室内散射辐射透过率由于屋面倾角的增大而减小，但变化不大。

2）温室类型、方位、地理位置、季节对直接辐射透过率的影响。中高纬度地区冬季温室的直接辐射平均透过率大小排序依次是东西单栋、东西连栋、南北单栋、南北连栋。东西栋温室比南北栋温室直接辐射透过率高5%~20%（图4–2）。夏季各温室的变化与冬季正好相反；春秋季的差异较小。无论建设方位如何，单栋温室比连栋温室的直接

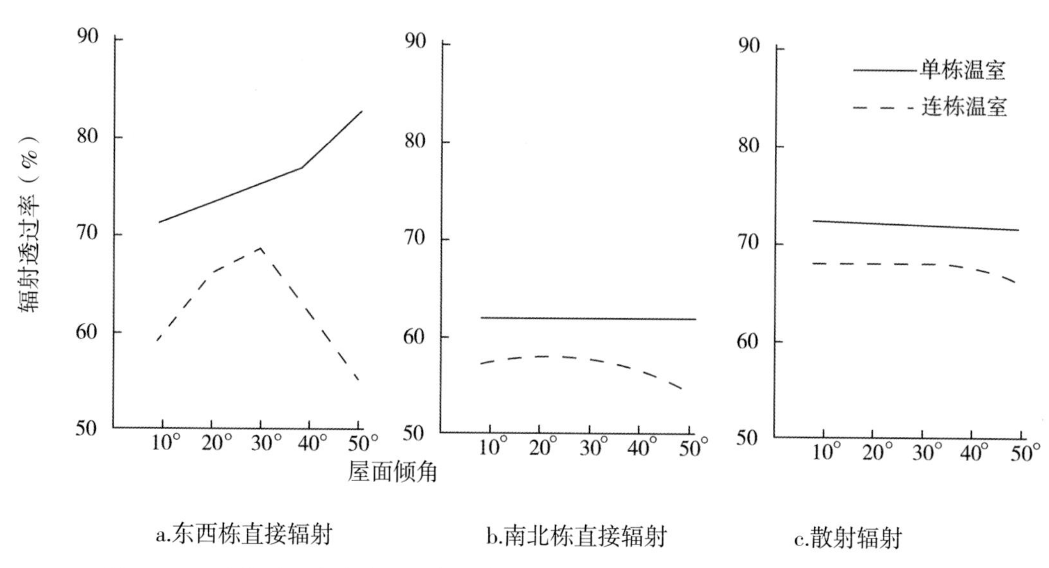

图4-1 不同类型温室的屋面倾角与直接辐射和散射辐射的透过率（北纬35°，冬至日）

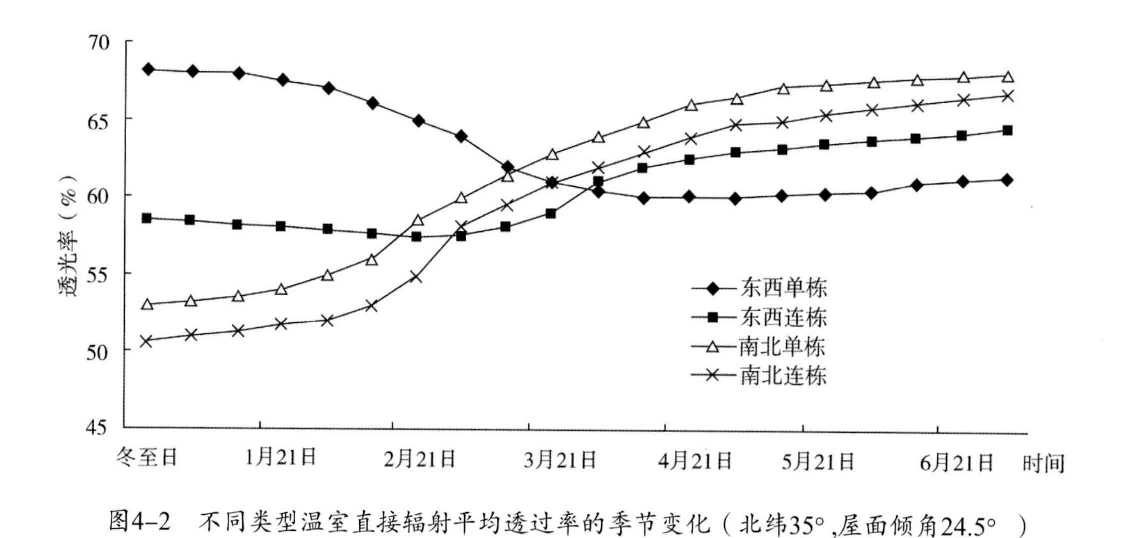

图4-2 不同类型温室直接辐射平均透过率的季节变化（北纬35°,屋面倾角24.5°）

辐射平均透过率高。各类温室的冬至到夏至的直接辐射平均透过率变化与夏至到冬至的变化呈对称分布。温室类型和建设方位在低纬度地区的直接辐射透过率的差异比中高纬度地区小。

3）温室方位对光照分布的影响。东西连栋温室的直接辐射平均透过率的横向分布不均匀，屋脊结构等造成阴影弱光带，直接辐射平均透过率相差近 40%；南北连栋温室的光照分布较均匀，一般是中央位置的直接辐射透过率高，东西侧面略低 10% 左右（图 4-3）。

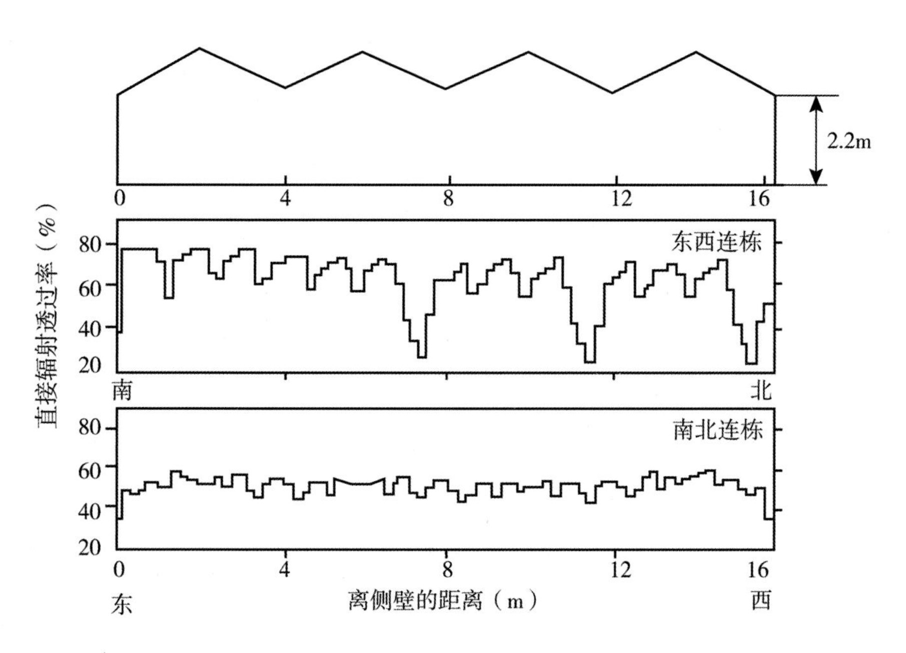

图4–3　南北与东西连栋温室直接辐射透过率的分布（北纬35°，冬至日，4连栋温室）

有些温室覆盖材料，例如玻璃纤维增强聚酯板，能将入射光线进行扩散反射和扩散透射，从而使直接辐射分散到一定的立体角范围内，形成散射辐射。散射辐射对于提高温室内部光照分布的均匀性和光能利用率是有益的。

2. 覆盖材料的透光特性　覆盖材料的透光特性影响温室内的光质与光照强度及其分布。理想的覆盖材料应对 400~700 nm 波长的生理辐射具有最大的透过能力，不透过 300 nm 以下的紫外线和 3 000 nm 以上的红外线。300 nm 波长以下的远紫外线的透过率越低，越有利于减缓覆盖材料老化和避免伤害植物。300~380 nm 波长的近紫外线的透过率高对果色、花色、叶色和维生素 C 等的形成有利。对 0.8~3 μm 波长的红外线透过率，一般为了冬季增温的要求，较高一些有利，但如主要考虑温室降温的需要时，则应低一些。3~20 μm 波长的红外线射的透过率低有利于温室保温。

常用覆盖材料对光合有效辐射的透过特性基本相近，透过率均较高（图 4–4）。但对紫外线的透过特性存在很大差异，透过性较高的覆盖材料依次为聚乙烯薄膜、聚氯乙烯薄膜、丙烯酸板（MMA）和玻璃纤维丙烯酸加强树脂板，而且不同的紫外波段透过率有所不同。玻璃也能透过 310~320 nm 以上的紫外线，而聚碳酸酯板、玻璃纤维聚酯板、强化聚乙烯薄膜（PET）的紫外线透过率很低。

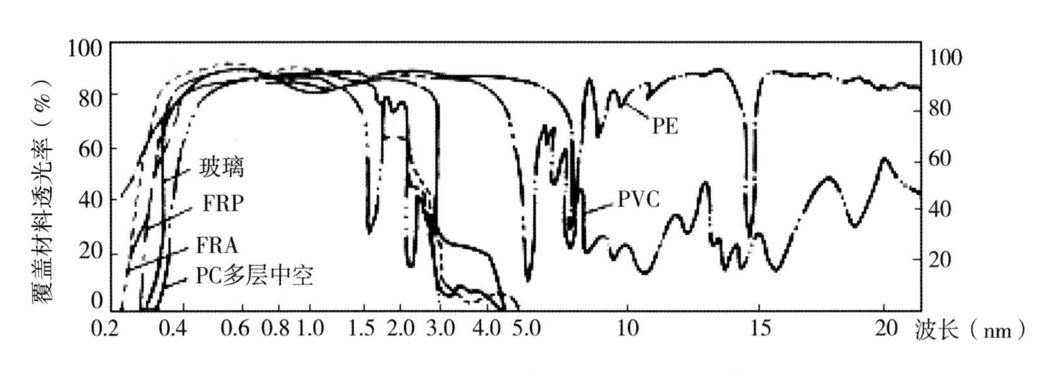

图4-4 各种覆盖材料的辐射分光透过特性

3. 温室结构、设备的遮光 温室的结构材料和设备的遮光可使温室内光照强度降低 10% 左右，工程设计中应尽可能减小构件遮光面积。

4. 覆盖材料表面结露、污染及材料老化 温室覆盖材料表面的尘埃污染、结露，随着使用时间的增长材料老化，均可使温室覆盖材料的透光性降低。应采用防尘、防结露、防老化的覆盖材料，在使用中应注意经常定期清洗，采取各种措施，以减少各种降低覆盖材料透光的因素的影响。

（二）光照时间

温室内的光照时数，是指受光时间的长短，因设施类型而异。大型连栋温室，因全面透光，无外覆盖，设施内的光照时数与露地基本相同。单屋面温室内的光照时数一般比露地要短，因为在寒冷季节为了防寒保温，覆盖的蒲席、草苫揭盖时间直接影响设施内受光时数。在寒冷的冬季或早春，一般在日出后才揭苫，而在日落前或刚刚日落就需盖上，一天内作物受光时间不过 7~8 h，远远不能满足作物对日照时数的需求。

日光温室内的光照时数秋季为 9~10.5 h，冬季为 7.5~9 h，春季为 9.5~11.5 h，均少于 12 h。为了延长光照时间，在可能的范围内尽量早揭晚盖草苫或棉被等外覆盖物；阴天和寒冷的冬天，只要揭开外覆盖物不造成冻害就要揭开见光，必要的时候可以进行人工补光。

（三）光质

温室内光组成（光质）也与自然光不同，主要与透明覆盖材料的性质、成分有关。以塑料薄膜为覆盖材料的温室，透过的光质就与薄膜的成分、颜色等有直接关系。玻璃温室与硬质塑料板材的特性，也影响设施内的光质。

（四）温室内光照度的计算

光照度 I（lx），原则上根据需要可分别采用光合有效辐射照度（W/m^2）、光合有效光量子流密度［μmol/（m^2·s）］或光照度进行计算：

$$I=I_d\tau_d+I_s\tau_s=I_0[M\tau_d+(1-M)\tau_s] \tag{4-1}$$

式中　I_0——室外的太阳总辐射对应的光照度；

I_d——室外的直接辐射对应的光照度；

I_s——室外的散辐射对应的光照度；

τ_d——直接辐射平均透过率（%）；

τ_s——散射辐射平均透过率（%）；

M——直接辐射所占比率，即 $M=I_d/I_0$，太阳高度角 0°、20°、50° 时，可近似取 $M\approx$ 0%、10%、82%。

直接辐射平均透过率 τ_d 和散射辐射平均透过率 τ_s 可按下式计算：

$$\tau_d=\tau_\theta(1-r_1)(1-r_2)(1-r_3) \tag{4-2}$$

$$\tau_s=\tau_{s0}(1-r_1)(1-r_2)(1-r_3) \tag{4-3}$$

式中　τ_θ——洁净覆盖材料在入射角为 θ 时的直接辐射透过率（%）；

τ_{s0}——洁净覆盖材料的散射辐射透过率，一般为 70%~80%；

r_1——温室结构材料遮光损失，一般温室为 0.1~0.15，连栋温室较单栋温室高 0.03~0.05；

r_2——温室覆盖材料因老化的透光损失，根据具体情况，可达 0.15~0.3；

r_3——结露水滴和尘污的透光损失，一般可达 0.15~0.2。

二、日光温室光照环境的调控措施

日光温室光照环境的调控，分为光照强度调控、光周期调控、光质调控以及光照分布调控几个方面，调控的目的不同，相应的调控手段也不同（表 4–1）。

表 4–1　温室内光照环境的调控目的及手段

调控目的	调控手段
光照强度的调控	温室构造和建设方位的选择
	光调节性覆盖材料的选用
	内外遮光处理
	反射板的利用
	覆盖材料的清洗和替换
	人工光源补光
光周期的调控	人工光源补光
	遮光处理
光质的调控	覆盖材料的选择
	采用特定光谱的光源补光
光照分布的调控	温室的合理设计
	扩散型覆盖材料的利用
	反射板的利用
	人工光源的补光

（一）光照强度的调控

光照强度的调控包括建造温室时的合理设计，在生产使用中为增光和遮光采取适当的温室管理措施，以及温室内光照强度不能满足植物光合作用对光照条件的要求时的人工补光三个方面的调控。

1. 合理设计　建造温室时应考虑到改进温室结构、提高透光性能。

1）选择适宜的建筑场地及合理的建筑方位。场地与方位确定的原则是根据设施生产的季节，当地的自然环境，如地理纬度、海拔高度、主要风向、周边环境（有否建筑物、有否水面、地面平整与否）等进行。

2）设计合理的屋面坡度和长度。单屋面温室主要设计好后坡仰角、前屋面与地面交角、后屋面长度，既保证透光率高也兼顾保温好。连接屋面温室屋面角要保证尽量多进光，还要防风、防雨（雪），使排雨（雪）水顺畅。

3）合理的透明屋面形状。对塑料薄膜覆盖温室而言，尽量采用拱圆形屋面保证采光效果。

4）骨架材料。在确保温室结构牢固的前提下尽量少用材、用细材，以减少遮阳挡光。

5）选用透光率高的透明覆盖材料。我国以塑料薄膜为主，应选用防雾滴且持效期长、耐候性和耐老化性强的优质多功能薄膜，或漫反射节能膜、防尘膜、光转换膜。大型连栋温室，有条件的可选用板材。

2. 加强管理　当温室建造完成后，针对生产中出现的实际问题加强管理。

1）保持透明屋面干洁。使塑料薄膜温室屋面的外表面少染尘，经常清扫以增加透光。内表面应通过放风等措施减少结露（水珠凝结），防止光的折射，提高透光率。

在保温的前提下，保温覆盖材料尽可能早揭迟盖增加光照时间。在阴雨雪天，也应揭开不透明的覆盖物，在确保防寒保温的前提下使光照时间越长越好，以增加散射光的透过率。

2）适当稀植，合理安排种植行向。目的是为减少作物间的遮阳。密度不可过大，否则作物在设施内会因高温、弱光发生徒长。作物行向以南北行向较好，没有死阴影。若是东西行向，则行距要加大，尤其是北方单屋面温室更应注意行向。

3）加强植株管理。对黄瓜、番茄等高秧作物及时整枝打杈、吊蔓或插架。进入盛产期时还应及时将下部老叶摘除，以防止叶片相互遮阳。

4）选用耐弱光的品种。

5）遮光。夏季当光照强度过大时，需采用遮阳幕（网）进行遮光调节（光合遮光）。幼苗移植、扦插后缓苗、喜阴作物（兰科、天南星科、蕨类等）栽培在夏季高温季节都需要进行遮光处理。光合遮光主要目的是削减部分光热辐射，温室内仍需具有保证植物正常光合作用的光照强度，遮阳幕四周不要严密遮蔽，一般遮光率 40%~70%。遮光覆盖材料应根据不同的遮光目的进行选择（表 4–2）。

表 4–2 遮光覆盖材料的使用目的和方法

调控类型	调控目的	利用材料
光照强度调控	遮光	塑料遮阳网、缀铝膜、白色涂料
	高温抑制	红外辐射阻隔材料、遮光材料
	光量分布均匀化	光扩散型材料（加强纤维、皱褶处理）
	光量增加	反射板等
光周期调控	花芽分化	高遮光率材料
光质调控	病虫害防治	紫外辐射阻隔材料
	植物的形态调节	红/远红光质调节材料、用特定光谱的人工光源补光
	促进光合作用	光质转换材料、用特定光谱的人工光源补光

此外，遮光还有满足作物光周期的需要和降低温室内温度的作用。实际工程中用于室外的进行光合遮光的遮阳材料有竹帘、白色聚乙烯纱网、黑色遮阳网、屋面涂白剂以及用于室内的无纺布、缀铝膜等。

3. 通过人工光源对光照强度的调控

设施内光照强度不足，不能满足光合作用要求时，需采用人工光源补光调节（光合补光），以促进作物生长。光合补光量应依据植物种类和生长发育阶段来确定，一般要求补光后光合有效光量子流密度在 150 μmol/（m^2 · s）以上。

通常低光照强度时的光能利用率较高，所以人工光合补光的强度和时间应以单位产品的最大经济效益为依据。与光周期补光相比，光合补光要求提供较高的光照强度，消耗功率大，应采用发光效率较高的光源（表 4–3）。低压钠灯发光效率最高，但其光谱为单一的黄光，须和其他光源配合使用。高压钠灯光色较低压钠灯好，但光谱也较窄，主要为黄橙光，宜与光谱分布较广的金属卤化灯配合使用。荧光灯可采用管内壁涂适当混合荧光粉光色较好的植物生长灯，但由于单灯的功率较低，要达到一定的补光强度需要的灯数量较多。由于温室内白天时遮阴较多，故荧光灯多用于完全采用人工光照的组织培养室等。白炽灯发光效率低，辐射光谱主要在红外范围，可见光所占比例很小，且红光偏多，蓝光偏少，不宜用作光合补光的光源（表 4–4）。

表 4–3　各种人工光源的特性指标比较

人工光源	功率（W）	发光效率（lm/W）	可视光比（%）	使用寿命（h）
白炽灯	100	15	21	1 000
低压钠灯	180	175	35	9 000
高压钠灯	360	125	32	12 000
金属卤化灯	400	110	30	6 000
高频荧光灯	45	100	34	12 000
微波灯	130	38	30	10 000
红色LED	0.04	20	90	50 000
红色LD	0.2	35	90	50 000

表 4–4　各种常用人工光源的特征及应用范围

光源种类	特征	应用范围
白炽灯	发光效率低，红光和远红光的成分多，成本低廉	菊花、百合和康乃馨的开花控制；草莓的休眠抑制；日长处理；人工气象室用光源
荧光灯	发光效率好，发热少，光合成有效光谱对应，种类多，成本低	组织培养和种苗生产的照明；日长处理；人工气象室用光源
金属卤化灯	发光效率低、青色光成分多，近似于太阳光光谱	果树的补光照明；育种选拔等生物学研究用人工光源；人工气象室用光源
高压钠灯	功率高，发光效率好，红光成分多，寿命长	兰花和秋海棠的补光照明；育种选拔等生物学研究用人工光源；人工气象室用光源

植物栽培面的光合有效光量子流密度达到一定强度并使其分布均匀是生产高品质植物产品的必要条件。人工光源的光照环境调控一般首先通过选择不同种类、不同功率的光源并设置在合理的位置，然后通过调光装置或设置遮光板和反射板来使植物栽培面的光合有效光量

子流密度达到需要的强度。应使光源发射的光合有效辐射能占光源消耗电能的比例尽可能大，尽量缩小光源与植物之间的距离，因此使用面式光源是改善光合有效光量子流密度分布均匀的有效手段。总之，合理设置光源及配套设备都应以提高植物栽培面接收的光合有效辐射被光合器官尽可能地吸收为前提条件。

（二）光周期的调控

人为地延长或缩短光照时间的长短，从而引起花芽分化、现蕾开花进程的改变，即从营养生长过渡到生殖生长的变化，称为光周期的诱导作用。植物感受光周期诱导的器官是叶片，特别是充分展开的叶片。在叶片中形成刺激开花的物质，转运到生长点中引起花芽分化。这种光周期的诱导现象，有的作物只限于特定部位的枝叶（如菠菜）。日长调节，就是根据作物要求的栽培目的，分别采用长日照处理和短日照处理。例如，短日照作物秋菊，日照长度在 14 h 以内则开始花芽分化，反之则花芽不分化，继续营养生长，但花芽分化后，为使花芽发育正常，还需要更短的界限日长。苗期用短日照处理可提前开花，长日照处理则推迟开花。

实际生产中可根据长日照植物（如萝卜、菠菜、小麦等）和短日照植物（小稻、玉米、高粱等）对光照时间的要求，采取一定措施进行光照周期调控（图 4–5）。长日照植物对暗期要求不高，可以在连续光照条件下开花。短日照植物对暗期的要求很高，只要有一定时间的暗期，无论光照时间多少都能诱导花原基的产生。

与光合有效光量子流密度和光质的调控相对比，光照时间的调控要容易得多。植物生产中一般根据植物种类控制其光照时间，同时也通过间歇补光或遮光的方式调节光照时间。适当降低光照强度而延长光照时间、增加散射辐射的比例、间歇或强弱光照交替等均可大大提高植物的光利用效率。

1. 光周期补光

对于光周期敏感的作物，特别是在光周期的临界期，当暗期过长而影响作物的生长发育时，应进行人工光周期补光。人工光周期补光是作为调节作物生长发育的信息提供的，一般是为了促进或抑制作物

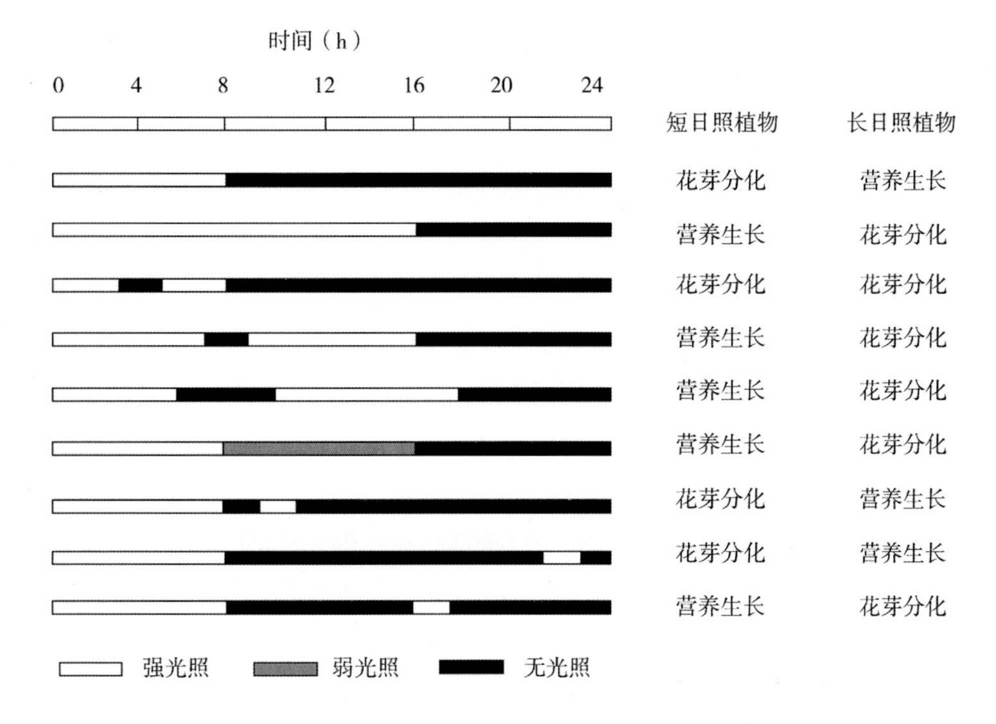

图4–5　光照周期对短日照植物和长日照植物的影响

的花芽分化，调节花期，因此对补光强度的要求不高。光照周期补光的时间、强度及使用光源依植物种类不同和补光目的而定，一般光照强度大于数十勒克斯即可。由于消耗功率不大，可以根据灯具价格选择便宜的白炽灯或荧光灯。

2. 光周期遮光　光周期遮光的主要目的是延长暗期，保证短日照植物对最低连续暗期的要求以进行花芽分化等的调控。延长暗期要保证光照强度低于临界光照周期强度，一般在 1~2 μmol/（m^2·s）或 20 lx 左右），通常采用黑布或黑色塑料薄膜在作物顶部和四周严密覆盖。光照周期遮光期间应加强通风，防止出现高温高湿环境而危害植株。

（三）光质调控

对光质调控研究较多的是对红蓝光质比和红远红光质比的调控。自然光是由不同波长的连续光谱组成，因此调控方法可利用不同分光透过特性的覆盖材料。塑料覆盖材料可采用添加不同助剂的方法，改变其分光透过特性，从而改变红蓝光质比和红远红光质比。近年来，通过改变温室覆盖材料的分光透过特性来控制植物生产的花芽分化、果叶着色等技术不断得到实际应用。一些塑料薄膜或玻璃板可过滤掉不需要的红光或远红光，以达到调节花卉的高度或抑制种苗徒长的效果。玻璃基本不透过紫外线，对花青素的显现、果色、花色和维生素的形成有一定影响，采用聚乙烯和玻璃纤维增强聚丙烯树脂板覆盖材料的温室能透过较多紫外线，种植茄子和紫色花卉等的品质和色度比玻璃温室好。

光质的调控也可以利用人工光源实现。人工光照中，选择不同分光光谱特性的人工光源组合，能够获得不同的光质环境，因此可以对不同栽培植物所需光质环境选择合适的光源组合。

此外，光质的调控也可以选择具有所需补充波长光的人工光源补光来实现。许多研究成果表明，在自然光照前进行蓝光的短时间补光可以促进蔬菜苗的生长，人工光条件下蓝光、红光、远红光对植物生长有复合影响。在嫁接苗的驯化实验中，LED 光源比荧光灯和高压钠灯的效果要好。

随着 LED 和 LD 技术的不断普及，可以自由调节光质组成、光合有效光量子流密度和光照时间的 LED 光源装置普遍应用。近年来，为植物生产而开发的改良型高压钠灯和高频荧光灯不仅改善了光质的红蓝光质比和红远红光质比，也大大提高了光利用效率。

第二节
日光温室温度环境特点与调控

温度是影响作物生长发育的最重要的环境因子，作物在整个生命周期中的一切生物、化学过程都必须在一定的温度条件下进行。在自然界气候条件的各环境因素中，温度条件因昼夜、季节和地区的不同其变化范围最大，最易出现不满足作物生长条件的情况，这是露地不能进行作物周年生产的最主要原因。因此，突破自然条件的限制，可靠地提供满足作物生长的、优于自然界温度环境的条件，正是温室最首要的基本功能。

一、温室内温度环境特点

（一）温室内的热量来源与温室效应

温室内的热量来源主要是太阳辐射与加温热源。对于加温温室，夜间的主要热量来自采暖系统提供的热量，一般采暖系统的加温热量为 100~300 W/m^2。太阳辐射热量是温室白天的主要热量来源，其大小根据不同地区与季节、天气情况有较大的变化范围，一般在北纬 30°~45° 地区，晴好天气的正午时刻，室外水平面到达的太阳辐射冬季为 350~650 W/m^2，夏季可达 900~1 000 W/m^2。太阳辐射照射到温室覆盖材料上时，部分被材料反射和吸收，有 50%~70% 的辐射热量进入温室内，其中少量又被室内地面和植物反射出温室。因此，在冬季晴天的正午时刻，温室内可获得的太阳辐射热量可达 150~400 W/m^2。

温室内白天在太阳辐射的作用下，可以达到远高于室外的气温条件。这主要有两个方面的原因。一方面，玻璃、塑料薄膜或板材等温室透明覆盖材料具有对不同波长光热辐射选择透过的特性，可以较好地透过大部分太阳辐射（波长 300~3 000 nm），使太阳辐射热量大量进入温室内，而同时在不同程度上阻止室内地面和植物等发出的长波辐射（波长 3 000~80 000 nm）透过传出室外，部分阻止了温室内向室外长波辐射形式的热量损失。另一方面是温室对空气封闭的作用，室内地面、植物等吸收太阳辐射热量后，温度升高，通过对流等方式将热量传递给室内空气，使室内气温升高，由于温室的相对封闭性，内外空气交换量很小，使温度升高的空气聚集室内，不会因空气流动将热量散失到室外。

（二）温室的传热与能量平衡

温室是一个半封闭的系统，在不停地与外界进行着物质与能量的交换。在获得太阳辐射热和加温热量的同时，通过覆盖材料的传热、通风和地面传热等途径，向外界不断传出热量（图 4-6）。根据能量守恒的原理，温室内的能量平衡关系可表达为：

$$Q_m+Q_s+Q_h+Q_r+Q_{vi}=Q_{vo}+Q_w+Q_f+Q_e+Q_p \qquad (4-4)$$

式中 Q_m——设备发热量（电机、照明等）（W）；

Q_s——温室内吸收的太阳辐射热量（W）；

Q_h——加热热量（W）；

Q_r——作物、土壤等呼吸放热量（W）；

Q_{vi}——通风气流带入的热量（W）；

Q_{vo}——通风气流带出的热量（W）；

Q_w——经过覆盖材料的传热量（对流、辐射）（W）；

Q_f——地中传热量（W）；

Q_e——温室内水分蒸发吸收的潜热，由通风排出室外（W）；

Q_p——温室内植物光合作用耗热量（W）。

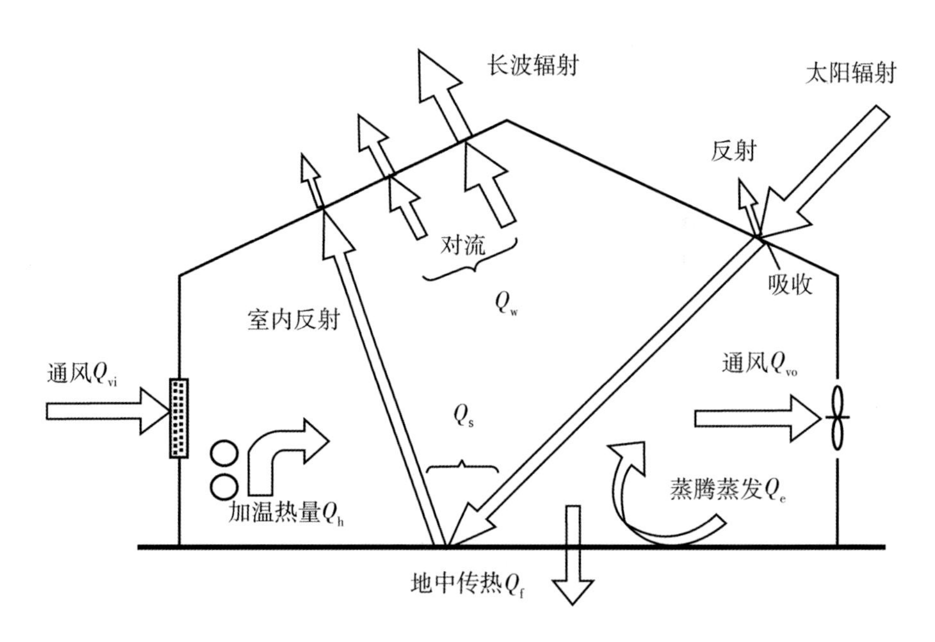

图4-6 白天温室中的能量传递与平衡

在一般温室中，设备发热量、作物和土壤等的呼吸放热量、植物光合作用耗热量与其他能量收支项相比很小，可忽略不计。故温室的能量平衡关系可简化为：

$$Q_s+Q_h=Q_{vo}-Q_{vi}+Q_w+Q_f+Q_e \quad (4-5)$$

温室经过覆盖材料的传热在通风较少时是温室热量散失的主要部分，尤其是在冬季夜间温室完全密闭的情况下，通过覆盖材料的传热一般占总热量损失的60%~95%。其传热过程可分为三个阶段：第一阶段是覆盖材料内侧与室内环境间的换热，室内热量以辐射和对流两种形式传到覆盖材料内侧；第二阶段是覆盖材料内的传热，包括热辐射透过材料和材料的导热两种形式；第三阶段是覆盖材料外侧与室外环境间以辐射和对流两种形式的换热。

温室通过通风传出的热量在通风量较大时是温室向外传递热量的主要部分，尤其是在夏季为降低室内气温采取大风量通风的时候，绝大部分室内多余热量是由通风气流排出室外的。而在冬季夜间温室密闭管理的情况下，由于存在各种缝隙，不能达到绝对的密闭，室内外仍有一定程度的空气交换，称为冷风渗透。冷风渗透量一般按换气次数（单位时间内的换气体积 / 温室容积）计算，根据温室密闭性的不同，换气次数一般在 0.5~4 次 /h。温室冬季夜间因冷风渗透损失的热量占热量损失的 20% 以下。

温室内地面水分的蒸发和植物蒸腾等作用将吸收空气中的潜热，这部分热量随蒸发水分进入空气并随通风气流传到室外。其大小与室内地面潮湿状况、作物的繁茂程度、通风量及室内空气湿度高低等因素有关。在通风量较少的夜间，室内空气湿度较大，室内蒸发蒸腾作用很弱，吸收室内空气热量很少，尤其是在密闭情况下可以忽略不计。在太阳辐射强烈的白天，为降低温室内气温通风量较大时，蒸发蒸腾吸收热量一般可达室内吸收的太阳辐射热量的 50%~65%。

温室地中传热量根据不同情况其热量传递方向不同，在白天一般是热量从地面向下传递。在夜间，对于加温温室，热量传递方向朝下，一般地中传热量占温室总热量损失的 20% 以下；而对于不加温温室，因室内气温较低，地面温度高于室内气温，因此热量传递方向是从地面向上，即温室内是从地面获得热量，地面土壤实际上成为温室的一个加温热源。室内通过地面的传热在不同部位是不相同的，在温室周边，土壤中热量横向向室外土壤传递，地温较低，因此越接近温室周边的部位，地中传热量越大。

在冬季夜间，温室内热量收支的构成和相对大小的典型情况如图4–7所示，其中将温室获得热量（对于加温温室即加温设备提供的热量，对于不加温温室即为地中土壤传给室内的热量）的部分作为100，据此给出各部分传递热量的相对大小。当然，根据室外气象环境条件和温室结构、覆盖材料以及室内环境调控设施、植物的状况等情况的不同，各部分传递的热量相对大小有较大的不同，需要具体分析计算。但由图示可以对温室热量传递情况有一个大致的了解。

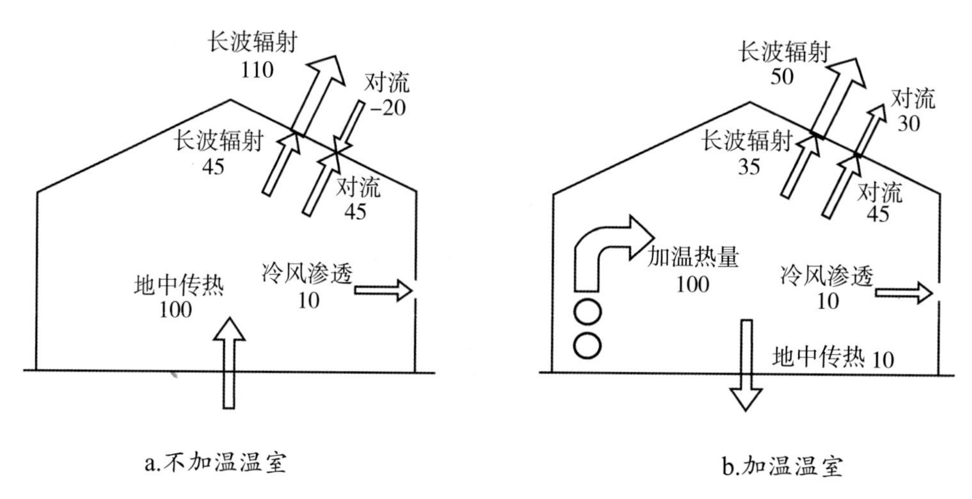

图4–7　夜间温室中的能量传递

（三）温室的温度及变化特征

1. 温室内的气温随时间变化的特性　温室内的温度状况随太阳辐射和室外气温的变化而呈现昼夜和季节的变化。室内气温变化与室外气温变化趋势大体一致，最高、最低气温出现的时刻与露地大体相同，但不加温温室中气温的变化幅度比露地大得多，日温差可达20~30℃，主要是白天气温比室外高得多。昼高夜低、大温差是室内气温的突出特点，白天室内气温高，可基本满足或甚至高于植物生长的要求，但夜间气温又易出现低于植物生长要求的情况。对于加温温室原则上可以按作物要求控制室内气温的变化，夜间加温使室内最低气温大幅度提高，日气温差减小。

白天，室内气温变化一般与太阳辐射的变化是同步的。晴天上午随着太阳辐射的逐渐增强，室内气温急剧升高，每小时可升高5~14℃，13~14时出现最高气温。沈阳地区冬季正午时密闭管理的温室内最高气温可高于室外30~40℃，春秋季正午温室内外最高温度的差值为10~15℃。午后随着太阳辐射的减弱，室内气温逐渐下降。日落后，每小时降温0.5~1℃，至翌日揭苫时（未加温时）气温降至最低，冬季加温时为9~15℃，不加温时为2~8℃。阴天时，气温日较差则相应减小，与阴天的程度和连阴天的日数有关。

夜间，当室内气温高于外界气温时，室内的热量通过屋面、墙壁、门窗及其缝隙向室外散热。温室表面散热量（Q）为散热系数（K）、温室表面积（S）及室内外气温差（T_{in-out}）的乘积。在不加温情况下，温室外表面的散热量等于夜间温室地面的散热量（即温室地面面积 S_1 与地面热流率 f 之乘积）。由此可求出室内外气温差（T_{in-out}）：

$$T_{in-out}=\frac{S_1}{S}\times\frac{f}{K} \tag{4-6}$$

温室地面面积与温室表面积之比，称为保温比。其值越大，温室越保温。一般单栋温室为0.5~0.6，连栋温室为0.7~0.8。当保温比是0.7时，玻璃温室和塑料温室的散热系数分别是5.8 W/（m^2·K）和6.4 W/（m^2·K），地面热流率为17.4 W/m^2的时候，玻璃温室和塑料温室的室内外气温差分别为2.1℃和1.9℃。在同样条件下，有双层保温幕的玻璃温室散热系数仅为2.2 W/（m^2·K），室内外气温差为5.5℃。

在不加温和无其他保温覆盖时，夜间温室内的气温一般只比外界气温高2~6℃。若增加保温幕等保温覆盖减小其散热系数，室内气温可相应提高。温室越小，其保温比也越小，则夜间室内气温下降快、室温低，昼夜温差大。在有风的晴天夜间，温室表面辐射散热很强，有时室内气温反比外界气温还低，这种现象叫作“温室逆温”。其原因是白天被加热的地表面和作物体，在夜间通过覆盖物向外辐射放热，而晴朗无云有微风的夜晚放热更剧烈，并通过对流交换使室内气温降低。而对于室外近地面的空气，虽也随室外地面等辐射散热而降低温度，但在微风作用下，可从与上层空气的对流和大气逆辐射获得热量，因此降温反而小于室内，温室内却因覆盖材料的阻隔不能获得这部分补充热量。逆温现象最易发生在连续阴天后即将放晴的凌晨时刻。在北京地区，10 月中旬以后以及翌年 3 月中旬以前，夜间室外气温即可降至 5℃以下，温室内夜间不加温时最低气温可出现低于 8℃的情况。

2. 温室内气温的空间分布 温室大棚内温度空间分布比较复杂。温室内的气温因温室结构、室内太阳辐射的不均匀分布、采暖及降温设备的种类及布置、通风换气的方式、外界风向、内外气温差以及室内气流运动等多种因素的影响，空间分布具有一定的不均匀性。

白天温室内的温度不均匀性主要是室内太阳辐射的不均匀分布，不同透光特性的温室各透光面和遮光构件的阴影投影到温室内的不同部位，以及室内植物和地面接收太阳辐射热的差异，室内各部位吸收的太阳辐射热的分布不均匀。

夜间的室内温度分布差异则主要因覆盖材料传热和采暖设备的分布产生，靠近覆盖层附近气温较低，辽沈 I 型加温温室夜间一般仍然是南底脚（有塑料散热管）附近气温最低，靠近北墙的区域气温则较高，但夜间南北向的温差明显小于白天。在一般情况下，温室水平方向上有 2~4℃的温差，如温差过大，则多因温室结构、采暖系统的布置等不合理造成的。温室内如采用循环风机促进室内空气流动，可有效减小温差。在夏季当采用机械通风时，在沿着进风口到排风口的路线方向上，气温逐渐升高，排风口附近气温高于进风口处 2~4℃，通风量越大，温差越小。

在垂直方向上，一般温室内气温总体上呈上高下低分布，在室内供热的情况下，垂直方向上的温差可达 4~6℃。上部温度越高，通过覆盖材料的对流换热量越大，不利于温室减少热量损失。近年来一些温室采用地面加温的方式，可以减少温室垂直方向上的温差，以达到节能的目的。

3. 温室内的地温 温室内土壤的温度与室内气温、土壤含水量和植物遮阴等情况有关，呈 24 h 的周期性变化，其平均温度略低于室内平均气温。因为土壤热容量大，其变化幅度较小，且滞后于室内气温的变化，土壤深度越大，其温度变化幅度越小，滞后越多。一般冬季在加温温室中，15 cm 深处地温可达 15~20℃，日温度变化仅为 2~3℃。在接近边墙的周边部位，因邻近室外低温的土壤，传热损失较大，土壤温度明显较温室中部低。在中高纬度地区的冬春季节，温室内地温通常偏低，必要时应采取土壤加温的措施。

二、日光温室内温度环境的调控措施

（一）作物对温度的要求

1.温度对作物生育的影响　温室内的气温、地温对作物的光合作用、呼吸作用、光合产物的输送、根系的生长和水分、养分的吸收均有显著的影响，为了使作物生长和生理作用过程能够正常进行，必须为作物提供必要的温度条件。这样的温度条件可采用最低温度、最适温度和最高温度三个指标来表述，称为“温度三基点”。温度三基点根据作物种类、品种、生育阶段和生理活动的昼夜变化以及光照等条件不同而有不同。

在一定温度范围内，随气温的升高作物光合强度提高（图 4–8），最适温度为 20~30℃，超过此范围光合强度反而会降低。呼吸作用一般随气温提高而增强。温度提高 10℃，呼吸强度提高 1~1.5 倍。在较低的温度环境下，作物光合作用强度低，光合产物少，生长缓慢；温度过高，则呼吸消耗光合产物的数量增加，同样不利于光合产物的积累。低于最低温度和高于最高温度时，作物停止生长发育，但仍可维持正常生命活动。如温度继续降低或增高，就会对作物产生不同程度的危害，在一定温度条件下甚至导致死亡，这样的温度称为致死温度。

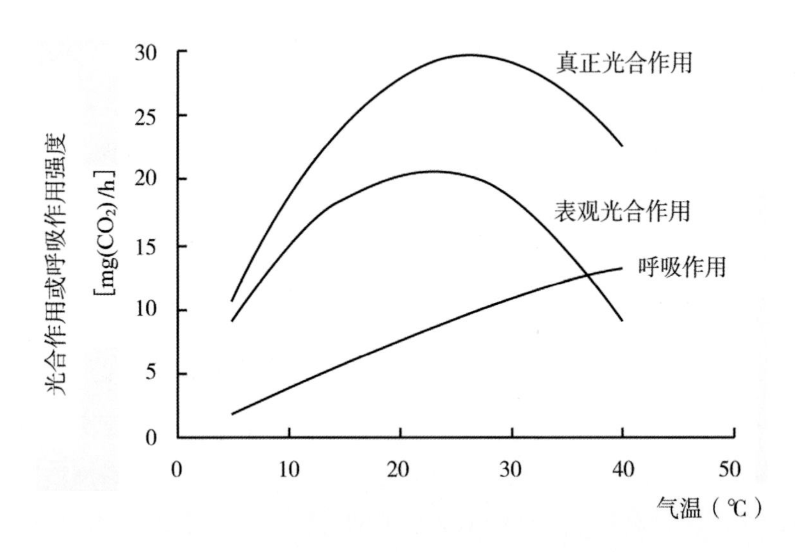

图4–8　温度对植物光合强度及呼吸强度的影响

作物的最适温度还随光照条件的不同而变化，一般光照越强，作物的最适温度越高，反之越低。在光照较弱时，如果气温过高，则光合产物较少，呼吸消耗较多，作物中光合产物不能有效积累，会使作物叶片变薄，植株瘦弱。

作物光合作用产物的输送同样需要一定的温度条件，较高的温度利于加快光合产物输送的速度。如果下午与夜间温度过低，叶片内的光合产物不能输送出去，叶片中碳水化合物积累，不仅影响翌日的光合作用，还会产生叶片变厚、变紫、加快衰老的情况，使叶片光合作用能力降低。

作物的不同生长发育阶段对温度的需求也是不相同的。在植株生长前期，叶面积较小，光照较多投射到地面，不能被植株充分利用，为了尽快增加截获的光能，需要提供较高温度，尽快增加叶面面积。而对于已长成的植株，叶面积已大大增加，已形成茂密的植物冠层，可截获绝大部分光能，此时物质生产主要由单位面积的净同化率决定，在这个阶段中，应适当降低温度以增加净光合产物的积累和储藏。

地温的高低影响着植物根系的生长发育和根系对水分、营养物质的吸收及输送等过程。在过低的地温情况下，植物根系发育受阻，不能有效吸收和输送水分及营养物质。过低的地温还不利于土壤微生物的活动，从而影响有机肥的分解和转化。一般 15~20 cm 深处的适宜土壤温度为 15~20 ℃，一般不能低于 10 ℃。

2. 温度调控指标与变温管理方法　常见温室作物的温度调控指标见表 4–5，表中给出了温度管理要求的一个简化的表达，但为了达到高产、优质和高效的目标需要有合理化的温度调控管理方式。

研究结果表明，作物在一日内对温度的要求是变化的。昼夜不变的温度管理方式，作物生长率比昼高夜低的管理方式低。进一步的研究表明，作物的物质生产总量，是由每天生产的物质生产量累积起来的，而温度对物质生产的影响，是温度对一日内光合作用、产物输送与呼吸消耗的综合影响。一日内温度管理的目标，是要增加光合作用产物及促进产物的输送、储藏和有效分配，抑制不必要的呼吸消耗。因此，应根据作物在一日内不同时间的主要生育活动，采取不同的温度水平。这样的温度管理方式称为变温管理，变温管理依赖于良好的计算机控制系统才能达到效果。

表 4-5　常见温室作物的温度指标

蔬菜种类	生长时期	对温度的要求（℃）			
		适宜温度	最高温度		最低温度
			白天	夜间	
黄瓜	苗期	19～25	28	22	15
	苗期到开始结瓜	20～28	33	22	15
	结瓜期	22～30	38	24	15
番茄、辣椒	苗期	15～21	26	18	10
	苗期到开始结果	19～25	28	20	10
	结果期	18~26	30	22	6
茄子	苗期	16～24	28	20	15
	苗期到开始结果	18～26	30	20	15
	结果期	22～30	34	24	12
菜豆	结荚前	17～23	25	20	15
	结荚后	18~26	30	22	12
菠菜		12～20	25	14	2
白菜、芹菜、莴苣、小茴香、茼蒿		12～24	30	15	2

根据随光照昼夜变化的作物生理活动，将一日内的时间划分为促进光合作用时间段、促进光合产物转运的时间段和抑制呼吸消耗时间段等若干时段（图 4-9），确定不同时间段的适宜温度调控目标分别进行管理。具体分段有三段变温、四段变温和五段变温等，实际应用中以四段变温管理居多。白天上午和正午光照条件较好的时间段，采用适温上限作为目标气温，以增进光合作用。夜间采用适当的较低温度，不仅可减少因呼吸作用对光合产物的消耗，还能节省加温能源。在白天促进光合作用时间段和夜间抑制呼吸消耗时间段之间，采用比夜间

抑制呼吸的温度略高的气温，以促进光合产物转运。阴雨天白天光照转弱，成为限制光合强度的主要制约因素，较高的气温并不能显著提高光合强度，为避免无谓的加温能源消耗，温度可控制得低一些。

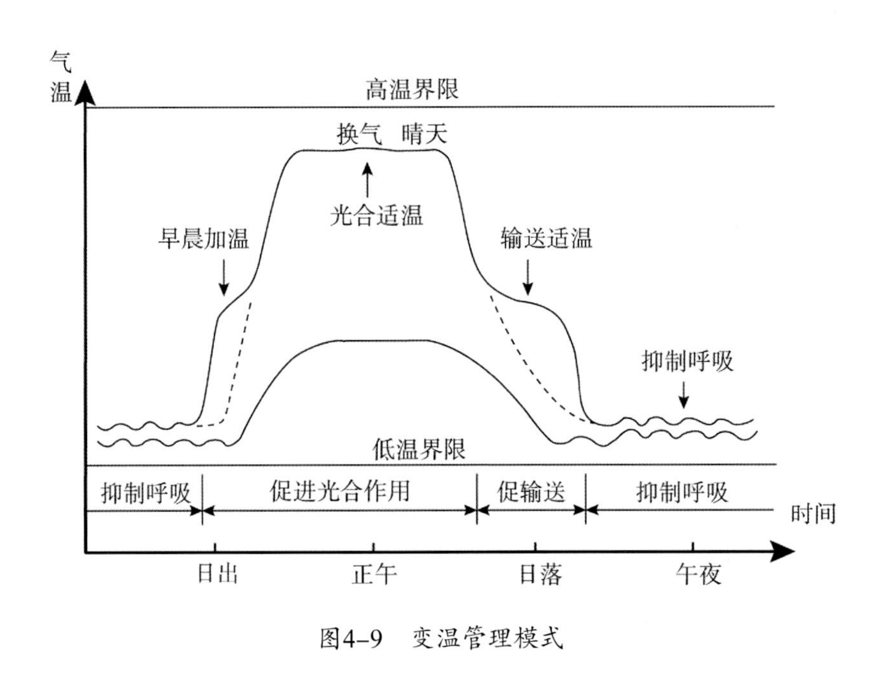

图4-9 变温管理模式

（二）温度调控的措施

1. 温室保温措施 提高温室的保温性，对于加温温室是最经济有效的节能措施，对于不加温温室是保证室内温度条件的主要手段。温室内的热量散失有三个主要途径，即能通过覆盖材料的围护结构传热、通过缝隙漏风的换气传热、与土壤热交换的地中传热。三种传热量分别占总散热量的70%~80%、10%~20%和10%以下。温室保温的原理是，减少向温室内表面的对流传热和辐射传热，减少覆盖材料自身的热传导散热，减少温室外表面向大气的对流传热和辐射传热，减少覆盖面的漏风而引起的换气传热。通过围护结构覆盖层的热量散失是温室热损失的主要部分，因此，减少该部分热量损失是温室保温技术的重点，技术措施有采用保温性好的覆盖材料和采用多层覆盖等。

1）温室的覆盖材料及其保温性能。对于温室固定覆盖层采用的透明覆盖材料，由于厚度较薄，导热热阻与总的传热热阻相比均很小，仅占总热阻的几十分之一。因此，材料导热系数的大小对这类材料保温性能影响很小，对流和辐射是起决定作用的传热形式。除了透气性材料以外，一般覆盖材料的不同特性对对流换热没有太大的影响，因此对于薄型的覆盖材料，决定其保温性优劣的材料特性就是其辐射方面的特性，即对长波辐射的反射、透射和吸收的有关特性。常温物体热辐射量波长为 3~80 μm，对该范围内的长波辐射，材料的反射率越高，透射率越低，保温性越好。表 4–6 是一些常见覆盖材料的红外线特性统计。辐射特性指数的定义为：

辐射特性指数 =0.7× 覆盖材料外侧反射率 +0.3× 覆盖材料内侧反射率–透射率

辐射特性指数越大，覆盖材料保温性能越好。由表 4–6 可见，几种薄膜中以聚乙烯薄膜保温性能最好，玻璃及透明塑料板材保温性优于塑料薄膜。保温性最好的为反射型材料，包括混铝聚乙烯膜等，其中镀铝膜对红外辐射的反射率最高，光亮的铝表面对长波辐射的反射率可达 90% 以上，虽因其外表覆盖的塑料保护膜对长波辐射的吸收作用，使其对长波辐射的反射率有所降低，但仍可达 60% 以上，因而其保温效果最好。但由于反射型材料对太阳短波辐射也是不透明的，因此在温室中只能用作活动保温覆盖。理论分析与实验结果表明，当覆盖材料两表面辐射特性不同时，以反射率高、吸收率低的表面位于外侧时保温性较好。

一些塑料薄膜在生产中依靠添加红外线阻隔剂的方法，可有效降低其长波红外线的透过率，达到提高保温性的效果。

对于温室的活动覆盖，因不考虑透过太阳辐射的问题，可以采用厚型的覆盖材料，不仅依靠降低对流与辐射传热，也依靠增大导热热阻获得良好的保温效果。对于这种厚型的覆盖材料，导热性成为影响保温性的重要性能指标，应尽可能采用导热系数小的材料。

表 4-6 覆盖材料的红外线特性

覆盖材料	厚度（mm）	吸收率（%）	透射率（%）	反射率（%）	辐射特性指数	
					干燥状态	内侧附着水滴（推测值）
聚乙烯薄膜	0.05	5	85	10	−0.75	−0.4 ~ −0.25
	0.1	15	75	10	−0.65	−0.35 ~ −0.2
醋酸乙烯薄膜	0.05	15	75	10	−0.65	−0.35 ~ −0.2
	0.1	35	55	10	−0.45	−0.25 ~ −0.15
聚乙烯-醋酸乙烯复合薄膜	0.075	35 ~ 60	30 ~ 50	10	−0.4 ~ −0.2	
	0.15	60	30	10	−0.2	
聚氯乙烯薄膜	0.05	45	45	10	−0.35	−0.2 ~ −0.1
	0.1	65	25	10	−0.15	−0.1 ~ −0.05
硬质聚酯片材	0.05	6	30	10	−0.2	−0.15 ~ −0.05
	0.1	8	10	10	0	0
	0.175	>85	<5	10	0.05 ~ 0.1	<0.05
无纺布		90		10	0.1	<0.05
聚乙烯醇膜		>90		<10	<0.1	<0.05
玻璃		95		5	0.05	<0.05
硬质板（玻璃纤维增强聚丙烯板、丙烯板、聚碳酸酯板等）		90		10	0.1	<0.05
混铝聚乙烯膜		65 ~ 75		25 ~ 35	0.25 ~ 0.35	0.1 ~ 0.15
镀铝膜 聚丙烯面层		15 ~ 25			75 ~ 85	0.7 ~ 0.8（该面层向外）
镀铝膜 聚乙烯面层		25 ~ 40		60 ~ 75	0.65 ~ 0.75（该面层向外）	0.5 ~ 0.65（该面层向外

我国日光温室多采用稻草或苇帘作为外覆盖层，利用厚而疏松的材料层具有的较高导热热阻，可使覆盖后的温室屋面的传热系数由单层透明材料覆盖的 6.6 W/（m^2·s）左右降低为 2~2.5 W/（m^2·s）。这类材料在农村取材容易，费用低廉，但其重量大、强度差、怕雨雪、易腐烂、寿命短、质量不稳定。近年国内一些科研院所和企业研究开发了替代材料——新型复合材料保温被，采用化纤布、无纺布、发泡塑料、

镀铝膜等材料构成隔热保温层、反射层、防水层等多功能复合保温覆盖，除有较大的导热热阻和阻隔辐射传热的性能外，还具有防水防潮、不易变质老化、寿命长、质地轻、便于机械化卷铺作业等优点。

在我国日光温室中，对影响白天采光较小的北侧墙体，通常采用厚重的材料建造，可起到良好的保温作用，墙体内侧在白天可有效吸收和蓄积太阳热能，在夜间将热量释放回温室内，成为维持室内气温的热源。不同的材料和构造方案对保温蓄热特性有很大影响。实践与研究结果认为，为达到良好的保温蓄热效果，北墙应采用异质材料复合墙体，即墙体由多层不同材料组成，其内侧为吸热和蓄热能力较强的材料（如砖、石砌体等）组成蓄热层，外侧为传热和放热能力较差的材料（如砖、空心砖、加气混凝土块、聚苯板等）组成保温层，中间采用多孔轻质、干燥、导热能力差的材料（如珍珠岩、炉灰渣、锯末或聚乙烯发泡板等）填充组成隔热层。

2）多层覆盖保温。多层覆盖可有效减少温室通过覆盖层的对流与辐射传热损失，是最常用的保温措施，保温效果显著。有固定覆盖、内外活动保温幕帘和室内地面棚、膜覆盖等多种形式。

固定覆盖虽构造简单，保温严密，保温效果好，但在白天会使透光率降低 10%~15%，超过二层的固定覆盖将会更多地降低透光率，因此二层以上的固定覆盖很少采用。

活动式的保温覆盖是在温室的固定覆盖层内侧或外测设置可以活动的保温幕帘，夜间活动保温幕帘展开覆盖保温，白天收拢保证温室进光，因此基本不影响温室白天的采光，但须设置幕帘开闭的机构，结构上相对复杂一些。可采用保温性较好的反射型材料或厚型保温材料以提高保温效果。

温室覆盖层保温性能可用传热系数或覆盖层热阻进行评价，采用节能措施后的效果则用热节省率或称节能率 α 进行评价（表 4–7）。热节省率定义为：

$$\alpha = (Q_1 - Q_2)/Q_1 \tag{4-7}$$

式中　Q_1——采用节能措施前的传热量（W）；

　　　Q_2——采用节能措施后的传热量（W）。

针对保温覆盖则有：

$$\alpha = (K_1-K_2)/K_1 \quad (4-8)$$

式中　K_1——采用保温覆盖前的覆盖层传热系数[W/(m²·℃)]

K_2——采用保温覆盖后的覆盖层传热系数[W/(m²·℃)]。

表 4-7　多层覆盖保温的传热系数及热节省率（以单层玻璃覆盖为对照）

	覆盖方式	覆盖材料	传热系数 [W/（m²·℃）]	热节省率（%）
室内保温覆盖	单层覆盖	玻璃	6.2	0
		聚乙烯薄膜	6.6	–6.5
	固定双层覆盖	玻璃+聚氯乙烯薄膜	3.7	40
		双层聚乙烯薄膜	4	35
		中空塑料板材	3.5	43
	单层活动保温幕	聚乙烯薄膜	4.3	31
		聚氯乙烯薄膜	4	35
		无纺布	4.7	24
		混铝薄膜	3.7	40
		镀铝膜	3.1	50
	多层覆盖	二层聚乙烯薄膜保温帘	3.4	45
		聚乙烯薄膜+镀铝膜保温帘	2.2	65
	充填保温材料	双层充气膜+镀铝膜保温帘（镀铝膜条比例66%）	2.9	53
		发泡聚苯乙烯颗粒（厚10cm）	0.45	90
室外覆盖	活动覆盖	稻草帘	2.4	61
		苇帘	2.2	65
		复合材料保温被	2.1 ~ 2.4	61 ~ 66

3）双层充气膜保温覆盖。双层充气膜覆盖是将双层薄膜四周用卡具固定，两层薄膜中充以一定压力（60~100 Pa）的空气，以维持一定的中间静止空气层（一般平均厚 10~20 cm），实质相当于双层固定覆盖。近年在温室覆盖材料中，中空塑料板材尤其是中空 PC 板得到较多应用，其保温机制与双层充气膜相似，有双层（一层空气）与三层（二层空

气）两种，后者热节省率比前者提高约 24%。其特点是透光率高，可达 80% 以上（单层 PC 板透光率 >90%），保温性好，强度高，耐冲击，重量轻（1.5~1.75 kg/m^2），且美观、使用寿命长，但价格较高，板边、孔边易进入水汽、灰尘等产生冷凝及污染，影响透光。

4）缀铝膜保温幕。由于铝箔和镀铝膜对长波辐射具有很高的反射率，用于温室活动保温幕具有很好的保温效果。但其透气、透湿性差，直接用作保温帘时易导致室内湿度过大。因此，常将其裁成数毫米宽的窄条，并用纤维线并排编织起来，称为缀铝膜。这种覆盖材料在具有较高长波辐射反射率和优良保温性能的同时，又有一定的透气、透湿性，有利于降低室内湿度，近年逐步得到广泛采用，多用作温室的内保温幕。

2. 温室加温措施　温室加温是冬季温室内温度环境调控的最有效手段。但其代价是燃料能源的消耗和生产成本的增加。因此必须适当选择采暖方式、合理配置加温设备，在满足植物生长需要的同时，应注意尽可能节省能源，避免生产成本的过多增加。

温室的采暖有热风、热水、蒸汽采暖，采用蒸汽加温的热水采暖，蒸汽或热水加热空气的热风采暖，电热采暖、辐射采暖、太阳能蓄热采暖等多种形式，在我国农村还广泛采用煤火炉灶简易设施采暖。

常用采暖方式的特点及应用条件见表 4–8。温室采暖方式应根据温室种类、规模、作物栽培品种与方式、当地气候和燃料供应等条件，经过经济比较，按照可靠、经济和适用的原则，因地制宜地确定。

热风采暖的热媒是空气，其优点是使用灵活性大，热风直接加热温室空气，热风温度一般比室温高 20~40℃，加温迅速。热风采暖系统的设备较简单，费用低，按设备折旧计算的每年费用大约只有热水采暖系统的 1/5。热风采暖还具有设备安装方便、方便移动使用等优点。其主要缺点是因空气热容量小，室温随采暖系统运行与否波动幅度较大。因此热风采暖适用于只进行短期临时加温的温室。

热风采暖系统还有用热水或蒸汽通过热交换设备（暖风机）加热空气的方式，适用于已配有热水或蒸汽集中供暖系统的情况。为提高系统热效率，燃油暖风机或燃煤热风炉通常直接设置在温室内，其热利用效率可达 70%~90%。

表 4-8 各种采暖方式的特点

采暖方式	技术要点	采暖效果	控制性能	维修管理	设备费用	其他	适用情况
热风采暖	直接加热空气	稳定性差，停机后温度降低快	预热时间短，升温快	不用水，容易操纵	比热水采暖便宜	不用配管和散热器，作业性好，空气由室内补充时必须通风换气	各种温室及塑料大棚，特别适用于短期临时加温
热水采暖	用60 ~ 80℃热水循环，或用热水与空气热交换，将热风吹入室内	因所用温度低，加热缓和，水热容量大，热稳定性好，停机后保温性强	预热时间长，可根据负荷的变动改变热水温度进行调节	对锅炉要求比蒸汽采暖低，水质处理较容易	须采用配管和散热器，设备费用较高	在寒冷地区管道怕冻，必须充分保温防护	大型温室
蒸汽采暖	用100 ~ 110℃蒸汽，可转换成热水和热风采暖	余热少，停机后保温性差	预热时间短，自动控制稍难	对锅炉要求高，水质处理不严时，输水管容易被腐蚀	比热水采暖贵	可用于土壤消毒，散热管较难配置适当，容易产生局部高温	大型温室群，在高差大的地形上建造的温室
电热采暖	用电热线和电暖风采暖器加温	停机后缺少保温性	预热时间短，控制性最好	使用方便、简单	设备费用低	耗电多、费用大、不经济	小型温室、育苗温室、地中加温、辅助采暖
辐射采暖	用液化石油气红外燃烧取暖炉	停机后缺少保温性，可升高植物体温度	预热时间短，控制容易	使用方便、简单	设备费用低	耗气多，大量用不经济，可用于二氧化碳施肥	临时辅助采暖
火炉采暖	用地炉或铁炉，烧煤，用烟道散热供暖	封火时仍有保温性，有辐射加热效果	预热时间长，管理费劳力，不易控制	较容易维护，但操作费工	设备费用低	必须注意通风，防止一氧化碳中毒	土温室，大棚短期加温

3. 温室降温措施　夏季温室内温度过高，为使温室内温度达到作物生长要求的温度，通常采用通风（自然通风与机械通风）、蒸发降温（湿帘与喷雾降温等）和遮阳等三方面的技术和设备。

温室内降温最简单的途径是通风，但在温度过高，依靠自然通风不能满足作物生育要求时，必须进行人工降温。大型连栋温室因其容积大，须强制通风降温。喷雾降温法则是使空气先经过水的蒸发冷却降温后再送入室内，达到降温的目的。

遮阳降温法。遮光 20%~30% 时，室温相应可降低 4~6℃。遮阳按设置部位的不同分为室外遮阳与室内遮阳两种类型。在与温室大棚屋顶部相距 40 cm 左右处张挂遮光幕，这种室外遮阳对温室降温很有效。遮光幕以温度辐射率越小越好。考虑塑料制品的耐候性，一般塑料遮阳网都做成黑色或墨绿色，也有的做成银灰色。室内用的白色无纺布保温幕透光率 70% 左右，也可兼作遮光幕用，可降低棚温 2~3℃。

第三节
日光温室湿度环境特点与调控

湿度是与温度一样重要的调控因子，是影响日光温室内病害发展空气温度的重要因子。由于日光温室相对封闭，与外界空气交换受到阻碍，地面蒸发和作物蒸腾产生的水分难以外散，大都留在日光温室内，所以温室内的空气相对湿度会显著高于露地，经常在 80%~90% 以上，甚至有的夜间可以达到 100%，但大部分作物要求在 60% 左右。一般 60%~80% 的空气相对湿度可满足作物的生长环境要求，过高会对作物生长发育不利，很多植物病原菌在潮湿的环境里都会大量繁殖，像灰霉病、煤污病等病害，在湿度很大的温室里，都特别容易发生甚至暴发，引起作物大面积减产。因此，为了防止园艺作物产生病害，有必要对设施内湿度环境特点与调控措施有一定的了解，进而避免病害暴发。

一、温室湿度的特点

温室内的湿度环境主要包括土壤湿度和空气湿度两个方面。

1. 温室土壤湿度　由于温室土壤不能依靠降水来补充水分，只能依赖于人工灌溉，所以土壤蒸发出来的水蒸气在遇到棚膜后凝结，水滴会受到棚膜的弯曲度作用而长期滴到固定位置上，于是造成温室内部土壤湿度分布不均匀。靠近棚架两侧的土壤，由于棚外水分渗透较多，加上棚膜上水滴的流淌湿度较大。中部则比较干燥。

2. 温室空气湿度　温室湿度的突出特点就是高湿。由于温室环境相对封闭，土壤水分蒸发和植物水分蒸腾，空气中的水蒸气含量很快就会达到饱和。

二、温室湿度的调控措施

1. 通风除湿　温室内空气湿度高的主要原因便是温室的封闭性。通风换气便是利用自然通风或者通风设备来促使室内和室外环境中的空气进行对流交换，使室外水汽含量低的空气进入室内，同时室内水汽含量高的空气通过通风口而排出室外进而达到除湿目的的过程。

1）自然通风。在温室的顶部和前部分别设置通风口，依靠热压和风压作用进行通风，并可以通过调节通风口的开张度来调节通风量。

2）机械通风。依靠风机产生的压力强迫空气在温室内流动，但是通风换气量不容易掌握，很容易造成温室内空气湿度不均匀，使植物长势不一致。最好每次灌水之后，在不影响温室内温度的条件下加大通风量，外界气温高时，可同时打开顶部和前部两排通风口，便于充分和均匀排湿。如果通风过度需要尽快提高湿度时，可以直接向温室中洒水或者喷雾，如果条件允许可以通过测定温室内的空气湿度进而计算通风量，精确进行通风；如果采用除湿型热交换器，既可以回收排出空气中所含的热量又可以将高湿空气放出。

2. 合理灌水　灌水是室内湿度增加的主要因素。可以选择晴天分株浇水，或者采用滴灌、膜下暗灌等较为省水的灌水方式根据作物需要来补充水分。滴灌是把水直接浇到植物根部，不仅比沟灌更加节水，而且能够减少蒸发面积，因而可以有效地降低湿度，同时还可以降低空气湿度，防止温室内湿度过高。不同种类作物需求水分不同，须在生产实践中分别合理控制灌水。以温室番茄栽培为例，土壤相对湿度65%~85%最为适宜。番茄对土壤湿度的适应能力，因生长发育阶段的不同而有很大的差异，幼苗期要求65%左右，结果初期要求80%，结果盛期要求85%。

3. 升温降湿　通过加温设备对温室加温，升温降湿的原理就是利用空气在绝对湿度不变的情况下，相对湿度与温室温度呈负相关的关系，相对湿度随着温度上升而降低的原理来实现对空气湿度的控制。根据温室中湿度变化的特点，如需增减相对湿度时，可在不影响湿度要求的前提下，适当改变棚中的温度。如棚内相对湿度为100%，棚温为5℃时，气温每提高1℃，相对湿度约降5%；在5~10℃时，每提高1℃，相对湿度则降3%~4%；棚温提高至20℃时，相对湿度为70%；棚温为30℃时，相对湿度为40%。相反，如果温度下降到18℃时，相对湿度则可升到85%；温度下降到16℃时，相对湿度几乎可达100%。因此，可采用升温、降温的办法来掌握棚中湿度。

4. 冷冻除湿　冷冻除湿是利用除湿机的制冷降温系统让空气中的水蒸气在蒸发皿上形成液态水而排出，从而降低空气的湿度。

5. 覆盖地膜　温室采用地面覆盖地膜或作物秸秆，可以减少水分蒸发，这在作物生长前期特别重要。覆盖地膜由于地表蒸发的水蒸气会被地膜所阻挡而不扩散在空气中，可以减少地表水分蒸发所导致的空气相对湿度的升高。另一方面，原本会蒸发掉的水分被留在了土壤里，就可以供给植物生长用，这样，水也可以少浇几次。因此，铺地膜既能降湿，又能节水。据实验覆膜前夜间的相对湿度高达95%~100%，而覆膜后可以降低20%左右。但地面覆盖对有些作物是有限制的，比如当自然界日平均气温高于8℃后，如果不撤掉覆盖的地膜，有时会使白粉病等病害泛滥成灾。温室冬天生产最好是使用白色地膜，白色膜透光性比较好，在升温过程中，它的效果要比使用黑膜高3~4℃，对土壤温度提升是非常有利，地温的提高对植物生产是必要的。

6. 液体除湿　即用液体吸湿剂对温室内空气进行除湿，液体吸湿剂主要有氯化钙、氯化锂等水溶液和三乙二醇等。当温度一定时，所用吸湿剂的浓度越大其表面水蒸气分压越低，吸湿能力越强。吸湿后，随着溶液浓度的降低，吸湿能力逐渐下降，到一定程度时需要进行再生处理，才能重复使用。

7. 固体除湿　利用固体除湿剂表面的毛细管作用吸附空气中的水分，进而达到对空气进行除湿的目的。采用固体材料进行除湿具有制造容易、设备简单、成本较低、除湿效果好等优点。缺点是除湿量不稳定，具有使用寿命，过一段时间效果丧失。固体除湿剂主要有氯化钙、氯化锂、活性钒土、凹凸棒石黏土、膨润土、石膏、蒙脱石、海泡石、沸石、无机盐、芒硝、木炭、硝酸铵、干砖、分子筛、硅胶、氧化硅胶、氧化铝等。

8. 采用吸湿性较好的保温幕材料　采用透湿和吸湿性良好的保温幕材料，如无纺布和棉布等纤维材料能够阻止水蒸气在内表面结露，并且可防止露水落到植株上，从而降低空气湿度。

9. 自然吸湿　可以将一些农业常见的材料如秸秆（麦秸、玉米秸秆、稻草等）、草木灰、生石灰等铺在行间来吸附土壤和空气中的水蒸气，从而达到降低湿度的目的。这种方法的好处是材料易寻、廉价，在农业生产中随处可见，使用较为方便。

10. 中耕除湿　通过对土壤进行中耕，从而切断土壤中的毛细管，避免土壤毛管水上升到表层，进而避免土壤水分的大量蒸发，达到降低空气湿度的目的。

11. 采用无滴膜　温室薄膜表面的水滴多是造成温室内高湿的主要原因之一。这些小水滴是温室里的水蒸气遇到温度较低的棚膜时冷凝形成的，如果是一般的棚膜，这些小水滴就会留在上面，水蒸气不断地冷凝，小水滴就越来越多，还会结合成大水滴，这些大水滴大到一定程度，就会从棚顶落下来。严重的时候，温室里就像下雨一样，地上的植株就会被水滴打湿。在冬天，如果滴到植物表面上的话，会使植物容易发生病害。无滴膜的表面有一层活性助剂，可以使原本凝聚在棚膜内壁的小水滴不能凝聚成大水滴，而是铺展开形成一层极薄的透明水膜，这层水膜会顺着棚膜壁向下流，最后会流到棚膜前底脚的土里去。这样一来，水不但不会滴到作物上，还会被分流掉一部分，温室里的湿度也就会相应降低。

12. 采用防滴剂（流滴剂）、防雾剂　使用普通聚乙烯薄膜时，薄膜内壁常密布着水滴，为了防止和减少聚乙烯薄膜产生水滴，就必须使用防滴剂（流滴剂）、防雾剂。防滴剂在使用时一般采用外涂法，就是将防滴剂涂在塑料薄膜表面，使其具有亲水性，达到防水滴效果。一般的防滴剂虽有一定的表面活性，但在棚室降温、空气中的水汽达到饱和或过饱和时，不能使空气中的水汽迅速凝结在棚膜表面，因而使温室内产生雾气，就出现了防滴棚膜防滴不防雾，棚内雾气更重的实际问题。这时可以通过添加高表面活性的特殊表面活性剂（氟或硅表面活性剂）即防雾剂的办法来解决。通常防滴剂在水膜表面形成一层疏水基向外排列的无滴剂小分子层，影响雾滴进入水膜，但是含氟表面活性表面张力小，位阻也小，不影响雾滴进入水膜，使雾滴更易进入附着在棚膜表面的水滴或水膜从而可达到较好的除雾作用。

13. 使用保水剂　保水剂是一种高吸水性功能性高分子材料，所吸的水不能被简单的物理方法挤出，故有很强的保水性。由于分子结构交联，保水剂形状以颗粒和粉末状为主，白色，pH 中性，不溶于水，但能吸水膨胀，能吸收自身重量数百倍至上千倍的水分。温室内的空气湿度有一大部分是来自土壤的水分蒸发，应用保水剂则可起到保持土壤水分防止蒸发的作用，所以，理论上使用保水剂也可起到降低温室内空气湿度的作用。保水剂可以反复地吸收和释放水分，当水分充足时，保水剂自动吸水，而水分减少时则释放水分供种子和作物缓慢吸收，还可以有效抑制土壤水分的蒸发，提高土壤饱和含水量，减缓土壤释放水的速度及水分的渗透流失，达到降低空气湿度的目的。

14. 起垄（高畦）覆膜法　在温室中起出高 10~20 cm、宽 45~60 cm 的垄，将作物种植于垄上，垄间距 20~30 cm，作为灌溉沟，可用地膜将垄和沟覆盖。与不起垄的地块相比，起垄以后水是由两个垄之间的灌溉沟中流过，并且逐渐渗入两边的土壤中，这样，既让作物的根系得到充足的水分，减少用水量，又降低了温室内湿度。

另一种节水控湿的栽培方式即是高畦覆膜栽培，将起垄覆膜中的灌溉沟换成滴灌的管道。与起垄覆膜栽培相比，高畦覆膜栽培取消了浇水用的灌溉沟，将之换成了滴灌管，再用地膜进行覆盖，这种方式比起垄栽培更节水。

15. 加湿　日光温室在高温季节会遇到高温、干燥、空气湿度过低的问题，当温室内相对湿度低于40%时，就要采取加湿的措施。在一定的风速条件下，适当增加湿度可增大作物叶片气孔开度从而提高作物光合强度。常用的加湿方法主要有增加灌水、喷雾加湿与湿帘风机降温系统加湿等。在采用喷雾与湿帘加湿的同时，还可以达到降温的效果，一般可使室内相对湿度保持在80%左右，用湿垫加湿不仅降温、加湿效果显著、便于控制，还不会产生打湿叶片的现象。

第四节
日光温室气体环境特点与调控

在自然状态下生长发育的农作物与大气中的气体关系密切。日光温室内的气体条件不如光照和温度条件那样直观地影响园艺作物的生育，往往容易被人们所忽视。但随着设施内环境条件的不断完善，设施内气体成分和空气流动状况对作物生育的影响逐渐引起人们的重视。由于设施结构的密闭性阻断了内外气体的交换，设施内空气处于一个相对封闭的环境，加强气体的流动不但对温、湿度有调节作用，并且能够及时排出有害气体，同时补充二氧化碳，对增强作物光合作用、促进生育有着重要意义。因此，为了提高园艺作物的产量和品质，有必要对设施内的气体浓度及其成分进行调控。

一、设施内有害气体危害与通风措施

大气中含有的气体成分比较复杂，有些气体对园艺作物有毒害作用，设施栽培时要格外注意，因为一旦在比较密闭的环境中出现有害

气体，其危害作用比露地栽培大很多。常见的有害气体有氨、二氧化碳、乙烯、氟化氢、臭氧等。若用煤火补充加温时，还常发生一氧化碳、二氧化硫的毒害。当前普遍推广的日光温室中产生的有害气体主要不是来自煤燃烧，而往往是来自有机腐熟发酵过程的氨气，或有毒的塑料薄膜、管道挥发出的有害气体，如邻苯二甲酸二异丁酯，在高温下易挥发出乙烯，对作物产生毒害作用。当设施内通风不良，氨气在温室中积聚，浓度超过 5 mg/m^3，就会产生危害。若尿素施用过量又未及时盖土，在高温强光下分解时也会有氨气释放出来。

（一）常见有害气体及危害

1. 氨气和二氧化氮的产生和危害　肥料分解过程产生的氨气和亚硝酸气，其危害是由气孔进入体内而产生的碱性损害，特别是在过量使用鸡粪、尿素等肥料的情况下易发生。主要侵害植株的幼芽，使叶片周围呈水浸状，之后变成黑色而渐渐地枯死。这种危害往往在施肥后 10 d 左右发生。如果土壤呈碱性或一次施肥过多，使硝酸细菌作用下降，二氧化氮积累下来而后逐渐变为氨，使土壤变为酸性，在 pH 5 以下时则又挥发为二氧化氮。

空气内氨值达到 5 mg/m^3，二氧化氮气体达到 2 mg/m^3 时，从蔬菜外观上就可看出危害症状。氨主要危害叶绿体，使叶片逐渐变成褐色，以致枯死；二氧化氮主要危害叶肉，先侵入的气孔部分成为漂白斑点状，严重时，除叶脉外叶肉都漂白致死。番茄易受氨危害，黄瓜、茄子等易受二氧化氮气体危害。塑料棚或温室内附着的水滴 pH 4.5 以下，说明室内产生了对蔬菜作物有毒的亚硝酸气。亚硝酸气一般不侵害作物的新芽，只使中上部叶片背面发生水浸状不规则的白绿色斑点，有时全部叶片发生褐色小粒状斑点，最后逐渐枯死。

2. 二氧化硫和一氧化碳　设施内使用煤炉加热时，如果煤中含硫化物多，燃烧后产生二氧化硫气体；未经腐熟的粪便及饼肥等在分解过程中，也释放出大量的二氧化硫。二氧化硫遇水时产生亚硫酸，直接破坏作物叶绿体。设施内空气中二氧化硫含量达到 0.2 mg/m^3，经 3~4 d，作物表现出受害症状；达到 1 mg/m^3 左右，则 4~5 h 敏感的作物表现出明显受害症状；达到 20 mg/m^3 并且有足够的湿度时，则大部分作物受害，甚至死亡。

蔬菜受害的叶片先呈现斑点，进而失绿。浓度低时，仅在叶背出现斑点；浓度高时，整个叶片弥漫呈水浸状，逐渐失绿。失绿程度因作物种类而异，呈现白色斑点的有白菜、萝卜、葱、菠菜、黄瓜、番茄、辣椒、豌豆等，呈现褐色斑点的有茄子、胡萝卜、南瓜等，呈现黑烟色斑点的有蚕豆、西瓜等。

一氧化碳是由于煤炭燃烧不完全和烟道有漏洞、缝隙而排出的毒气，对生产管理人员危害最大，浓度高时可造成死亡。应当注意燃料充分燃烧，经常检查烟道以及强调保护设施的通风换气技术。燃烧煤、石油、焦炭产生的二氧化碳虽然能起到施肥的作用，但在燃烧过程中产生的一氧化碳和二氧化硫气体，对人体和蔬菜幼苗等均有危害。

3. 臭氧　臭氧所造成的受害症状随植物种类和所处条件不同。一般受害叶面变灰色，出现白色的荞麦皮状的小斑点或暗褐色的点状斑，或不规则的大范围坏死。受害的临界值大致为 0.05 mg/kg，1~2 h。臭氧可影响碳水化合物的代谢和细胞的透过率，氧化剂可影响酶的活性和细胞的结构，过氧硝酸乙酰还可以影响光合反应。当臭氧与二氧化碳共同存在时，会增大损害的严重程度。这种增大的作用在两种气体浓度较低时更为明显，当臭氧的浓度很高时，则表现出臭氧型损害症状。臭氧危害植物栅栏组织的细胞壁和表皮细胞，在叶片表面形成红棕色或白色斑点，最终可导致花卉等作物的枯死。

（二）设施内气流环境及调控

从调控设施的气体环境考虑，应当经常将通风窗、门等打开，以利排出有害气体和换入新鲜气体。越是在寒冷的季节越须注意通风换气，因为通风换气与防寒保温往往是有矛盾的。在清晨温度较低时，往往室内的有害气体最多，空气湿度较高，二氧化碳最少，此时应进行通风换气，排出有害气体，降低湿度减轻病害，同时补充二氧化碳。这也说明了设施内各个环境因子之间不是孤立的，在设施内气流环境调控中需要综合考虑各因子之间的关系。

1. 自然通风　目前小型日光温室内主要依靠自然通风，利用设施内外气温差产生的重力达到换气目的，效果明显。

1）底窗通风型。从门和边窗进入的气流沿着地面流动，大量冷空气随之进入室内，形成室内不稳定气层，把室内原有的热空气顶向设施的上部，在顶部形成一个高温区。而在棚四周或温室底部和门口附近，常有 1/5~1/4 的面积受扫地风危害，造成作物生长缓慢，因此初春时，应避免底窗，门通风。必须通风时，在门下部 50 cm 高处用塑料薄膜挡住。日光温室与塑料大棚目前底窗与侧窗通风时，多用扒缝方式，通风口不开到底，多在肩部开缝，以避免冷空气直入危害。

2）天窗通风型。开窗通风包括开天窗和顶部扒缝，天窗面积是固定的，通风效果有限不如扒缝的好。天窗的开闭与当时的风向有关，顺风开启排气效果好；逆风开启时增加进风量，排气的效果就差。天窗的主要作用是排气，所以最好采用双向启闭的风窗，尽量保持顺风开窗的位置，才有利于排气。扒缝通风的面积可随室温和湿度高低调节，调节控制效果好。

3）底窗、天窗通风型。天窗主要起排气作用，底窗或扒底缝主要是进气，从侧面进风，冷气流进入室内，将热空气向上顶，所以排气效果特别明显。一般进入设施内的风速，迅速减弱，春季通风时间极短或不通风，通风面积控制在 2%~5%。随着季节和外部气温的变化，开窗时间、面积要随之加长加大。在 5 月中旬以后最高气温可达 40℃左右，此时开窗或扒缝面积要占到围护结构总面积的 25%~30%。

2. 强制通风　对于大型温室，在通风的出口和入口处增设动力扇，吸气口对面装排风扇，或排气口对面装送风扇，使室内外产生压力差，形成冷热空气的对流，从而达到通风换气目的。强制通风一般有温度自控调节器，它与继电器相配合，排风扇可以根据室内温度变化情况自动开关。通过温度自动控制器，在室温超过设定温度时即进行通风。

二、设施内二氧化碳施肥装置与技术

（一）设施内二氧化碳的变化特征

二氧化碳是光合作用的重要原料之一，在一定范围内，植物的光合产物随二氧化碳浓度的增加而提高，因而了解温室大棚内二氧化碳的浓度状况和变化特征对促进作物生长、增加产量、发展生产十分重要，二氧化碳不足往往是作物高产的限制因子。

大气中二氧化碳含量一般约为 0.03%，大棚空气中二氧化碳含量随着作物的生长和天气的变化而变化。一般说来，大棚中二氧化碳浓度夜间比白天高，阴天比晴天高，夜间作物通过呼吸作用，排出二氧化碳，使棚内空气中二氧化碳含量相对增加；早晨太阳出来后，作物进行光合作用而吸收、消耗二氧化碳，消耗逐渐大于补充，使棚内二氧化碳浓度降低。一般揭开不透明覆盖物 2 h 就降至补偿点以下。尤其是晴天 9~11 时，棚内绿色作物光合作用最强，二氧化碳浓度急剧下降，由于得不到及时补充，一般在 11 时降至 0.01%，甚至降至 0.005%，光合作用减弱，光合物质积累减少，影响作物产量。

作物不同生育期，二氧化碳浓度也不同。作物在出苗前或定植前，因呼吸强度大，排出二氧化碳量也较大，棚内二氧化碳浓度较高；在出苗后或定植后，因呼吸强度比出苗前或定植前弱，排出的二氧化碳量小，大棚内二氧化碳浓度相对较低。

另外，二氧化碳浓度与大棚容积有关。一般大棚容积越大，二氧化碳出现最低浓度的时间越迟。

温室或大棚生产使用加热或降温的方法使室内温度适于作物生长，但由于与外界大气隔绝，也有两个不利因素：一是降低了太阳辐射透射率，二是影响了与外界的气体交换。特别是在白天太阳升起后，作物进行光合作用，随着室内温度的升高，很快消耗掉大量的二氧化碳，而此时室内温度还没能升高到能够放风的温度，因此必须采取补充二氧化碳的措施。

（二）增加设施内二氧化碳的方法

温室内二氧化碳的增施主要采用以下四种方式：①施用固体二氧化碳。②采用二氧化碳发生器于棚内施用二氧化碳气肥，放气量和放气时间可根据面积、天气、作物叶面系数等调节，主要使用碳酸氢铵加硫酸、碳酸氢钠加硫酸、石灰石加盐酸等产生二氧化碳。③采用燃烧沼气增补二氧化碳。④施用液态二氧化碳。液态二氧化碳是乙醇工业的副产品，也是制氧工业、化肥工业的副产品，经压缩装在钢瓶内，可直接在棚内释放。

1. 施固态二氧化碳气肥　固体二氧化碳施用法较简单，买来配好的固体二氧化碳气肥或二氧化碳颗粒剂，按说明施用即可。市场上二氧化碳气肥大致有两类：一种为袋装气肥，即用塑料袋，分上、下两层分装填料，使用时让两种填料接触混合并在塑料袋指定位置打孔释放二氧化碳；另一种为固体颗粒，施用时埋入土壤中缓慢释放二氧化碳。施用商品气肥比较省力，但可控性差，在不需要增施二氧化碳的时候不能停止，浪费较为严重。

2. 化学反应法　通常采用碳酸氢铵加硫酸、石灰石加盐酸或硝酸等方法。其中碳酸氢铵－硫酸法取材容易，成本低，操作简单，易于推广，反应生成的副产物硫酸铵用水稀释 100 倍后可做氮肥，可用于田间追肥，每个生长期使用 30~35 d。在特制容器内反应，产生的二氧化碳通过排气管释放到温室中，其反应速度会随硫酸浓度和外界温度的增高而加快，但温度过高易引起碳酸氢铵的分解，产生氨中毒，因此外界温度不宜太高。

一般在 1 亩日光温室中，均匀布置 35~40 个容器。容器可用塑料盆、瓷盆、坛子和花盆等，内铺垫薄膜，不能使用金属器皿。由于二氧化碳密度大，容器要悬挂在适宜的高度，一般挂在作物生长点上方 20 cm 处。将 98% 的工业用硫酸与水按 1∶3 比例稀释，并搅拌均匀。在配制稀硫酸溶液时，应戴胶皮手套，穿上长筒胶鞋，系上胶面围裙，做好防护准备。把硫酸缓慢倒入水中，切忌将水倒入浓硫酸中，稀硫酸约占容器的 1/3。在每个容器内，每天加入碳酸氢铵 1 350 g（40 个容器）或 1 545 g（35 个）容器，可满足 1 亩日光温室产生 1 000 mg/m^3 二氧化碳的需要。

3. 燃放沼气　配合生态型日光温室建设，利用沼气进行二氧化碳施肥，是一种较为实用的二氧化碳施肥技术。具体方法是：选用燃烧比较完全的沼气等或沼气炉作为燃放器具，温室内按每 50 m^2 设置一盏沼气灯，每 100 m^2 设置一台沼气灶。每天日出后燃放，燃烧 1 m^3 沼气可获得大约 0.9 m^3 二氧化碳。一般棚内沼气池寒冷季节产沼气量为 0.5~1.0 m^2/d，它可使温室内的二氧化碳浓度达到 0.1%~0.16%。在棚内二氧化碳浓度到 0.1%~0.12% 时停燃，并关闭大棚 1.5~2 h，棚温升至 30 ℃，开棚降温。

施放二氧化碳后，水肥管理必须及时跟上。

4. 液态二氧化碳（钢瓶） 瓶装压缩液态二氧化碳保存在高压金属钢瓶内，钢瓶压力为 11~15 MPa。利用瓶装液态二氧化碳为温室施肥，其浓度能得到较为精确的控制。采用瓶装压缩二氧化碳施肥，可以在设定的时间间隔内，给作物生长空间施放一定数量的二氧化碳。调压器将二氧化碳气体压力从 11~15 MPa 的高压降低到 0.7~1.4 MPa，在这个低压水平上流量计可以工作。在电磁阀打开的期间，通过流量计送出一定体积的二氧化碳给生长区域内的植物。时间控制器用来控制施肥的时间和电磁阀每次的打开时间以及维持工作的时间。

瓶装压缩二氧化碳施肥的优点是控制精确度较高，配套设备现成，初始安装好以后，运行费用较低，但液态二氧化碳汽化后吸热从而会降低温室内的温度。

另外，有机堆肥产生二氧化碳。有机肥如人畜粪肥、作物秸秆、杂草落叶在细菌的作用下，分解产生二氧化碳，这个过程为堆肥。温室内可以利用有机堆肥产生二氧化碳作为气源，来提高室内二氧化碳浓度。但是有机物质分解释放出的二氧化碳量随着时间而递减，施肥肥源存在不稳定的因素。秸秆生物反应堆最近几年得到一定面积的推广，该技术利用秸秆并加入微生物菌种、催化剂和净化剂，在通氧的条件下产生二氧化碳、水、热和矿物质元素。秸秆生物反应堆主要有行下内置式和行间内置式及外置式等应用方式。

（三）二氧化碳施用期间的栽培管理

1. 光照管理 光照度是作物光合作用中影响最大的一个因子，当光照度一定时，增加二氧化碳浓度会增加光合量。日本和荷兰学者的试验说明，只有在光照度达到 2 600~2 800 lx 以上，才能明显看出使用二氧化碳气肥增加光合量的效果。因此，在冬春季节里，要注意增强温室的透光率，提高室内的光照度。

2. 温度管理 温度对光合作用有直接影响，过高过低都不利。一般果菜类蔬菜光合作用适宜温度范围为白天 20~30℃，夜间 13~18℃。

3. 湿度管理 各种作物要求不同的空气相对湿度，如黄瓜适宜的相对湿度为 80%，辣椒为 85%，番茄为 45%~50%。

4. 灌水和施肥管理　由于施用二氧化碳气肥，增强了作物的生理机能，引起吸收肥力的提高。如果土壤干燥，叶片萎蔫，光合作用会显著减少，应保持土壤湿润，但不可大量灌水。施肥方面不再增加施肥量，除非土壤太薄、基肥不足可以增加氮肥。

第五节 日光温室土壤环境特点与调控

土壤是园艺作物赖以生存的基础，园艺作物生长发育所需要的养分与水分，都需要从土壤中获得，所以园艺设施内的土壤营养状况直接关系作物的产量和品质，是十分重要的环境条件。

设施土壤的肥沃主要表现在能充分供应和协调土壤中的水分、养料、空气和热能以支持作物的生长和发育。土壤中含有作物所需要的有效肥力和潜在肥力，采用适宜的耕作措施，能使土壤达到熟化的要求，并使潜在肥力转化为有效肥力。通过耕作措施使土层疏松深厚，有机质含量高，土壤结构和通透性能良好，蓄保水分、养分和吸收能力高，微生物活动旺盛等，都是促进园艺作物生长发育的有利土壤环境。

一、园艺作物对土壤环境的要求

（一）园艺作物对土壤水肥的要求

有专家进行试验，蔬菜需要的氮肥浓度比水稻高 20 倍，磷肥高 30 倍，钾肥高 10 倍。一些设施栽培发达的国家，十分重视培肥土壤，温室内土壤的有机质含量高达 8%~10%，而我国只有 1%~3%，相差悬殊。说明设施蔬菜栽培要获得高产优质，有机肥必须要有充足的保证。设施栽培作物复种指数高，单位面积的产量也高，因此也必须要有水肥保证。

（二）土壤性状与园艺植物的关系

园艺作物要求土层深厚，果树和观赏树木要求至少 80 cm 的深厚土层，蔬菜和一年生花卉要求 20~40 cm。而且地下水位不能太高，因为设施栽培多在冬春寒冷季节进行，地下水位高影响地温不易上升，要求至少在 100 cm 以下为好。园艺作物设施栽培要求土壤质地以壤土最好，通透性适中，保水保肥力好，而且有机质含量和温度状况较稳定。

（三）蔬菜对设施土壤环境比较敏感，要求更为严格

因为蔬菜作物根系的阳离子代换量比较高,所以吸收能力强。例如，黄瓜、茄子、橄榄、莴苣、菜豆、白菜等根系的阳离子代换量每 100 g 干根都高于 40~60 mmol/L；葱蒜类蔬菜低一些。蔬菜作物喜硝态氮肥，而对铵态氮肥比较敏感，施用量过多时，会抑制钙和镁的吸收，从而导致生育不良、产量下降。我国日光温室冬季生产基本不加温，地温比较低，在土壤低温条件下，硝化细菌的活动性较弱，土壤中有机质矿化释放出的铵态氮和施入土壤的铵态氮化肥，不能被及时地氧化成硝态氮。铵态氮在土壤中积累，容易导致蔬菜铵中毒，这种毒害作用低温下比常温更明显。

（四）蔬菜和一些花卉的根系需氧量高

当土壤透气性差而缺氧时，易发生烂根，导致死亡。如兰科、仙人掌科的花卉，观叶植物；蔬菜中的黄瓜、菜豆、甜椒等都对土壤缺氧敏感。

（五）土壤阳离子浓度

蔬菜对土壤阳离子浓度比较敏感，土壤阳离子浓度过高，影响园艺作物的生育，会使植株矮小，叶缘干枯，生长不良，根系变褐乃至枯死。

二、园艺设施土壤环境特点及对作物生育的影响

园艺设施，如温室和塑料拱棚内温度高，空气湿度大，气体流动性差，光照较弱，而作物种植次数多，生长期长，故施肥量大，根系残留量也较多，因而使得土壤环境与露地土壤大不相同，影响设施作物的生育。

（一）设施内土壤水分与阳离子运移方向与露地不同

由于温室是一个封闭的或半封闭的空间，自然降水受到阻隔，土壤受自然降水自上而下的淋溶作用几乎没有，使土壤中积累的阳离子不能被淋洗到地下水中。由于设施内温度高，作物生长旺盛，土壤水分自下而上的蒸发与作物蒸腾作用比露地强，根据阳离子随水走的规律，也加速了土壤表层积聚了较多的阳离子。

（二）大量施肥，养分残留量高，土壤阳离子浓度过高，产生次生盐渍化

设施生产多在冬春寒冷季节进行，土壤温度也比较低，施入的肥料不易分解和被作物吸收，也容易造成土壤内养分的残留。生产者盲目认为肥料越多越好，往往采用加大施肥量的方法，但是由于地温低，作物吸收能力不足，结果适得其反，尤其当铵态氮浓度过高时危害最大。

（三）土壤有机质含量高

包含有机质总量和易氧化的有机质含量高，土壤松解态的腐殖质含量高，胡敏酸比例也高，说明有机质的质量提高，这对作物生育是有利的。

（四）连作障碍

设施内作物栽培的种类比较单一，为了获得较高的经济效益，往往连续种植产值高的作物，而不注意轮作换茬。久而久之，使土壤中的养分失去平衡，某些营养元素严重亏缺，而某些营养元素却因过剩而大量残留于土壤中，产生连作障碍。露地栽培轮作与休闲的机会多，

上述问题不易出现。

（五）土壤生物环境特点

设施内作物栽培的环境比较温暖湿润，为一些土壤中的病虫害提供了越冬场所，土传病虫害严重，使得一些在露地栽培可以消灭的病虫害，在设施内难以消灭。例如根结线虫，温室土壤内一旦发生就很难消灭。黄瓜枯萎病的病原菌孢子是在土壤中越冬的，设施土壤环境为其繁衍提供了理想条件，发生后也难以根治。当温室内作物连作时，由于作物根系分泌物质或病株的残留，不仅会引起土壤中生物条件的变化，也会引起连作障碍。

三、园艺设施土壤环境的调节与控制

（一）平衡施肥减少土壤中的阳离子积累，是防止设施土壤次生盐渍化的有效途径

过量施肥是蔬菜设施土壤阳离子的主要来源，目前我国在设施栽培尤其是蔬菜栽培上盲目施肥现象非常严重，化肥的施用量一般都超过蔬菜需要量的一倍以上，大量的养分积累在土壤中，使土壤溶液的阳离子浓度逐年升高，土壤发生次生盐渍化，引起生理病害加重。要解决此问题，必须根据土壤的供肥能力和作物的需肥规律，进行平衡施肥。在参考大田作物和蔬菜配方施肥研究成果的基础上，根据我国设施蔬菜生产特点，现以蔬菜作物为例，提出如下配方施肥技术方案供参考。

1. 土壤养分平衡法　蔬菜配方施肥是在使用有机肥的基础上，根据蔬菜的需肥规律，土壤的供肥特性和肥料效应，提出氮、磷、钾和微量元素肥料的适宜用量以及相应的施用技术。有关配方施肥的技术方案较多，本方案以土壤养分平衡法和土壤有效养分校正系数法为基础，介绍氮、磷、钾大量元素配方施肥方案和技术。

$$\text{计划产量施肥量}=\frac{\text{计划产量吸肥量}-（\text{有机肥供肥量}+\text{土壤供肥量}）}{\text{肥料的有效养分含量}\times\text{肥料利用率}}$$

计划产量施肥量是指在一定的计划产量条件下，需要施入土壤氮、磷、钾肥的数量，单位可以按 kg/hm^2 计。

2. 土壤有效养分校正系数法　土壤有效养分校正系数法，是在土壤养分平衡法的基础上提出的。在土壤养分平衡法中，获得土壤供肥量参数，需要在田间布置缺氮、缺磷、缺钾试验，并分别通过不施氮、磷、钾试验区的产量及蔬菜 100 kg 经济产量吸肥量，分别计算出土壤的氮、磷、钾的供肥量。而用土壤有效养分校正系数法可以不用进行上述试验，通过土壤养分测定和土壤有效养分校正系数来计算出土壤的供肥量。计算公式如下：

$$计划产量施肥量=\frac{计划产量吸肥量-有机肥供肥量-(0.15N_s r)}{肥料的有效养分含量\times 肥料利用率}$$

式中　N_s——土壤的有效养分测试值（mg/kg）；

0.15——土壤养分测试值转换成每亩土壤耕层有效养分含量的千克数；

r——土壤的氮、磷、钾的有效养分校正系数。

氮、磷、钾化肥的具体施用技术，可根据不同蔬菜品种的需肥规律和有关栽培措施来定。一般磷肥作基肥一次性施用；钾肥可与磷肥一样，一次性作基肥施用，也可以分两次施用，2/3 作基肥，1/3 作追肥；氮肥的施用方式较多，一般以 1/3 作基肥，2/3 作追肥，并分 2~3 次追施。

3. 几种设施栽培蔬菜配方施肥技术

1）黄瓜。生产 1 000 kg 黄瓜需纯氮 2.6 kg，五氧化二磷 1.5 kg，氧化钾 3.5 kg。每亩产黄瓜 4 000~5 000 kg 需纯氮 10.4~13 kg，五氧化二磷 6~15 kg，氧化钾 14~15.7 kg。

定植前每亩施有机肥 5 000 kg，过磷酸钙 30~40 kg，硫酸钾 20~25 kg。结瓜初期进行第一次追肥，每亩施纯氮 3~4 kg，氧化钾 4~6 kg。盛瓜初期进行第二次追肥，每亩施纯氮 3~4 kg，氧化钾 5~6 kg。盛瓜中期进行第三次追肥，每亩施纯氮 3~4 kg。

2）番茄。生产 1 000 kg 番茄需纯氮 3.9 kg，五氧化二磷 1.2 kg，氧化钾 4.4 kg。每亩产番茄 4 000~5 000 kg，需纯氮 15.4~19.3 kg，五氧化二磷 4.6~5.8 kg，氧化钾 17.8~22.2 kg。

定植前，每亩施腐熟有机肥 3 000~5 000 kg，过磷酸钙 30~50 kg 或磷酸二胺 10~15 kg,硫酸钾 6~7 kg。有机肥和化肥混合后均匀撒施地表，并结合整地翻入土壤中。一般在第一穗果开始膨大时,进行第一次追肥，每亩施纯氮 5~6 kg，氧化钾 6~7 kg。第二次追肥是在第一穗果即将采收第二穗果膨大时，每亩施纯氮 5~7 kg。第三次追肥在第二穗果即将采收第三穗果膨大时，每亩施纯氮 5~6 kg。

3）甜椒。生产 1 000 kg 甜椒需纯氮 5.2 kg，五氧化二磷 1.1 kg，氧化钾 6.5 kg。每亩产甜椒 4 000~5 000 kg，需纯氮 21~26 kg，五氧化二磷 30~40 kg，氧化钾 26~32 kg。

基肥施用方式和施用量同番茄。当蹲苗结束第一个果（门椒）膨大时，进行第一次追肥，每亩施纯氮 5~6 kg，氧化钾 6~8 kg。当第一个果即将采收，第二层果实（对椒）和第三层果实继续膨大时，为需肥高峰期，第二次追肥应重施，每亩施纯氮 7~8 kg，氧化钾 5~7 kg。之后半个月左右进行第三次追肥，施肥量同第二次。15~20 d 后，进行第四次追肥，施肥量同第一次。

（二）合理灌溉，降低土壤水分蒸发量，有利于防止土壤表层盐分积聚

设施栽培土壤出现次生盐渍化并不是整个土体的盐分含量高，而是土壤表层的盐分含量超出了作物生长的适宜范围。土壤水分的上升运动和通过表层蒸发是使土壤盐分积聚在土壤表层的主要原因。灌溉方式和质量是影响土壤水分蒸发的主要原因，漫灌和沟灌都将加速土壤水分蒸发，易使土壤盐分向表层积聚。滴管和渗灌是最经济的灌溉方式，同时又防止土壤下层盐分向表层积聚，是较好的灌溉方式。近几年，有的地区采用膜下滴灌的办法代替漫灌和沟灌，对防止土壤次生盐渍化起到了很好的作用。

（三）增施有机肥，使用秸秆,降低土壤盐分

设施内宜施用有机肥，因为其肥效缓慢，腐熟的有机肥不易引起盐类浓度上升，还可改进土壤的理化性状，疏松透气，提高含氧量，对作物根系有利。设施内土壤的次生盐渍化与一般土壤盐渍化的主要区别在于盐分组成，设施内土壤次生盐渍化的盐分是以硝态氮为主，

硝态氮占到阴离子总量的 50% 以上。因此，降低设施土壤硝态氮含量是改良次生盐渍化土壤的关键。

施用作物秸秆是改良土壤次生盐渍化的有效措施，除豆科作物的秸秆外，其他禾本科作物秸秆的碳氮比都较宽，施入土壤以后，在被微生物分解过程中，能够同化土壤中的氮素。据研究，1 g 没有腐熟的稻草可以固定 12~22 mg 无机氮。在土壤次生盐渍化不太重的土壤上，每亩施用 300~500 kg 稻草较为适宜。在施用以前，先把稻草切碎，一般长度应小于 3 cm，施用时要均匀地翻入土壤耕层。也可以施用玉米秸秆，施用方法与稻草相同。施用秸秆不仅可以防止土壤次生盐渍化，而且还能平衡养分，增加土壤有机质含量，促进土壤微生物活动，降低病原菌的数量，减少病害。

（四）换土、轮作和无土栽培

换土是解决土壤次生盐渍化的有效措施之一，但是劳动强度大不易被接受，只适合小面积应用。轮作或休闲也可以减轻土壤的次生盐渍化程度，达到改良土壤的目的，如蔬菜保护设施连续使用几年以后，种一季露地蔬菜或一茬水稻，对恢复地力、减少生理病害和病菌都有显著作用。

当设施内的土壤障碍发生严重，或者土传病害泛滥成灾，常规方法难以解决时，可采用无土栽培技术。

（五）土壤消毒

土壤中有病原菌、害虫等有害生物和微生物、硝酸细菌、亚硝酸细菌、固氮菌等有益生物。正常情况下它们在土壤中保持一定的平衡，但连作由于作物根系分泌物质的不同或病株的残留，引起土壤中生物条件的变化而打破平衡，造成连作危害。设施栽培有一定空间范围，为了消灭病原菌和害虫等有害生物，可以进行土壤消毒。

1. 药剂消毒　根据药剂的性质，有的灌入土壤中，也有的洒在土壤表面。使用时应注意药品的特性，兹举几种常用药剂为例说明。

1）甲醛（40%）。用于温室或温床土消毒，消灭土壤中的病原菌，同时也可杀死有益微生物，使用浓度 50~100 倍。使用时先将温室或温床内土壤翻松，然后用喷雾器均匀喷洒在地面上再稍翻一下，使耕作层土壤都能沾着药液，并用塑料薄膜覆盖地面保持 2 d。甲醛充分发挥杀菌作用以后揭膜，打开门窗，使甲醛散发出去，2 周后才能使用。

2）硫黄粉。用于温室及床土消毒，消灭白粉病菌、红蜘蛛等，一般在播种前或定植前 2~3 d 进行熏蒸。熏蒸时要关闭门窗，熏蒸一昼夜即可。

3）氯化苦。主要用于防治土壤中的线虫，将床土堆成高 30 cm 的垄，宽由覆盖薄膜的幅度而定，每 30 cm^2 注入药剂 3~5 mL 至地面下 10 cm 处，之后用薄膜覆盖 7 d（夏）到 10 d（冬），然后将薄膜打开放风 10 d（夏）到 30 d（冬），待没有刺激性气味后再使用。使用本药剂同时可杀死硝化细菌，抑制氨的硝化作用，但在短时间内即能恢复。该药剂对人体有毒，使用时要开窗，使用后密闭门窗保持室内高温能提高药效，缩短消毒时间。

上述三种药剂在使用时都要提高室内温度，使土壤温度达到 15~20℃，10℃以下不易使药物汽化，效果较差。采用药剂消毒时，可使用土壤消毒机，使液体药剂直接注入土壤到达一定深度，并使其汽化和扩散。面积较大时须采用动力式消毒机。动力式消毒机按照运作方式有犁式、凿刀式、旋转式和注入棒式四种类型，其中凿刀式消毒机，是悬挂到轮式拖拉机上牵引作业。作业时凿刀插入土壤并向前移动，在凿刀后部有药液注入管将药液注入土壤之中，之后以压土封板镇压覆盖。与线状注入药液的机械不同，注入棒式土壤消毒机利用回转运动使注入棒上下运动，以点状方式注入药液。

2. 蒸汽消毒　蒸汽消毒是土壤热处理消毒中最有效的方法，以杀灭土壤中有害微生物为目的。大多数土壤病原菌用 60℃蒸汽消毒 30 min 即可杀死，但对烟草花叶病病毒等病毒，需要 90℃蒸汽消毒 10 min。多数杂草种子，需要 80℃左右的蒸汽消毒 10 min 才能杀死。土壤中除病原菌之外，还存在很多氨化细菌和硝化细菌等有益微生物，若消毒方法不当，也会引起作物生育障碍，必须掌握好消毒时间和温度。

蒸汽消毒的优点：①无药剂的毒害。②不用移动土壤，消毒时间短、省工。③因通气能形成团粒结构，提高土壤的通气性、保水性和保肥性。④能使土壤中不溶态养分变为可溶态，促进有机物的分解。⑤能和加热锅炉兼用。⑥消毒降温后即可栽培作物。

土壤蒸汽消毒一般使用内燃式炉筒、烟管式锅炉。燃烧室燃烧后的气体从炉筒经烟管从烟囱排出。在此期间传热面上受热的水在蒸汽室汽化，饱和蒸汽进一步由燃烧气体加热。为了保证锅炉的安全运行，以最大蒸发量要求设置给水装置，蒸汽压力超过设定值时安全阀打开，安全装置起作用。

在土壤或基质消毒之前，须将待消毒的土壤或基质疏松好，用帆布或耐高温的厚塑料膜覆盖在待消毒的土壤或基质表面上，四周要密封，并将高温蒸汽输送管放置到覆盖物之下。每次消毒的面积与消毒机锅炉的能力有关，要达到较好的消毒效果，每平方米土壤每小时需要 50 kg 的高温蒸汽。也有几种规格的消毒机，因有过热蒸汽发生装置，每平方米土壤每小时只需要 45 kg 的高温蒸汽就可达到预期效果。根据消毒深度的不同，每次消毒时间的要求也不同。需要说明的是，因消毒的各种相关因素和条件，如土壤类型、天气等差异很大，消毒时间要视情况而定。

第六节
日光温室综合环境调控

环境调控是运用各种手段来改善不适环境条件，创造适宜作物生长、发育的环境条件的过程。现代温室生产的一个关键特征是，根据户外天气条件和作物生长发育阶段、环境控制设备的使用环境条件等有效控制温室从而进行连续生产和管理，最终有效平衡生产各种蔬菜、水果、花卉、药材等。温室环境控制是所有室内环境控制中最困难的。一般建筑物几乎不受阳光影响，温室则不然，室外环境状况对温室环境控制有着决定性的影响。一般的环境控制多只针对气温及湿度等，温室的环境控制则还需同时考虑光量、光质、光照时间、气流、植物保护、二氧化碳浓度、水温、水量、溶氧、EC、pH 等其他因素。

一、国外温室环境控制技术现状

国外的现代温室较我国发展较快，由于西方发达国家在温室产业上的投入和补贴较多，因此荷兰、美国、日本、以色列等国家的温室环境控制技术都比较先进和成熟，其育苗技术、栽培技术、农产品深加工技术、农业自动化技术及智能控制技术等都具有较高的技术水准，并形成了完整的设施农业栽培销售体系，居世界领先地位。

荷兰这个国家土地资源十分匮乏，只能依靠围海、围湖造田等手段扩大耕地，大力发展农业，温室产业是荷兰最具特色的农业产业，目前，荷兰温室建筑面积为 1.1 万 hm^2，占全世界玻璃温室面积的 1/4。荷兰是一个低地国家，全国有 1/4 耕地低于海平面，又是世界人口密度最大的国家之一。其依靠现代农业，成为仅次于美国、法国的世界第三大农业出口国。荷兰温室及配套设施的生产完全靠高度社会化、专业化和国际化的市场体系在运行。

美国有着发达的设施栽培技术，在强大的工业技术支撑下，在设施优良品种、温室降温设备、环境控制的传感器设备方面处于世界领先地位。美国农业设备制造商有 100 多家，其综合环境控制技术水平非常高。美国温室面积约 1.9 万 hm^2，多数为玻璃温室，少数是双层充气塑料薄膜温室，近几年也建造了少量聚碳酸酯板温室。

日本是一个气候条件比较恶劣、土地贫瘠的岛国，20 世纪 60 年代快速发展现代设施园艺业，70 年代进入高速发展期。日本利用计算机控制温室环境因素的方法，主要是将各种作物不同生长发育阶段所需要的环境条件输入计算机程序，当某一环境因素发生改变时，其余因素自动做出相应修正或调整。一般以光照条件为始变因素，温度、湿度和二氧化碳浓度为随变因素，使这四个主要环境因素随时处于最佳配合状态。日本研制的蔬菜塑料大棚在播种、间苗、运苗、灌水、喷药等作业的自动化和无人化管理方面都有应用。日本的农业以生产水稻为主，塑料大棚和其他设施在日本得到了普遍的应用。日本还开发了采用计算机和专用设施栽培控制机组成的网络系统，可将多台控制计算机系统集中管理。

二、我国温室环境控制技术现状

我国温室环境控制技术最早发展于20世纪80年代初，通过对国外先进技术的学习和引进，我国温室产业开始了工业化进程。由于当时只注重引进温室设备，而忽略了温室的管理技术和栽培技术，且引进的温室能耗过高，致使企业相继亏损或停产。“九五”初期，以以色列温室为代表的北京中以示范农场的建立，拉开了我国第二次学习和引进国外现代温室技术的序幕，随后我国加大了对农业科技的投入，我国温室产业进入了一个高速发展期，温室逐步向规模化、集约化和科学化方向发展，技术水平有了大幅度提高。进入21世纪后，随着相关研究项目开始，我国在学习的基础上，吸收国外先进技术成果，发展出了符合中国特色的温室技术，尤其是温室环境自动监测技术已迅速发展，种植面积和控制水平持续提高。

在“九五”攻关项目中国家启动了有关温室设施及配套装备的研制课题；2001年，在“十五”攻关项目中启动了“温室环境智能控制关键技术研究与开发”课题；2001年，“863”计划“可控环境农业生产技术”研究内容包含研制可控环境自动控制系统、信息自动采集系统等；2003年，启动了“设施农业技术集成产业化示范”课题；国家自然科学基金生命科学部对设施园艺也设立了重点项目。这些都说明在设施环境中，控制技术是相当重要的。温室控制涉及硬件结构和控制算法等问题，我国先后从荷兰、以色列等国引进了四十多套大中型温室，对于学习、吸收国外先进的温室生产经验起到了积极作用。但是由于我国的设施大都比较简单，大量的作业和调整都要人工操作，作物生长小环境中环境因子调控程度很低，这样使温室生产的生产潜力和生产效率与国外的工厂化生产相比尚有很大差距。近些年,我国科技人员在夏季降温、冬季加温等技术方面取得了不少进展，国内部分公司开始引进以色列ELDAR-SHANY公司的灌溉系统和计算机控制系统，并结合自身现有技术开发成套的温室产品。

三、智能温室环境控制系统

随着科技的发展，农业也在向现代化设施农业发展，越来越多的现代化技术投入到农业生产之中，智能温室配备了由计算机控制的可移动天窗、遮阳系统、保温保湿帘、降温系统等自动化设施，对温室内的空气温度、土壤温度、相对湿度等参数进行自动调节检测，创造植物生长的最佳环境，使温室内的环境接近人工设想的理想值，满足植物生长发育的需求，以增加温室产品产量，提高劳动生产率。智能温室控制主要根据外界环境的温度、湿度、光照，以及风速、雨量等气候因素，来控制温室内的温度、湿度、通风、光照，创造出适合作物生长的最佳环境，同时控制影响作物的各种营养元素进行动态配给。

（一）国内外智能环境控制温室技术现状

1. 国外研究进展　随着微型计算机技术的进步和价格的大幅度下降，以及对温室环境要求的提高，以计算机为核心的温室综合环境控制系统，在欧美和日本获得长足的发展，并迈入网络化、智能化阶段。国外现代化温室的内部设施已经发展到比较完善的程度，并形成了一定的标准。温室内的各环境因子大多由计算机集中控制，因此检测传感器也较为齐全，如温室内外的温度、湿度、光照度、二氧化碳浓度、营养液浓度等，由传感器的检测基本上可以实现对各个执行机构的自动控制，如无级调节的天窗通风系统、湿帘与风扇配套的降温系统、可以自动收放的遮阴幕或寒冷纱、由热水锅炉或热风机组成的加温系统、可定时喷灌或滴灌的灌溉系统以及二氧化碳施肥系统，有些还配有屋面玻璃冲洗系统、机器人自动收获系统，以及适用于温室作业的农业机械等。计算机对这些系统的控制已不是简单的、独立的、静态的直接数字控制，而是基于环境模型上的监督控制，以及基于专家系统的人工智能控制，可以为温室管理者提供包括作物种植的经济分析、病虫害防治在内的管理与决策系统信息。世界发达国家如荷兰、美国、英国等大力发展集约化的温室产业，已经研制成功对温室内温度、湿度、光照、气体交换、滴灌、营养液循环等实现自动控制的现代化高科技温室，甚至于育苗、移栽、清洗、包装等也实现了机械化、自动化。

现在，日本、荷兰、美国、以色列等发达国家可以根据温室作物的要求和特点，对温室内的诸多环境因子进行调控。美国和荷兰还利用差温管理技术，实现对花卉、果蔬等产品的开花和成熟期进行控制，以满足生产和实践的需要。研究的现状正朝着完全自动化和无人化方向发展。日本还利用传感器和计算机技术，进行多因素环境远距离控制装置的开发。英国农业部在一些农业工程研究所里正进行温室环境（温室小环境，温、光、湿、通风、二氧化碳施肥等）与生理、温室环境因子的计算机优化和温室自动控制系统等的研究。

2. 国内研究进展　国内对温室环境控制技术的研究起步较晚。自20世纪80年代以来，我国工程技术人员在吸收发达国家高科技温室生产技术的基础上，进行了温室中温度、湿度和二氧化碳等单项环境因子控制技术的研究。实践证明，单因子控制技术在保证作物获得最佳环境条件方面有一定的局限性。1996年江苏理工大学研制出一套温室环境控制设备，能对营养液系统、温度、光照、二氧化碳施肥等进行综合控制，在一个150 m^2的温室内，实现了上述四个因子的综合控制，是目前国产化温室计算机控制系统较为典型的研究成果。

近年来，在国产化技术不断取得进展的同时，也加快了引进国外大型现代化温室设备和综合控制系统的进程。这些现代温室的引进，对促进我国温室计算机技术的应用与发展，无疑起到了非常积极的推动作用。可以看出我国温室设施计算机应用，在总体上正从消化吸收、简单应用阶段向实用化、综合性应用阶段过渡和发展。但是，大部分不够理想。在技术上，以单片机控制的单参数单回路系统居多，尚无真正意义上的多参数综合控制系统，与欧美等发达国家相比，存在较大差距，尚需深入研究。

（二）智能温室控制的系统结构

智能温室控制系统具有良好的控制精度、较好的动态品质和良好的稳定性，对植物生长不同阶段的需求制定出检测的标准，对温室环境进行检测，并将检测的参数进行比较后进行调整。

室内室外各种传感器收取各种信号并进行信息转换处理，让计算机识别并进行处理，输出调整指令。输出控制部分控制风机、喷雾系统、遮阳系统的开关，使作物的生长实现车间化。

温室系统的研究主要分为以下几大部分：内部设施的配置，环境的控制，作物的栽培及经营与管理。温室智能控制系统涉及如下内容。

1）实时数据采集　它是实施环境控制的重要依据，环境要素的变化非直观能感觉到的。环境要素是处于随时变化中，需要进行连续和快速的监测，取得大量的瞬时值，这些都要由数据采集系统完成。

2）实时决策　对采集到被控参数的状态量进行分析，按照已定的控制规律，决定系统的控制过程。如何实现设施环境的优化控制与管理是温室生产过程的关键。研究人员要解决两个问题：①研究作物对环境变化的反应，并建立其相应的定量关系。②通过定量的数学关系，提供温室环境最有效的控制管理策略或方案。

3）温室环境控制　通过人为的控制与管理，创造适宜作物生长的环境条件。根据作物对各个环境要素相互协调的关系，当某一要素发生变化时，其他要素自动做出改变和调整，能更好地优化组合环境条件，这是温室环境控制技术的主要发展方向，也称为温室环境智能控制技术。

4）传感器研制，智能仪器仪表开发　传感器是设施农业高产优质的基础，而传感器又是实现自动化的关键，提高产品的可靠性、降低成本是农业上大面积使用的关键。传感器是现代监测控制系统的核心。

四、我国温室综合环境调控存在的问题和差距

温室的环境调控目前已受到许多国家的重视，我国目前设施栽培综合环境控制技术水平低，调控能力差，并且以单个环境因子的调控设备为主，带有综合环境自动控制的高科技温室主要靠从国外引进。但由于自身发展和技术条件等限制，还有很多问题亟待解决。例如：温室土壤连作障碍及土壤盐渍化问题，温室环境调控以及周年利用与高

成本之间的矛盾，温室病虫害控制与产品品质之间的矛盾。

而我国自国外引进的温室自动控制系统的突出问题有以下几点：温室投入产出低，运行经济效益差，而且引进价格高，国内农业生产难以接受；温室技术要求过高，一般的用户很难掌握，限制了温室的适用范围；引进的温室的一些运营模式没有与中国的实际结合起来，不能适应我国的气候特征。

随着温室环境管理水平的发展，一些先进的环境调控技术将得到很好的应用，例如计算机综合调控技术。一些先进的调控设备和技术将扩大应用，如二氧化碳发生器、自动加温设备、湿度调控设备等，为克服土壤连作障碍而发展的土壤调控技术等。

从目前的研究情况来看，我国的温室自动控制系统科研水平跟国外相比仍有较大差距，主要表现在以下几个方面：尚未建立温室结构的国家标准，研究者给出的控制系统大都有较强针对性。由于温室结构千差万别，执行机构各不相同，对于控制系统的优劣缺乏横向可比性。缺乏与我国气候特点相适应的温室自动控制软件。目前我国引进温室自动控制系统大多投资大，运行费用过高，并且控制系统中所侧重考虑的环境参数与我国的气候特点存在矛盾。如荷兰由于温度变化很小，故降温、通风问题考虑很少，而采光问题考虑得较多，如果将这种温室应用于我国新疆地区，肯定不合适，因为新疆的温差变化大。我国综合环境控制技术的研究刚刚起步，目前仍然停留在研究单个环境因子调控技术的阶段，而实际上，温室内的日照量、气温、地温、空气湿度、土壤湿度、二氧化碳浓度等环境因素，是在相互影响、相互制约的状态中对作物的生长产生影响的，环境因素的空间变化、时间变化都很复杂。此外，优化值的设定是一项复杂的工作，作物生长是多因素综合作用的结果，当我们改变某一环境因子时，常会把其他环境因子变到一个不适宜的水平，因此，将温室内的物理模型、作物的生长模型、温室生产的经济模型结合起来，进行作物生长环境参数的优化研究，开发一套与我国温室生产现状相适应的环境控制软件是很重要的。

我国农业设施化进程已经历了二十余年，发展迅速，目前温室面积已达上百万亩，居世界首位。“九五”期间，相继研制成功的高效节能日光温室，表现出了良好的采光保温性能。但是，我国温室还远远没有达到工厂化农业的标准，在实际生产中仍然有许多问题困扰着我们，存在着许多缺点，如温室装备配套能力差、产业化程度低、环境控制水平落后、软硬件资源不能共享和可靠性差等。我们还应在以下方面进行努力，改进并完善温室环境调控技术与设施，研究发展温室环境综合调控技术，研究开发智能化环境调控和生产管理技术。

智能温室技术是农业现代化发展进程中的先进技术，是利用现代最新技术装备农业，在可控环境条件下，采用智能化生产方式，实现集成高效及可持续发展的现代化农业生产与管理体系。大力发展现代化农业，对推动现代农业建设，实现可控条件下农业生产的集约化、高效化生产经营方式，全面提升农业生产的经营管理水平，对促进农业结构调整，拓展农业功能，提高农业整体效益，增加农民收入，改善农业生态环境，具有十分重要的意义。

五、温室综合环境调控的发展方向

现代温室是设施栽培技术的最新发展。它采用控制环境的方法，使植物常年具有良好的生长环境。不同的植物有不同的环境要求，同一植物的不同阶段对环境的要求也不同，建立不同的温室作物生长模型是必需的和迫切的。但作物模型的研究是一个难题，需要多个生产周期的研究和实验积累，需要较长的时间采集数据，国内对这个方面的研究刚刚起步。由于温室内的作物生长是温度、光照和湿度等生长环境因子综合作用的结果，故不能将这些因子分开来静态地考虑，而应从整体上动态地研究环境控制问题。环境控制问题还应该与维持温室运行的控制成本结合起来，即研究如何以一种比较经济的环境控制方法较好地满足植物工厂化生产的需要，这是提高现代温室生产经济效益需要研究解决的问题。

在信息化和网络化的今天，现代化温室系统应该充分利用这一资源，实现资源和数据共享，随时掌握国内和国际市场动态，制订出最佳的种植计划，描绘出未来的基于知识的多个温室递阶分布式信息系统。下位机中包含有多变量控制、远程控制、完成每日数据记录等。监控计算机中安装有庄稼管理系统，功能包括数据分析（多变量分析、谱分析、图像分析），系统分析（控制理论、系统动力学、系统工程），三维图像系统（CAD、图像处理、图像数据捕获），数据库（气候、庄稼、温室、控制等），规则库（庄稼、气候、疾病、市场等），网络（局域网、国内网、国际网），控制系统（物理特性、庄稼测量、肥水控制等），农业专家系统（推理系统、用户界面），作物长势分析（叶、茎、果实、产量预测）。

温室生产过程这个复杂大系统下的各个子系统之间关系错综复杂、相互制约，如作物模型和环境控制的制约关系、环境控制和经济运行成本的耦合关系等。温室内培育的对象是具有生命的植物，其安全是首要的。温室的管理涉及市场、设备、技术、员工等诸多因素，因此，温室的管理还不能完全脱离人的干预，而人的行为又带有主观性质。所以，温室控制过程有许多不可确定性问题。总之，温室生产过程具有客观复杂性和认识复杂性，是一个复杂过程系统，因此，对温室的控制需运用复杂系统理论提供的新概念、新方法解决其不确定性、不精确性、部分事实、非线性、强耦合等问题。

加强控制理论同生产实际的密切结合，引入智能化方法、智能技术以及知识工程方法，形成不同形式的既简单又实用的控制结构和算法，形成包括计算机监控系统在内的综合集成于一体的人机智能系统，是对温室实行先进控制的发展方向。

（一）智能仪表与分布式控制

温室智能化发展的未来，传感器的设计和开发是十分重要的，将CPU、存储器、A/D 转换器的输入和输出的功能模块，利用大规模集成电路和嵌入式系统整合到一个小小的芯片之上，完成信号的转换和处理，按照预定的控制策略来完成一些任务计算、处理和信息交换，在环境急剧变化时，仍然稳定地输出或自补偿。当传感器自身或系统的某一部分出故障时，能自动检测和报警，即使在上位机故障或失效的情况下，各智能单元仍可独立运行并执行预先设定的任务。目前分布式系统是计算机控制系统的主要发展方向。在整个系统中不存在所谓的中心处理系统，而是由许多分布在各温室中的可编程控制器或子处理器组成，每一个控制器连接到中心监控计算机或主处理器上。由每个子处理器处理所采集的数据并进行实时控制，而由主处理器存储和显示子处理器传送来的数据，主处理器可以向每个子处理器发送控制设定值和其他控制参数。这样，系统可靠性大大提高，局部故障不影响系统运行，模块间相对独立，相互间影响小。

（二）自动控制和专家系统的结合

环境控制分为单因子控制和多因子控制。单因子控制没有考虑影响作物生长诸多环境因素之间相互制约的关系，相对比较简单。而多因子环境控制，要根据作物对各个环境要素之间的相互协调的关系来进行控制，当某一要素发生变化时，其他要素自动做出改变和调整，能更好地优化组合环境条件，这是温室环境控制技术的主要发展方向，也称为温室环境智能控制技术。

近年来遗传算法、模糊推理、神经网络等人工智能技术在设施农业中得到重视并逐步发展，其中神经网络在温室环境控制模型与作物模型的研究中得到了不同程度的应用。温室生产系统是一个十分复杂的非线性系统，企图研究其输入与输出的定量关系是十分困难的。神经网络采用黑箱方法，能把复杂的系统通过有限的参数进行表达。

目前的自动控制加上温室生产专家系统成为当前温室智能控制的主要发展方向，也是温室智能控制的重点和难点。

（三）生物信息获取与分析

1. 图像分析和处理　在温室大棚生产与管理过程中，许多过程依赖于人为的获取可视化信息进行决策和分析。视频拍的照片能正确反映植物的生长情况，并可以和显微镜、电子显微镜以及计算机连接进行分析，迅速判断出作物生长的各种参数，如生长、营养、水分和病虫害感染等状况。这些参数可用电子信箱立即发给有关专家进行决策，所有这些过程都在几分钟内完成。

2. 虚拟温室　是将数据、材料、物理特性和其他模型以及高级计算方法整合成一个研究环境。研究温室对外界环境的反应，将物理学（例如温室维护结构的传热和力学属性）和环境学（气候的变化、植物的生理信息）结合起来构成一个平台，能够预报对各种外界变化的反应，这是目前数字化农业的一个重要研究方向。

（四）网络化

随着温室的规模化和产业化程度的不断提高，网络通信技术会在温室控制与管理中得到广泛的应用。随着网络通信技术的发展，地区之间，甚至国与国之间也可以通过互联网技术，进行远程控制或诊断。英国伦敦大学农学院研制的温室计算机遥控技术，可以测量 50 km 以外温室内的光照、温度、湿度、气、水等环境状况，并进行遥控。而短信（SMS）的应用拓宽了温室智能控制的应用范围，它可以在设备终端关闭或者超出覆盖范围的时候仍然能够保证信息的传递。利用现代化网络技术进行在线或离线服务，从长远观点看有广阔的应用前景。

未来的温室智能控制系统还要和气象站、种苗公司、生产资料、病虫害测报、市场营销、有关研究机关、大学、金融机构以及相关的农业团体、周边专业农户联网，不仅做到栽培环境全自动控制，而且可综合分析农资市场、气象、种苗、病虫害发生，进行产量、产值的预测，为生产者提供更为广泛的信息情报和确切的决策依据。但是，这种智能化专家系统造价昂贵，主要用于高产值园艺作物的周年生产。

第五章　日光温室覆盖材料的特性及选择

为了实现调控温室环境的作用，人们常采用多种类型的材料用于日光温室覆盖。日光温室覆盖材料按照功能可以分为透明覆盖材料、保温覆盖材料和遮光材料三大类。透明覆盖材料主要有塑料薄膜和塑料板材，用于温室的采光和保温。保温覆盖材料主要有各类保温被、草苫等,夜间覆盖在日光温室外面进行保温。遮光材料主要有各类遮阳网、无纺布、防虫网等，起到遮光、降温、防虫等作用。覆盖材料的制造原料和工艺不同，产品的性能就有很大差异。随着科技的进步，新型覆盖材料不断出现，为日光温室性能的改善提供了有力的支持。选择合适的覆盖材料，对日光温室生产起到至关重要作用，在有些极端气候条件下甚至可以起到决定性的作用。

第一节 透明覆盖材料的特性及选择

一、透明覆盖材料的特性

日光温室上使用的透明覆盖材料除了应具有一般透明材料所必需的透光性能以外，还应具有良好的强度、耐候性、防雾滴性、保温性、防尘性，这样才能满足生产的实际需要。

（一）透光性

透明覆盖材料的主要功能就是采光，要想满足作物的生长发育需要，日光温室内的光照条件必须满足光照强度、光质、日照时长和光周期等四个标准。其中光照强度和光质在很大程度上取决于透明覆盖材料的透光性能。

透明覆盖材料的透光率通常是直射光透过率和散射光透过率之和。散射光也是可见光，它没有方向性，透过率不受入射方向和夹角的影响。所以，透明覆盖材料的散射光透过率或转光性（将直射光转换成散射光）越强，对室内的采光和作物生长越有利。国内销售的透明覆盖材料的初始透光率都高于95%，随着使用年限的延长会逐年下降。因此，透光率下降的快慢是衡量材料质量的重要指标。

太阳辐射中分布有紫外线、可见光和红外线，它通过薄薄的覆盖材料时会因反射和吸收等原因而减少。因此，覆盖材料对不同波长光线的透过比例是决定各种覆盖材料性能的重要因素之一。首先，光合作用的有效波长区近于可见光区域，透明覆盖材料的可见光透过率越高越好。因此，生产上要避免因灰尘和覆盖材料中的结露而引起透光率的严重下降。其次，作为太阳辐射的一部分，紫外线一方面有助于形态建成和花青素的形成以及昆虫生育，另一方面也抑制植物徒长和一些病原菌的生长。因此正确使用紫外线阻隔薄膜，可达到减少病虫害和促进植物生长的目的。对于有授粉蜜蜂及茄子和玫瑰等具有花青素要求的作物，则不宜使用去紫外线薄膜，以防止产品着色不良和蜜蜂的死亡而影响果实的坐果和品质。而红外线则主要与保温隔热性能有关，所谓的“温室效应”主要是由于覆盖材料不仅能让绝大多数的太阳短波辐射透进来，还可以阻止绝大部分的长波辐射透出，将热能积聚升温的结果。

理想的覆盖材料的透光性应是，在波长 350~3 000 nm 的可见光、近红外线范围内透过率高，而在波长 < 350 nm 的近紫外线区域和波长 > 3 000 nm 的红外线区域的透过率要低。400~700 nm 是光合有效辐射的波段，对植物生长最为有利。760~3 000 nm 波段有热效应，所以该波段辐射透过率高，有利于作物的光合作用和室内增温。但紫外线促进薄膜和保温被等的氧化，加速老化，对植物生长也有两个方面的影响：一方面波长 315~380 nm 的近紫外线参与某些植物花青素和维生素 C、维生素 D 的合成，有抑制植物徒长和形态建成的作用；另一方面，波长 315 nm 以下紫外线对大多数作物有害，345 nm 以下的近紫外线可以促进灰霉病分生孢子的形成，370 nm 以下近紫外线可诱发菌核病的发生。因此，应该在透明覆盖材料中添加特定的紫外线阻隔剂、吸收剂或转光剂，将波长 350 nm 以下的紫外线阻隔掉，既可延缓薄膜的老化过程，又可满足植物正常生长的需要。

（二）保温性

由于各类透明覆盖材料都很薄，其保温性往往不能体现在其导热率的大小，而是取决于它们对不同波长的辐射透过率，特别是对 3 000 nm 以上的红外线和远红外线透过率的高低。覆盖材料对红外线和远红外线的透过率越高，阻碍温室内红外线向室外辐射性能越强，则其保温性能越好。因此，为了提高覆盖材料的保温性能，在生产塑料薄膜和塑料板材时需要在材料的内表面添加红外线阻隔剂，阻挡温室内向外界散失的辐射热，保持室内温度。

（三）防雾滴性

日光温室内经常处在高湿环境，当室内温度降到露点温度以下时，就有可能在室内生成雾或者在覆盖材料的内表面形成露水。雾气弥漫和覆盖材料内表面的露滴将大大降低覆盖材料的透光率（可降低5%~10%），也影响室内的增温，同时，雾滴和露滴又容易使作物的茎叶沾湿，有利于病害的发生和蔓延。为此，需要在生产塑料薄膜和塑料板材时添加防雾剂。防雾剂是一类表面活性剂,可降低物质表面张力，增加薄膜内表面与水的亲和性。具有防雾功能的覆盖材料，其表面亲水性强，当有露滴发生时，露滴会沿着薄膜表面扩展，最后成为一层薄薄的水膜，靠自身重力沿棚膜表面流走（图 5-1）。防雾滴性又称为无滴性或流滴性。不具备防雾功能的覆盖材料表面与水不亲和，当露滴较小时附着在薄膜内表面，产生较强的反射，影响光的透过率。当露滴越积越大时，在重力作用下滴落到作物茎叶表面，诱发病害。从生产的角度看，防雾滴功能持续的时间越长越好。生产上也有使用涂覆型长效流滴消雾剂喷涂于薄膜上，延长了流滴持效性（可达 18 个月），而且棚内无雾气产生。

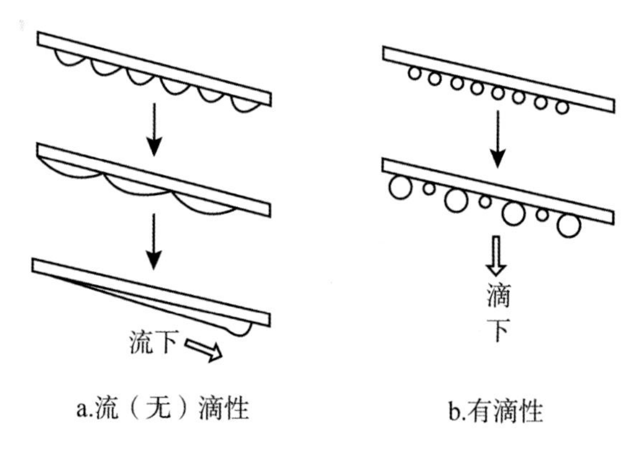

图5-1 流（无）滴性和有滴性

（四）耐候性

耐候性就是防老化的性能，这关系到覆盖材料的使用寿命。覆盖材料的老化至少包括两个方面：一是覆盖材料在强光和高温的作用下变脆，从而自动撕裂。二是随着使用时间的延长，材料透光率逐渐降低，以至于不能满足生产的需要而失去使用价值。塑料薄膜变脆的主要原因是：薄膜受到阳光中紫外线作用发生氧化，薄膜被紧绷在温室骨架上，白天骨架表面的温度高，尤其是夏季晴天钢骨架表面温度常常超过60℃，高温会加速薄膜氧化的过程。塑料薄膜紧贴骨架的部分先变灰色，然后变棕色，最终撕裂。硬质塑料板材由于表面的氧化作用颜色逐渐变黄，并出现裂缝，露出纤维，甚至在裂缝中滋生微生物。此外，塑料板材的热胀冷缩性能很强，高温时板材膨胀而冷却时会收缩，每日频繁的胀缩会导致其逐渐破碎。为了抑制老化过程延长覆盖材料的使用寿命，需要在生产塑料薄膜和塑料板材等一类覆盖材料时填入光稳定剂、热稳定剂、抗氧化剂和紫外线吸收剂等助剂，有效地延缓覆盖材料的老化。

（五）防尘性

受日光温室屋面形状和环境污染的影响，覆盖材料表面会不可避免地积累灰尘，从而影响到材料的透光率。造成覆盖材料灰尘积累的原因除了灰尘微粒自然下落以外，有些材质的塑料材料（含氯元素）具有分子极性，可以产生静电吸尘的效果。聚氯乙烯塑料薄膜在制造的过程中为了增强延展性，往往在树脂原料中添加增塑剂。增塑剂在强烈阳光的暴晒下容易析出，造成棚膜表面发黏，从而更加容易着灰且很不容易清洗。因此，透明覆盖材料的防尘性对其透光性有着重大影响。在生产过程中，会在棚膜或板材的外表面增加防尘涂层（丙烯树脂），防止增塑剂的析出和静电的产生。处理过的材料表面手感比较光滑，不易落灰且清洗容易。

需要注意的是，防尘涂层和防雾滴涂层应分别涂在材料的两侧，外侧防尘，内侧防雾，厂家都有明确的文字标识，千万不可涂反。

（六）机械性能

覆盖材料是日光温室的维护物，常年暴露在大自然中，因此必须结实耐用，经得起风吹、雨打、日晒以及冰雹的冲击和积雪的压力，同时还应经得起运输安装过程中受到的拉伸挤压。根据温室建筑的特点，透光覆盖材料的机械性能主要包括抗拉强度、断裂伸长率、弹性模量、抗弯曲强度、抗冲击强度、抗撕裂强度等。抗拉强度是表征材料力学性能的一个最基本指标，表明材料在拉伸应力作用下的抵抗能力；断裂伸长率主要反映材料的脆性，即材料在拉伸断裂时的最大伸长率；弹性模量则反映材料的刚性，对于薄膜，在厚度相同的情况下，弹性模量的大小直接影响薄膜的挺括与柔软性。薄膜的断裂伸长率大、弹性模量小，则薄膜刚性差，薄膜柔软，在温室上的安装定位有一定难度。抗撕裂强度指在出现缺口的情况下，材料抵抗拉伸撕裂的能力，主要是针对薄膜而言。

针对不同类型材料的机械性能特点以及在温室上安装固定方式的差异，需要考虑的温室透光覆盖材料的机械性能侧重点应有不同。安装在温室骨架上的塑料薄膜一般都经过预拉伸，随着外界温度的变化，薄膜或者膨胀松弛，或者被骨架固定张紧，都容易撕裂薄膜。因此，对塑料薄膜覆盖材料，应保证一定的抗撕裂强度和抗拉（伸长率）强度。玻璃的抗压强度极好，但抗冲击强度低，易碎。有些外力如在运输安装时小心操作是可以减轻甚至可以避免的，但有些则在研制覆盖材料时必须加以考虑，必须使覆盖材料达到一定的强度。例如对于塑料薄膜必须要求具有一定的纵向和横向的拉伸强度和断裂伸长率，对硬质塑料板材则要求有一定的抗冲击强度，而且抗弯曲强度要高，可以在任何结构的温室中（如平屋面和拱形屋面）应用。

二、透明覆盖材料的选择

日光温室上使用的透明覆盖材料通常有塑料薄膜和塑料板材两大类，使用最为广泛的是塑料薄膜。不同种类的薄膜由于原料和制造工艺的不同，性能也有较大差异。在生产上应根据生产条件的要求灵活选择适宜的优质薄膜。

（一）软质塑料薄膜

软质塑料薄膜具有质地轻、价格低、性能优良、使用和运输方便等优点，因而它已成为我国目前设施农业中使用面积最大的采光覆盖材料。农用塑料薄膜按母料构成可分为聚氯乙烯薄膜、聚乙烯薄膜和乙烯－乙酸乙烯多功能复合薄膜三大类型，透光特性各有特色（图 5–2），因而形成了各自不同的使用特性（表 5–1）。

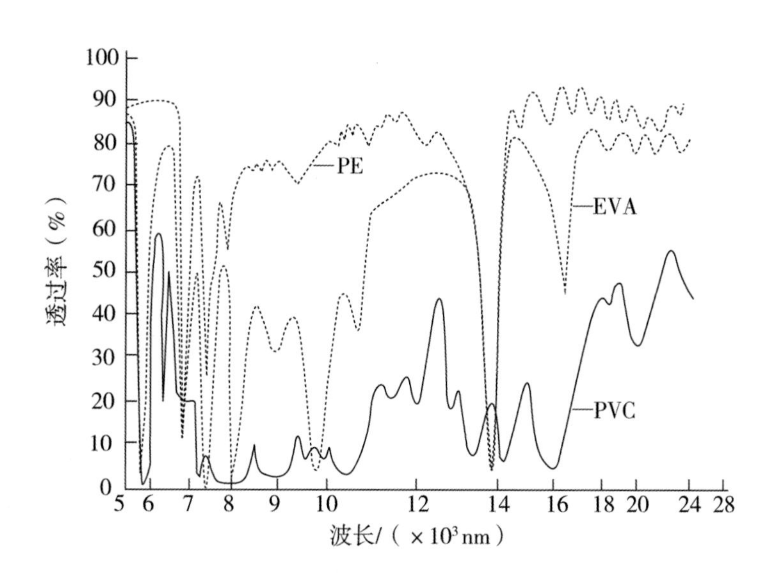

图5-2　几种塑料薄膜的热辐射透过率

表 5-1　几种塑料薄膜的规格及使用特性

种类性能	规格		防尘性	流滴性	耐老化性	保温性
	透光率（%）	厚度（mm）				
PO膜	93~98	0.08~0.12	内添加型易吸尘，涂层膜不易吸尘	一般3~6个月，个别达2年以上	2年以上	一般45%，可达66%
PEP膜	80~95（极限）	0.08~0.2	不易吸附灰尘	4~18个月	各地气候不同而有所差异，最长可达5年	较好
聚氯乙烯膜	86.7~90	0.1~0.12	易吸尘	初期流滴性较好，后期较差	12~18个月	良好
聚乙烯膜	80~96	0.08~0.12	不易沾尘	2~4个月防雾滴	1~3年	较差
乙烯-乙酸乙烯膜	89以上	0.06~0.2	不易吸附灰尘	流滴期3~6个月	12~18个月	优良
半硬质聚酯膜	93~98	0.025~0.5	不易吸尘	国内3~4个月，国外可达2年	3年以上	超强

1. 聚氯乙烯薄膜　聚氯乙烯薄膜是以聚氯乙烯树脂为主原料加入适量的增塑剂（增加其柔性）制作而成。同时许多产品还添加光稳定剂、

紫外线吸收剂以提高耐候性，添加表面活性剂以提高防雾效果。因此，聚氯乙烯薄膜种类繁多，功能丰富，目前已经成为日本及我国等国家使用最普遍的薄膜之一。

聚氯乙烯薄膜透过长波辐射能力弱，保温性能好，耐候性好，柔软，易造型，适合用作日光温室的覆盖材料。初期透光性、流滴性优良，但透过紫外线的能力弱，可减少叶霉病、菌核病和一些害虫的发生，适合于除紫色茄子外的所有果类、瓜类蔬菜的栽培。日本在设施栽培种 80% 左右覆盖聚氯乙烯棚膜。厚度 0.10~0.15 mm 的软聚氯乙烯膜，7 000~11 000 nm 红外线透过率为 20% 左右，保温性良好。所以在寒冷地区的农业生产中，有特殊应用价值。

这类薄膜的缺点是：①容易发生增塑剂的缓慢释放以及吸尘现象，使透光率下降迅速，缩短使用年限。②耐低温性不如聚乙烯膜。薄膜密度大（1.3~1.4 g/cm^3），一定覆盖面积的棚膜重量较聚乙烯膜增加 1/3，成本增加。③低温下变硬、脆化，高温下易软化、松弛。④增塑剂析出后，膜面吸尘，影响透光；残膜不能燃烧处理，因有氯气产生，且在加工过程中会产生有毒的氯化氢气体，故其使用量已逐渐减少。

2. 聚乙烯薄膜　聚乙烯薄膜是由低密度聚乙烯（LDPE）树脂或线性低密度聚乙烯（LLDPE）树脂吹制而成，广泛用于日光温室的外覆盖和保温多重覆盖。与聚氯乙烯薄膜相比，聚乙烯薄膜的密度轻（0.92 g/cm^3），单位面积用膜量较少；幅宽大；质软易造型，覆盖比较容易；无毒；无静电吸尘和增塑剂析出，不易沾尘，透光性下降较慢。但聚乙烯薄膜对紫外线的吸收率较聚氯乙烯薄膜要高，容易引起聚合物的光氧化而加速薄膜的老化。因此，大多数聚乙烯薄膜的使用寿命要比聚氯乙烯薄膜短。该类薄膜的耐候性与保温性较差，不易黏接，耐高温性、抗拉性、伸长性等均不如聚氯乙烯膜，须加入防老化剂、防雾剂、保温剂等添加剂，才能满足生产的要求。

3. 乙烯－乙酸乙烯多功能复合薄膜　乙烯－乙酸乙烯多功能复合薄膜是以乙烯－乙酸乙烯共聚物为主原料添加紫外线吸收剂、保温剂和防雾滴助剂等制造而成的多层复合薄膜。其外表层一般以线性低密度聚乙烯、低密度聚乙烯或乙烯－乙酸乙烯树脂为主，添加耐候、防尘等助剂，具有较强的耐候性，并可阻止防雾滴剂等的渗出，在中层和内层以不同的乙酸乙烯含量的乙烯－乙酸乙烯多功能复合膜为主，并添加保温和防雾滴剂以提高其保温性能和防雾滴性能。因此，乙烯－乙酸乙烯多功能复合膜具有质地轻、使用寿命长（3~5 年）、透明度高、防雾滴剂渗出率低等特点。乙烯－乙酸乙烯多功能复合膜的红外线区域的透过率介于聚氯乙烯薄膜和聚乙烯薄膜之间，保温性显著高于聚乙烯薄膜，夜间的温度一般要比普通聚乙烯薄膜高出 2~3℃，对光合有效辐射的透过率也高于聚乙烯薄膜与聚氯乙烯薄膜。

1）透光性。在短波太阳辐射区域，乙烯－乙酸乙烯膜的辐射透过率在 < 300 nm 的紫外线区域，低于聚乙烯膜，与聚氯乙烯膜相近；在长波热辐射区域，乙烯－乙酸乙烯的透过率低于聚乙烯而高于聚氯乙烯膜。一般来说在 700~1 400 nm 的红外线区域，0.1 nm 厚的聚氯乙烯膜阻隔率为 80%，乙烯－乙酸乙烯多功能复合膜为 50%，聚乙烯膜为 20%。由此可见其耐老化、防御病害发生、蔓延及保温性均优于聚乙烯膜。市场上现有的乙烯－乙酸乙烯多功能复合膜在制造过程中添加了结晶改性剂，从而使薄膜本身的雾度（即浑浊程度）不高于 30%，使薄膜的透光率提高，其初始透光率甚至不低于聚氯乙烯膜。此外，乙烯－乙酸乙烯多功能复合膜流滴性持效期长，又有很好的抗静电性能，表面具有良好的防尘效果，所以扣棚后透光率衰减较缓慢。

2）强度与耐候性。乙烯－乙酸乙烯多功能复合膜的强度优于聚乙烯膜，总体强度指标不如聚氯乙烯膜。几种常用膜的机械性能见表 5-2。

表 5-2　几种常用膜的机械性能

强度	聚氯乙烯薄膜	聚乙烯薄膜	乙烯-乙酸乙烯多功能复合膜
拉伸强度（MPa）	19~23	< 17	18~19
伸长率（%）	250~290	493~550	517~673
直角撕裂（N/cm）	810~877	312~615	301~432
冲击强度（N/cm）	14.5	7	10.5

注：膜厚度 0.10~0.11 mm（邹志荣，2002）。

由于乙烯－乙酸乙烯树脂本身阻隔紫外线的能力较强，加之在成膜过程中又在外表面添加了防老化助剂，所以耐候性较强。经自然曝晒8个月，纵、横向断裂伸长保留率仍可达95%，自然曝晒10个月，伸长保留率仍在80%以上。经实际扣棚13个月和18个月后均高于50%。使用期一般可达18~24个月。

3）保温性。乙烯－乙酸乙烯树脂红外线阻隔率高于聚乙烯，低于聚氯乙烯，保温性能较好；乙烯－乙酸乙烯多功能复合膜的中层和内层添加了保温剂，其红外线阻隔率还要高，有的可超过70%。在夜间低温时表现出良好的保温性，一般夜间比聚乙烯膜高1~1.5℃，白天比聚乙烯膜高2~3℃。

4）防雾滴性。乙烯－乙酸乙烯树脂有弱的极性，因而与添加的防雾滴剂有较好的相容性，可有效防止防雾滴助剂向表面迁移析出，因而延长了无滴持效期，使温室内雾气相应减少。防雾滴性能是优异的，无滴持效期在8个月以上。

综上可知，乙烯－乙酸乙烯多功能复合膜既克服了聚乙烯薄膜无滴持效期短和保温性差的缺点，也克服了聚氯乙烯薄膜密度大、幅窄、易吸尘和耐候性差的缺点，所以乙烯－乙酸乙烯多功能复合膜是较理想的聚乙烯膜和聚氯乙烯膜的更新换代材料，具有很好的应用前景。

4.PEP膜　PEP膜是针对单层聚乙烯、乙烯－乙酸乙烯的缺点加以改进，保留原来优点消除缺点所制成的共挤压式三层复合膜，具有很好的保温性、透光性、防滴性以及防吸尘性能。可用在高温及低温地区，使用温度范围为–30~50℃。外表层防尘处理，内层防流滴处理，高含量的抗紫外线安定剂，使用寿命达3年以上。如PEP利得膜，含有比一般聚乙烯膜多出15%~35%的抗紫外线安定剂，延长了使用年限。因兼具有聚乙烯的耐温性及乙烯－乙酸乙烯的强韧性，故能抗高温及强风。经过抗静电处理，表面无静电，不易吸附灰尘。利得膜表面含有红外线吸收剂，使冬天棚内温度上升快；中间层含有较多的乙烯－乙酸乙烯，可阻止夜间由热量转变成的远红外线外逃，从而达到较好的保温效果。利得膜含有一种特殊的添加剂，增加薄膜的表面张力，不让雾气凝结成水滴，而使之顺薄膜流下，所提供的防流滴效果可达4~18个月，但会因不同地区、不同气候条件、不同的温室型而有差异。

5.PO 膜 使用高级烯烃的原材料及其他助剂，采用外喷涂烘干工艺而生产的一种农膜。内表面经流滴剂处理后，透光率、流滴性、耐久性、抗拉伸强度都优于聚氯乙烯、聚乙烯膜。特别是 PO 膜中的内表面乙烯－乙酸乙烯层对流滴剂有很好的亲和力，采用消雾流滴剂涂布干燥处理，可以很好地抑制雾气产生，消雾流滴期可达到与农膜使用寿命同步。另外，PO 膜的外表面层为抗老化层，含有防止紫外线氧化的抗氧化剂和光稳定剂，防止整个膜结构的老化，平均使用寿命不少于 3 年，质量好的 PO 膜寿命可达 4~5 年甚至更长。与一般聚氯乙烯、聚乙烯和乙烯－乙酸乙烯薄膜不同的是，PO 膜具有一定的紫外线透过率，作物果实着色鲜艳、均匀，品质优良。该膜价格高，一次性投资较大，成为不能大面积应用的主要原因。

（二）半硬质塑料薄膜

半硬质塑料薄膜主要有半硬质聚酯膜和氟素膜两种，厚度 0.15~0.18 mm，机械性能显著优于软质膜。表面经耐候性处理，具有 4~10 年的使用寿命。作为大型连栋温室的覆盖材料，可替代玻璃和硬质塑料板材，具优异的透光性、耐老化性、高强度等特点。

1. 半硬质聚酯膜 聚酯膜是氟素膜兴起之前硬质膜的主流产品。无毒、无臭、质轻且表面光滑又透明，全光线透过率为 90%，耐寒性（–70℃）与耐热性（150℃）均优。经防老化处理，覆盖使用年限分为 4~5 年、6~7 年和 8~10 年 3 个档次。紫外线阻隔波长也分为 380 nm 以下、350 nm 以下和 315 nm 以下三个类型。厚度为 0.1 mm 的半硬质聚酯膜，红外线透过率仅为 10%，而一般聚氯乙烯膜是它的 2.5 倍，热传导率为 0.38 kJ/（m^2·K），保温性能优良。经防雾滴剂处理，流滴性持效期可长达 10 年。废弃物燃烧也不会产生有害气体。

2. 氟素膜 氟素膜以乙烯－四氟乙烯树脂为母料制作而成的新型覆盖材料。对可见光和紫外线均具有较强的透过率，显著地高于其他农膜，经数年使用后可见光透过率仍能保持较高水平。氟素膜的最大特点是耐老化，是目前使用寿命最长的农膜，厚度 0.06 mm 的可使用 10~15 年，厚度 0.1 mm 的可使用 15~20 年，厚度 0.16 mm 的可使用 20 年以上。具有强度大、韧性大、防尘、风沙雨雪都容易滑落、耐老化、阻燃性好等优点。另一特点是紫外线透过率高，近似自然光，而对红外线的透过率低，保温性能好。每隔数年需进行防雾滴剂喷涂处理，以保持防雾滴效果。该类型薄膜由于燃烧时会产生有害气体，回收后需由厂家进行专业处理。氟素膜成本也较高，限制了其推广速度，但由于寿命长且性能优良，综合使用成本并不高。

（三）硬质塑料板材

硬质塑料板材是指厚度在 0.2 mm 以上的塑料材料，常见的有玻璃纤维增强聚酯板、玻璃纤维增强聚丙烯树脂板、丙烯树脂板、聚碳酸酯（PC）板和聚氯乙烯板等。传统的日光温室透明覆盖材料多以软性塑料薄膜为主，受骨架结构和覆盖材料结构的影响，很多现代化的环境控制设备（齿条开窗等）无法在日光温室里应用。硬质板材的应用可以较好地解决这一难题，同时提高日光温室的保温性能。目前在温室覆盖上应用最广的是聚碳酸酯板。

聚碳酸酯板也叫“阳光板”，是一种质轻、透明、难燃、韧性较好、耐冲击的树脂材料，但具有质地较软、不耐强碱、不耐磨、不耐紫外线和不能承重等缺点。单纯的聚碳酸酯材料置于阳光下数月即发生明显的黄化，所以农业用聚碳酸酯板朝向阳光的一面必须涂覆或共挤一层足够厚度的抗紫外线层。一些聚碳酸酯板，特别是用于温室顶部的聚碳酸酯板，为了消除或减轻滴露现象，要在板材的内层涂上或共挤一层足够厚度的防滴露层，在室外气温为 0℃，室内为 23℃，室内相对湿度低于 80% 时，材料的内表面不结雾。

聚碳酸酯板的物理特性见表 5–3。可依设计图在工地现场采用冷弯方式安装成拱形、半圆形，最小弯曲半径为板厚度的 175 倍，亦可热弯。抗冲击强度是普通玻璃的 250~300 倍，是同等厚度亚克力板的 30 倍；密度仅为玻璃的一半，节省运输、搬卸、安装以及支撑框架的成本。在 –40~120℃温度范围保持各项物理指标稳定。隔热效果比玻璃高 7%~25%，最高可至 49%。聚碳酸酯板自身燃点是 580℃，离火后自熄，燃烧时不会产生有毒气体，不会助长火势的蔓延。

可在日光温室上使用的聚碳酸酯板产品形式主要有单层实心的“耐力板”或“波浪板”、双层中空板（表 5–4）。其中最常用的就是 8 mm 厚的双层中空板。这种板材的透光率可达 85%~89%，红外线几乎不能透过，所以保温性能优良。380 nm 以下的紫外线也不能透过，会影响昆虫授粉和花青素合成，从而影响果实发育和着色，且易造成植株徒长。

表 5–3　聚碳酸酯板的基本物理性能参数（周长吉，2007）

序号	特性	单位	指标值
1	密度	g/cm^3	1.2
2	透光率	%	88
3	冲击强度	J/m	850
4	弯曲强度	N/mm^2	100
5	拉伸强度	N/mm^2	≥60
6	断裂拉伸应力	MPa	≥65
7	比热容	kJ/（kg · K）	1.17
8	导热系数	W/（m · K）	0.2
9	热变形温度	℃	135
10	热膨胀系数	mm/（m · ℃）	0.067
11	使用温度	℃	–40~120

表 5–4　温室常用聚碳酸酯板规格与特性（周长吉，2007）

品种		厚度（mm）	板长（mm）	板宽（mm）	透光率（%）	传热系数（$W/m^2 \cdot K$）
中空板	双层	6	5 800，6 000	2 100	≥78	
		8	5 800，6 000	2 100	≥78	3.3
		10	5 800，6 000	2 100	≥78	3.0
	单层	10	5 800，6 000	2 100	≥75	2.4
波渡板		0.8	5 800，6 000	860，1 260	≥80	

注：中空板的板宽指与加强筋垂直方向的尺寸，板长指与加强筋平行方向的尺寸。

由于聚碳酸酯板的涂层既不耐酸，也不耐碱，所以只能用清水或中性清洁剂清洗。聚碳酸酯板还怕强氧化剂，如多数温室消毒剂硫黄、甲醛、高锰酸钾、漂白水等。在风沙大的地区，聚碳酸酯板会在几年内被风沙划伤，降低透光率，影响使用寿命。聚碳酸酯板怕高热，热膨胀率也比较大（是玻璃的 60 倍），设计时需要考虑膨胀系数。

第二节 保温覆盖材料的特性及选择

日光温室之所以拥有优异的保温特性，除了具备良好的采光和蓄热能力外，与其具有优良的隔热保温性能关系重大。在寒冷季节，夜间日光温室透明屋面外覆盖了保温性能良好的保温材料，加上部分温室使用的活动式内保温装置，极大地减少了热量散失，降低了生产能耗和成本。目前，生产上应用最广泛的外覆盖保温材料仍然是稻草苫或蒲草苫，而内保温覆盖材料一般使用无纺布、保温遮阳网或塑料薄膜。保温被、棉被等比起传统的覆盖材料具有更优良的保温性能，多种电动卷帘机的普及，也为日光温室外保温覆盖材料提供了有力的支持。

一、保温覆盖材料的特性

（一）外保温覆盖材料的特性

1. 保温性　对于外保温覆盖材料的要求首先就是具有优良的保温性能。材料的保温性不但与材料本身的导热特性有关，还受到厚度、含水量等因素的影响。

2. 防水性　再优良的保温材料一旦被水浸湿其保温性能就大打折扣，甚至完全丧失。日光温室外保温覆盖材料在室外使用，难免遭受雨雪。因此，有效的防水措施是保持保温性的关键。

3. 耐老化性　外保温材料白天卷放在温室屋脊处，固定的一条每天经受太阳照射，这个部位的材料容易受紫外线影响而发生氧化，进而破损漏水。因此，保温材料的外表面应该具有一定的耐老化能力，特别是每日朝阳的部分，应做特殊抗老化处理。

4. 强度　外保温材料每天卷放，反复伸压，对材料的强度有一定要求。特别是使用自走式卷帘机，机器运行靠的是保温材料自身将其拉起放下，对材料的拉伸力是非常大的，很容易造成材料松动、破损、断裂。

5. 重量　外保温覆盖材料夜间覆盖在温室外表面，自身重量会给骨架造成较大压力。特别是防水性较差的材料，在雨雪过后自身重量成倍提高，直接威胁温室结构的稳定性。反过来，如果材料太轻，防风效果较差，夜间就有被风刮起的危险，造成不可挽回的冻害损失。

（二）内保温覆盖材料的特性

1. 保温性　与外保温覆盖材料不同的是，日光温室内保温覆盖材料的保温不是靠自身的热阻大小，而主要依靠材料封闭了上下的空气流通，使得墙体和地面散发出来的热量不能随热空气上升至温室顶部，远离作物生长区。因此，材料的热阻、厚度和防水性能不是主要因素，材料的气密性和卷放装置的密闭性才是影响保温性的关键。

2. 吸湿性　日光温室内高湿环境是造成作物病害的重要条件，夜间空气湿度长时间处于饱和程度，很容易在作物叶面形成沾湿水膜，诱发病害。如内保温材料具有一定吸湿性，能使空气中的水汽吸附在表面，则可在一定程度上减轻结露。

3. 卷折性　为防止遮光，内保温覆盖材料白天需要卷起至后墙。这就要求材料易于卷放或者折叠，尽可能减小收起之后的体积。

4. 重量　内保温覆盖材料通常采用塑料托幕线承载。由于是软性材料，覆盖物不能太重，以免向下坠，影响卷折效果。

二、保温覆盖材料的选择

（一）外保温覆盖材料的选择

1. 草苫　有些地方也叫草帘。日光温室生产上应用最早、最广泛的外保温覆盖材料就是草苫，它取材方便，保温性好，价格便宜，深受广大农户喜爱，水稻产区多使用稻草编织草苫，南方许多地区也使用蒲草编制。草苫宽度一般为 1.5~1.7 m，长度为采光屋面上下长度加上 1.5 m，厚度在 6 cm 左右。草苫可减少室内散热 60% 以上，保温效果可达 5~10℃，使用寿命 2 年左右。

随着日光温室的大面积发展，草苫的供应越来越紧张，而且草苫本身也确实存在着自身难以克服的缺点：①自重大，特别是雨雪过后草苫吸满水分，自重可增加数倍，对温室骨架安全构成较大威胁。巨大的重量对卷帘机的功率和减速机的质量提出了更高的要求。②防水性能差。遇水后材料导热系数激增，几乎失去保温效果，且自身重量成倍增加，给温室骨架造成很大压力。③防风性差。在多风地区或遇风条件下，由于本身的孔隙较多，如不与其他密封材料配合使用，单独使用的保温性能有限。④污染和磨损棚膜。草苫在每日卷放过程中掉落的碎草会污染棚膜，同时粗糙的表面来回卷放也对棚膜造成较大的磨损，最终影响透光率。所以，草苫需要与其他防风、防水的材料配合使用，才能发挥最好的效果。

2. 纸被　在寒冷地区和季节里，为进一步提高设施内的防寒保温效果，可在草苫下增盖纸被，弥补草苫空隙较大透风、保温能力不足的问题。纸被是由 4~6 层牛皮纸缝制而成，有的纸被单面或双面使用压塑料膜的牛皮纸缝制成防水纸被。纸被的宽度与草苫相同，沈阳地区 1 层草苫的保温能力约为 10℃，加 4 层牛皮纸纸被，保温效果可在原来基础上使室内外温差再提高 6.8℃。近年来，纸被原材料的来源越来越少，而且纸被容易被雨雪淋湿，寿命也短，不少地区逐步用从温室上撤下来的旧棚膜正反两面覆盖草苫，同样可以起到防风和防水的作用（表 5–5）。

表 5-5　草苫和纸被的防寒效果（℃）（安志信，1994）

室外气温	-8.2	-14	-15	-16.5
室内气温覆盖一层膜	1.2	-7.5	-9	-11
膜上覆盖草苫	4.8	1.2	-0.4	-0.9
膜上盖草苫和纸被	10.1	7.7	6.7	5.3

表 5-6　各种保温被结构特点（周长吉等，1999）

保温被种类	重量（kg/m^2）	幅宽（m）	保温被结构（由外到内）
草苫	3.25	1.5	稻草苫
1号被	1.1	3.2	白色防水布+3 mm发泡聚乙烯+800 g/m^2无纺布毡+铝箔
2号被	0.96	3	银灰色防水布+800 g/m^2针刺毛毡+银灰色防水布
3号被	0.36	4	不防水绸布+8 mm防水发泡聚乙烯+铝箔
4号被	0.99	2.2	PVC膜+铝箔+针刺毛毡为一体，总厚度5 mm
5号被	1.67	3	绿色防水布+无纺布+1 000 g/m^2无纺布毡+无纺布+防水布
6号被	1.92	3	白色无纺布+薄膜+10 mm厚针刺毛毡+薄膜+无纺布

3. 保温被　较草苫、纸被等传统外保温覆盖材料，保温被具有更优良的保温性能且适于电动卷放（表 5-6）。当前使用最广泛的有两种类型：一是用保温毡作保温芯，两侧加防水保护层的保温被；二是用发泡聚乙烯材料制成的保温被。

1）保温毡型保温被。这类保温被价格便宜，可充分利用工业下脚料，实现了资源的循环利用，是一种环保性材料。但由于原材料来源不同，产品的性能差异较大，尤其是缝制保温被时产品的表面有很多针眼。这些针眼有的可能做了防水处理，但大部分产品没有进行防水处理，或者即使在产品出厂前进行了防水处理，经过一段时间使用后，由于保温被经常执行卷放和拉拽作业，所以，针眼处的防水基本不能完好保持。由于保温被针眼处渗水，遇到雨雪天，雨雪水很容易进入保温被的保温芯，使保温芯受潮降低其保温性能，而且由于缝制保温被的针眼较小，进入保温芯的水汽很难再通过针眼排出，而保护保温芯的外被材料又是比较密实的防水材料，因此，长期使用后保温被将会由于内部受潮而失去保温性能，或者内部受潮发霉，完全失去使用功能。此外，保温被在产品出厂时保温芯是比较蓬松的，保温性能好，但经过一段使用后，由于卷帘机的挤压和拉拽，蓬松的保温芯经常会变得密实，或者将厚度均匀的保温芯拉成厚度不均匀，甚至出现孔洞，造成保温被局部保温性能下降。这种类型的保温被常用的防水材料有帆布、牛津布、涤纶布等，其防水性能是通过进行材料表面防水处理后获得的。为了增强保温被的保温效果，除必需的保温芯和防水层外，还有在二者之间增加无纺布、塑料膜、牛皮纸等材料的，也有在保温被的内侧粘贴铝箔用以阻挡室内长波辐射的。总之，这种类型的材料在市场上的品种很多，产品的保温性能和价格差异也很大（表 5–7），需要慎重选择。

表 5–7　几种保温被的传热系数

保温被名称	材料组成	传热系数［W/（m^2 · ℃）］
北农机1号	白色防水布+3 mm厚发泡聚乙烯+1 200 g/m^2毛毡+铝箔	1.5~1.6
北农机2号	防水布+无纺布+1 000 g/m^2毛毡+防水布	1.6~1.7
北农机3号	白色无纺布+薄膜+10 mm厚毛毡+薄膜+白色无纺布	2.0~2.3
农博科3号	防水布+1 000 g/m^2毛毡+膜+无纺布+防水布	1.7
农博科4号	防水布+1 000 g/m^2毛毡+膜+防水布	1.7
农博科5号	防水布+1 000 g/m^2毛毡+防水布	1.8

注：测试时各种保温被下方垫 0.1 mm 聚乙烯膜一层。

2）发泡聚乙烯材料保温被。发泡聚乙烯是一种轻型闭孔自防水材料，在材料发泡过程中形成的内部空隙是形成保温性能的主要原因，因为在小空间内静止的空气具有良好的保温性能。由于材料内部空隙相互不连通，所以，外部水分很难直接进入材料内部，也就克服了保温芯材料受潮性能下降的缺点，同时也省去了材料的防水层，实现了材料的自防水。这种材料发泡后重量较轻，不受潮，卷放省力，因此对卷帘机功率的要求也相应降低。但这种材料由于重量轻，所以抗风能力较差，必须配置压被线才能保证在刮风时保温被不被掀起。此外这种材料由于是石油工业副产品，所以，在全球石油供应越来越紧张的条件下，价格也在节节攀升，影响了这种材料的大面积推广。

4. 棉被　棉被是棉区或非农区首先使用的保温材料，用落花、旧絮及包装布缝制而成。一般在缝制棉被时要在外侧使用一层防水材料，以防淋湿棉絮。标准棉被一般用棉花 2 kg/m^2，厚 3~4 cm，宽约 4 m，长度比前屋面采光面弧长多出 0.5 m，以便密封。在一些半农半牧区，也有用羊毛代替棉絮做日光温室保温被的。不论是棉絮还是羊毛，用在日光温室保温被制作时一般都是使用非商品性材料或工业产品的下脚料，以降低成本。特点是质轻、蓄热保温性好，强于草苫和纸被，在高寒地区保温力可达成 10℃以上。棉被造价较高，如保管好可用 6~7 年，在冬春季节多雨雪地区不宜大面积应用。

（二）内保温覆盖材料的选择

1. 无纺布　无纺布是以聚酯为原料经熔融纺丝、堆积布网、热压黏合，最后干燥定型成棉布状的材料。因其无织布工序，故称“无纺布”和“不织布”，又因其可以使作物增产增收又称为“丰收布”。根据纤维的长短，无纺布可分为长纤维无纺布和短纤维无纺布两种。长纤维无纺布具有重量轻、种类多、价格便宜、使用方便的优点，主要用于保温和防虫等。由于使用的原料多为耐候性较差的聚酯类化合物，使用寿命较短。短纤维无纺布是以聚酯为原料，具有较好的耐候性和吸湿性，可用于空气湿度高的日光温室生产。根据每平方米的质量，可把无纺布分为薄型无纺布和厚型无纺布，用于日光温室内保温幕的通常为薄型无纺布，厚型无纺布常用于室外保温覆盖。

通常薄型无纺布的单位面积质量为每平方米十几克到几十克，如 15 g/m^2、20 g/m^2、30 g/m^2 和 40~50 g/m^2。

10~20 g/m^2 的薄型无纺布透光率高达 80%~85%，而 30~50 g/m^2 的仅为 60%~70%，60 g/m^2 以下的在 50% 以下（图 5-3）。由于无纺布由纤维组成，所以在其覆盖下的散射光比例大。

无纺布的基础母料是聚酯，对热辐射有较强的吸收作用。另外，无纺布纤维间隙常常会挂上一层水珠形成水膜，可抑制在其覆盖下的作物和土壤的热辐射，减弱冷空气的渗透。所以，无纺布具有一定的保温性能。例如，用无纺布做温室的保温幕帘，可是室内气温提高

2~3℃。无纺布有许多微孔，具有透气性，有利于减轻病害。而且通气量与覆盖层内外的温差成正比（图 5–4）。这说明无纺布有自然通风的特征，有一定的温度调节作用。

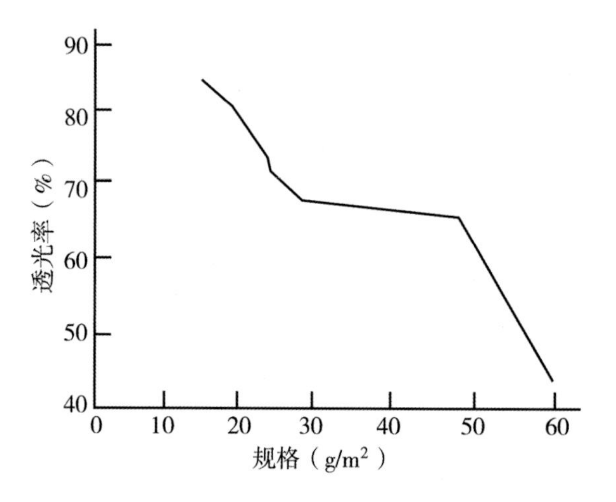

图5–3　不同厚度无纺布的透光率

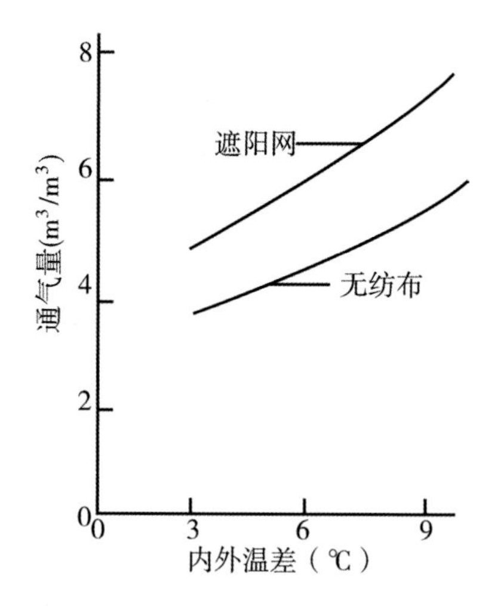

图5–4　无纺布覆盖下内外温差与通气量的关系

2. 铝箔遮阳保温膜　用 5 mm 宽的塑料条和铝箔条与合成丝纺织而成。如果采用铝箔条和塑料粗条组成，则为封闭型。根据铝箔条的多少，可使遮阳率达 20%~80%；如果铝箔条之间不加塑料条，则为敞开型，遮阳率达 20%~35%。由于铝箔条具有反射地面红外辐射的作用，所以冬季有保温作用。封闭型铝箔遮阳保温膜节能率可达 45%~70%，敞开型可达 20%~35%。由于铝箔条较硬，不易卷放，因此，具有空隙的铝箔遮阳保温膜方便折叠，应用起来效果更好。

第三节
遮光覆盖材料的特性及选择

日光温室在夏季进行生产的时候，往往由于良好的保温性导致散热困难，室内温度降不下来，影响作物的正常生长。在生产一些喜阴植物时，夏季过强的光线往往导致植物生长不良。此时就需要使用遮光覆盖材料进行遮阴，减弱光强，降低棚温。通常使用的遮光覆盖材料是各类的遮阳网。

遮阳网又称寒冷纱、遮阴网，是以聚乙烯、聚丙烯和聚酰胺等为原料，经过加工制作拉成扁丝编制而成的一种网状材料。该材料质量轻，强度高，耐老化，柔软，便于卷放。同时，可以通过控制网眼大小和疏密程度，使其具有不同的遮光、通风特性，供用户选择使用。

一、遮阳网的种类

我国生产的遮阳网透光率为 25%~85%，幅宽有 90 cm、150 cm、220 cm、250 cm、300 cm 等。网眼有均匀排列的，也有疏密相间排列的。颜色有黑、银灰、白、果绿、黄、黑白相间、黑灰相间等多种。生产上使用较多的是透光率 35%~55% 和 45%~65% 的，幅宽 160~220 cm，颜色以黑色和银灰色为主，单位面积质量为 45~49 g/m^2。

二、遮阳网的性能

（一）减弱光强，改变光质

在纺织结构和疏密程度基本一致的情况下，不同颜色遮阳网的遮光率不同（图 5–5），以黑色遮阳网遮光率最大，绿色遮阳网次之，银灰色遮阳网最小。遮阳网对散射光的透过率要比总辐射高（也比直射光高），这说明遮阳网内作物层间的光照分布较露地均匀，其中银灰色遮阳网内散射光比露地高，主要是由于银灰色的反射作用比较强（表 5–8）。

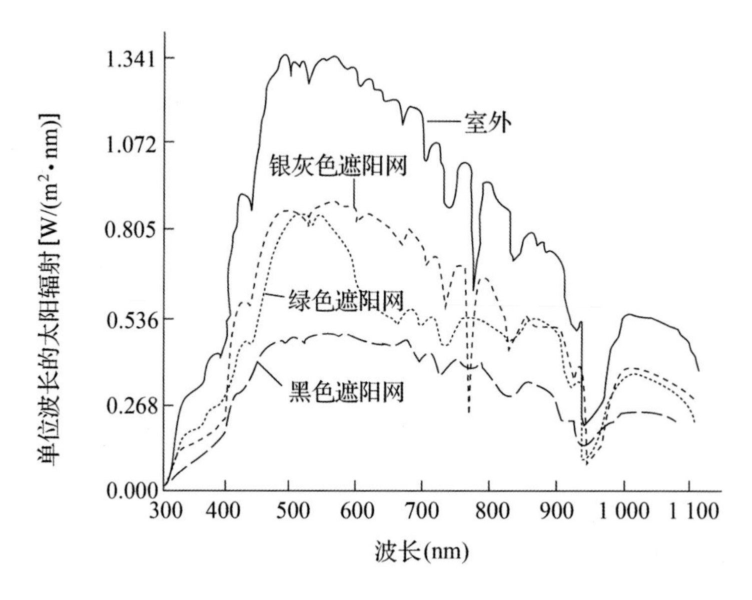

图5–5 3种不同颜色遮阳网的透光性能

表 5–8 3 种不同颜色遮阳网的平均透光率（%）

项目	黑色遮阳网		绿色遮阳网		银灰色遮阳网	
	总辐射	散射光	总辐射	散射光	总辐射	散射光
辐照度平均透过率	39	59.6	59.2	92.9	67.8	113.6
光照度平均透过率	36.9	53	59.1	87.7	67.1	106.2
光量子流密度平均透过率	36.8	51.4	55.4	79.1	67.1	105.4

银灰色遮阳网和黑色遮阳网下太阳辐射光谱与室外基本一致，只是黑色遮阳网内的辐射量有所减少。而绿色遮阳网在 600~700 nm（红橙光）波段范围内光量明显减少，此波段正是绿色植物具有最强的吸收率的波段。不论是 200~350 nm 的紫外线区域或 400~700 nm 的光合有效辐射区域，银灰色遮阳网的透过率都大于黑色遮阳网，特别是紫外线透过率远大于黑色遮阳网（图 5-6）。这不仅影响了银灰色遮阳网的降温性能，也影响作物的生长和品质。另外，在 4 600~16 700 nm 的中远红外线区域，黑色遮阳网的透过率为 47%，银灰色遮阳网为 50%，故黑色遮阳网的热积蓄少于银灰色遮阳网。

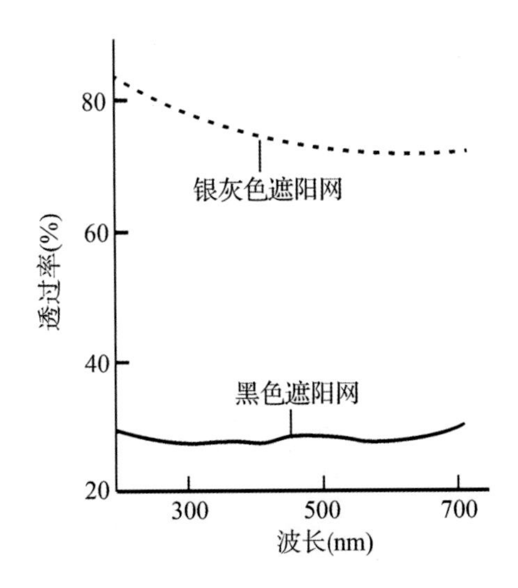

图5-6　银灰色遮阳网和黑色遮阳网对紫外线与可见光的透过率

（二）降低气温和叶温

遮阳覆盖可以显著降低根际附近的温度，主要是地表和 20~30 cm 深的土层温度。在阳光充足的晴天，遮阳网可以显著降低植物叶片温度，有利于作物生长（表 5-9）。

（三）减少蒸散量

遮阳覆盖可以抑制田间蒸散量。由表 5-10 可见，地面蒸散量的减少与遮阳网遮光率变化趋势一致。温室覆盖遮阳网下，农田蒸散量可比露地减少 1/3~2/3。

表 5-9 室外不同最高气温下遮阳网的地面降温幅度（℃）

最高气温	同型	平均降温值	最大降温值	最小降温值
35.1~38.0	灰10	8.2	13.4	3
	灰12	8.7	13.9	3.4
	黑8	11.3	16.4	6.2
	黑10	12.2	17.4	7
	黑12	12.9	18.2	7.6
30.1~35.0	灰8	2.8	4.8	0.8
	灰10	3.4	6.1	0.7
	灰12	3.8	6.4	1.2
	黑8	4.6	7.1	2.1
	黑12	5.6	8.9	1.2
25.0~30.0	灰8	3.1	6.9	0.7
	灰10	3.2	6.4	0
	灰12	3.6	6.9	0.3
	黑8	4.8	8.4	0.7
	黑12	4.7	8.9	1

表 5-10 不同网型遮光率与蒸散量减少率（%）

项目	灰10	灰12	黑8	黑10	黑12
遮光率	45	48	57	67	70
蒸散量减少率	35	38	41	60	60

（四）防虫防病

银灰色遮阳网对蚜虫有很好的趋避效果、广州市调查结果显示，避蚜效果达 85%~100%，油菜病毒病的防病效果达 96%~99%，辣椒日灼病减少到零。

三、遮阳网的选用

采用遮阳网栽培必须根据当地的自然光照强度、蔬菜作物的光饱和点和覆盖方法，选用适宜遮光率的遮阳网，以满足作物正常生长发育对光照的要求。夏季在阳光直接照射下，光照强度一般在 6 万 ~10 万 lx，而多数蔬菜作物的光饱和点在 3 万 ~6 万 lx，如辣椒光饱和点为 3 万 lx，茄子为 4 万 lx，黄瓜为 5.5 万 lx。过强的光照会对蔬菜光合作用产生很大影响，导致吸收二氧化碳代谢受阻，呼吸强度过大等生理问题，导致光合“午休”现象。因此，采用合适遮光率的遮阳网覆盖，既可以降低中午前后的棚内温度，又可提高蔬菜的光合作用效率，一举两得。

辣椒等光饱和点低的可以选择遮光率在 50%~70% 的遮阳网，以保证棚内光照强度在 3 万 lx 左右；而黄瓜、番茄等作物的光饱和点比较高，则应选择遮光率比较低（35%~50%）的遮阳网，保证棚内光照强度在 5 万 lx 左右。在蚜虫和病毒病危害严重的地区可选择银灰色遮阳网，辣椒栽培宜选用银灰色遮阳网，育苗时最好采用黑色遮阳网覆盖。

第六章
日光温室的配套设备

日光温室的配套设备是指日光温室日常生产管理过程中所用到的相关设备的统称。按照不同的功能可分为环境调控设备、育苗设备、栽培管理设备及产品采后处理所需要的设备。针对不同的温室结构、作物品种、栽培时期以及不同的栽培目的，需要适合的配套设备才能实现最佳的投入与产出比。只有了解和掌握各种配套设备的功能、特点、使用方法及注意事项，才能更好地为科研及生产服务。只有增加了相关设备的投入才能提高日光温室抵抗不利天气及环境的能力，才能提高劳动生产效率，降低生产成本，最终达到增加产量、提高品质的目的。

第一节
日光温室环境调控配套设备

温度、光照、水分、气体、肥料是作物生长所必需的重要环境因子，也是日光温室日常管理的主要技术环节，直接影响着作物的长势、产量、品质及经营者的经济效益。为使温室生产者更好地了解和掌握相关的配套设备，下面我们就从五个方面介绍与环境调控有关的配套设备。

一、通风降温设备

日光温室通风是从事温室生产管理的一项重要农事操作，可以在一定程度上降低温室内的温度和湿度，并适度提高温室内二氧化碳浓度。通风方式主要分自然通风和强制通风，还有两者兼有的通风方式。

（一）自然通风设备

1. 手动底部通风设备　传统的底部通风通常用手扒缝的形式，这种方法不但费工费时，而且对塑料的磨损严重，效果也不理想。采用手动底部通风设备（图 6–1）时，通常在温室骨架距离底脚 0.9~1.4 m 处，东西向安装一排卡膜槽，可用自攻丝固定在骨架上弦。这排卡膜槽的作用主要有两个：一是可以与底脚的卡膜槽配合安装防虫网，二是将压膜线抬起，使其平行或略高于骨架上弦，这样有利于卷膜轴在压膜线和骨架之间上下移动。在压膜线和薄膜之间，焊接一排卷轴，可以采用管径 15 mm 或 20 mm 的镀锌管。一般在有工作间的一侧山墙安装手动通风设备，在距底脚 1.5 m 处的山墙外侧设置预埋件固定放风设备的轨道管。薄膜用 4 分卡箍固定在卷轴上，30~50 cm 一个。

2. 手动顶部通风设备　手动顶部通风设备（图 6–2）的安装较底部安装稍复杂一些，首先要在温室骨架顶点处东西焊接一根管径 15 mm 镀锌管（长管），管距离风口下沿 1.2~1.5 m，距骨架上弦 5~10 cm。每

图6-1　手动底部通风设备

隔一排骨架通过长约 5 cm 的管径 25 mm 的管（短管）固定在骨架拉花上，尽量保持长管在一条直线上，在长管和短管之间抹些黄油减少摩擦。长管距温室两侧山墙距离为 3~4 m，在温室入口一侧与通风设备连接。如果安装顶部通风设备的骨架算作第一排，那么从第二排和第三排之间开始安装驱动绳，以后每隔两排骨架安装一组风口驱动绳。安装驱动绳时要将风口开到最大处，并保持风口绳子处于同一条直线。将压膜线专用定滑轮和风口绳驱动器分别固定在压膜线和风口绳上，将驱动绳的两头分别按相反方向紧密缠绕在驱动轴上。注意所有连接风口绳驱动器的驱动绳的缠绕方向要一致，连接专用定滑轮的驱动绳的缠绕方向也要一致，绳头绑好后用抗老化胶带缠紧。长度超过 100 m 的

图6-2　手动顶部通风设备

温室，建议安装三套顶部通风设备，这样温度管理将更加精确。

3. 智能通风设备　智能通风设备（图 6-3）是在手动顶部通风设备的基础上改进而成，除动力来源于电动卷膜器以外，其他执行机构基本相同。智能通风设备能够解决日常通风管理中的不及时、不准确的问题，并大大减少劳动量，如果能够很好地解决断电和一次性投入稍大的问题，其应用前景将更加广阔。智能通风设备一般由控制器、温度传感器、电动卷膜器、雨量传感器等几部分组成。温度传感器将信号采集传送到控制器，控制器根据温度的设置情况，确定执行哪种操作。

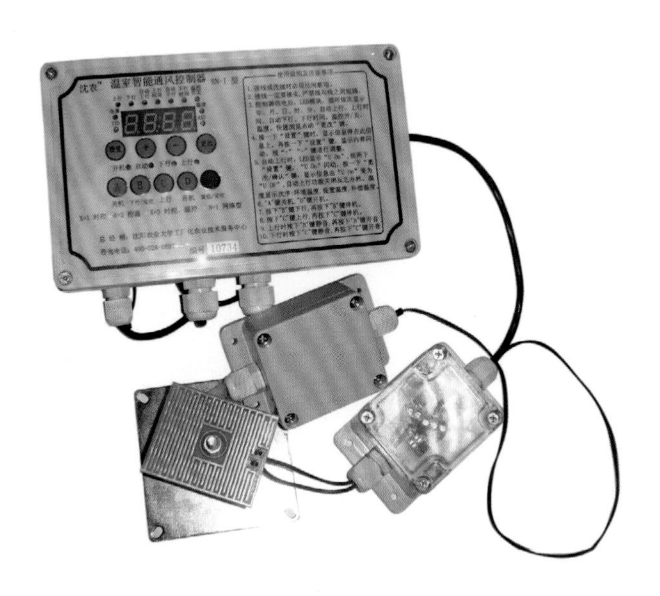

图6–3　温室智能通风设备

（二）强制通风设备

1. 循环风机　日光温室管理过程中，当温室的通风口关闭或外界没有自然风时，尤其是冬季，对于日光温室内部空气的循环很重要。循环风机（图 6–4）的使用，对保持温室内温度、湿度和二氧化碳浓度均匀一致是必不可少的，可以大大减少水滴在作物上凝结，防止病害的发生。

图6–4　循环风机

循环风机的一个关键性部件是风机罩。许多便宜的风机不带风机罩，这些风机适合种植矮株作物，如盆栽培花卉和穴盘育苗，无罩也能很好地工作。当温室种植高大、茂密的植物，如番茄、黄瓜等，只有用有罩的风机才能够在植物冠层提供理想的水平气体流动。

在跨度 12 m 以内的日光温室，每隔一定距离挂 1~2 个循环风机，第一台循环风机距山墙的距离为风机直径的 8 倍左右，两台风机的间距为风机直径的 30 倍。循环风机的风量根据每平方米地面面积需要 0.005 6 m^3/min 的流动空气来确定，如温室跨度为 8 m，长度为 100 m，则需要循环风机的设计气流量为 44.8 m^3/min。

当温室通风系统运行的时候，一般循环风机系统应该停止运行。循环风机对大风量的自然通风通常不能产生多少影响，它的最大价值在于冬季促进密闭温室的室内空气流动，用来使空气循环和除湿。

2. 湿帘风机通风设备　湿帘风机通风设备（图 6–5）主要指湿帘降温装置和风机，分别安装在温室的两侧山墙内，风机通常采用低压大流量轴流风机，也就是典型的螺旋叶片式风机。风机运行时温室内产生负压，可以在进风口处形成足够的风速，使室外空气穿过湿帘装置进入室内,并为植物提供连续的流动空气。由于湿帘中水分的蒸发作用，

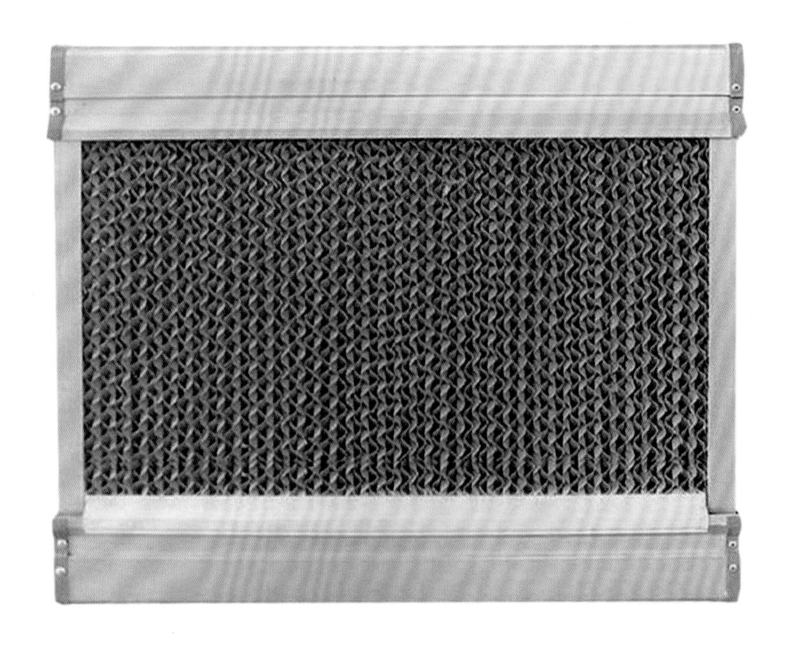

图6–5　湿帘设备

外界空气被降温后进入温室。在流经植物区域时，空气吸收室内热量，温度和湿度增加，然后通过风机排出室外。提高空气流速或限制温室长度可以控制空气温度和湿度上升的比率。一般的通风设计中都采用1次/min的空气交换率，这个通风量下的空气温度变化不超过6℃。为达到最好的通风效果，进风口和出风口之间的距离应小于50 m。如果温室长度大于50 m，也可以在东西两侧山墙排风，在温室中间安装两排湿帘，并打开湿帘间的透明覆盖材料，使空气能够通过湿帘分别进入到被隔开的温室内，达到降温的目的。

（三）遮阳降温设备

遮阳降温设备包括外遮阳（图6-6）和内遮阳设备，主要由动力装置、支撑装置、遮阳网等几部分组成。遮阳网的遮光率越高，降温作

图6-6　日光温室外遮阳设备

用就越大，反之遮光率低，降温作用小。通常外遮阳网的降温效果优于内遮阳网，可使温度下降3~8℃。内遮阳的降温只有在顶端和侧面通风条件均较好时，才能发挥出较好的降温效果。作物生长一般需要较强的光照条件，不宜选择遮光率过高的遮阳网。

目前，市场上有一种由荷兰引进的降温涂料，使用方法简单，投入低，效果也不错。

二、加热设备

日光温室的加热设备主要有热风机、热水锅炉、太阳能加热器等几种。一般配合室内散热设备和热媒输送系统工作。

（一）热风机

热风机是通过热交换器将加热空气通过大功率风机直接送入温室，提高室温的加热方式。这种设备由于强制加热空气，一般加热的热效率较高，通常安装在温室的一端山墙附近，热风从山墙一侧吹向温室中部。如果温室过长，则需增加传热管道使室温更加均匀。根据热源的不同又可分为电热风机（图6–7）、燃气热风机（图6–8）、燃油热风机（图6–9）、燃煤热风机（燃煤热风炉）。

1. 电热风机

图6–7 电热风机

2. 燃气热风机 采用先进的波纹炉胆结构，既增加了传热面积，也满足了炉胆受热后的自由膨胀；热转化率高，达99.9%左右，出风

图6-8　燃气热风机

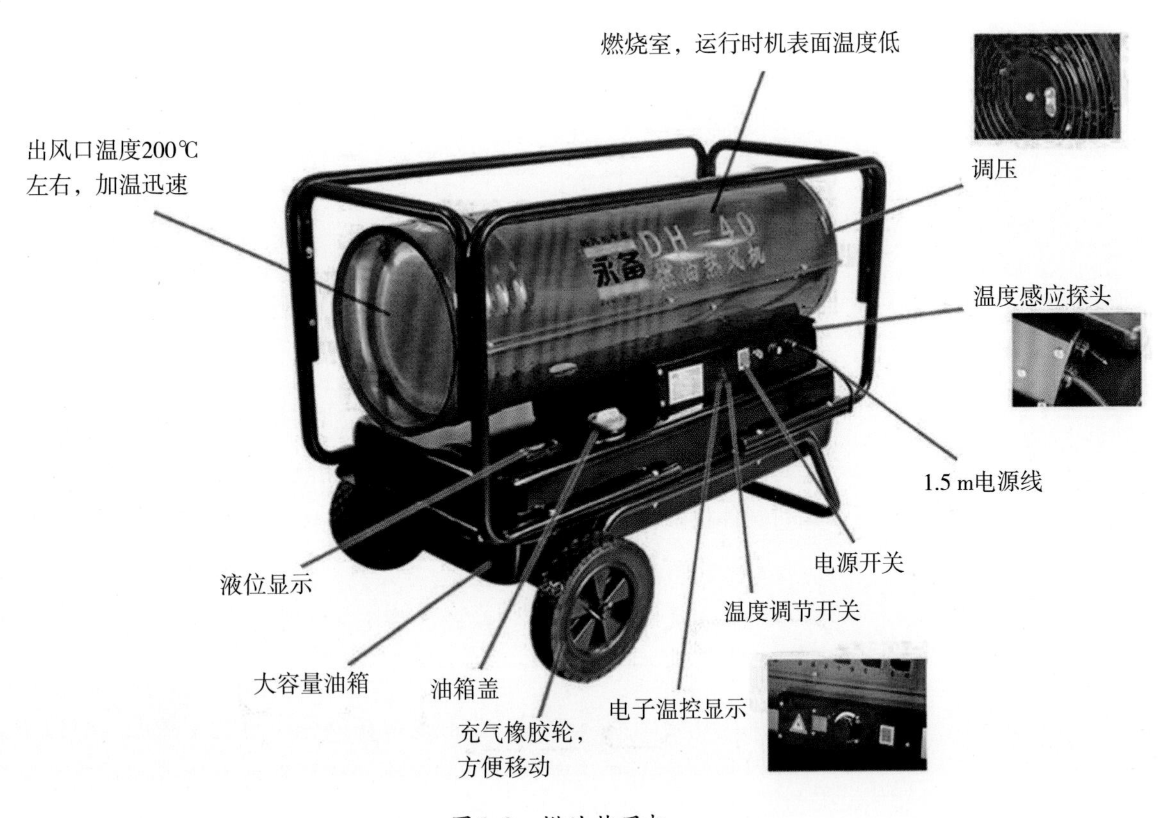

图6-9　燃油热风机

稳定，适应性强；全自动运行操作简单，自动控温快，设定温度后自动启动、点火、加热、送风、停止，使温度保持恒温；独有整体保温隔热设计，热损耗降至最低。一些燃气热风机技术参数见表 6–1。

表 6–1 一些燃气热风机技术参数

产品型号	热输出功率（kJ/h）	热效率（>%）	适用燃料	耗气量（kg/h）	风量（m^3/h）	热风升温（℃）	电压（V）	功率（kW）	出烟口温度（℃）
FSH–5	418 400	95	天然气	5.85	8 700	40~80	380/220	0.6	120~160
FSH–10	836 800	95	天然气	11.7	14 000	40~80	380/220	0.7	120~160
FSH–20	1 255 200	95	天然气	23.4	17 400	40~80	380/220	1.2	120~160

3. 燃油热风机 一些燃油热风机主要技术参数见表 6–2。

表 6–2 一些燃油热风机技术参数

型号	DH–20	DH–40
热输出功率（kW）	23	43
风量（m^3/h）	400	1 050
功率（W）	100	250
平均油耗（L/h）	1.8	3
油箱容积（L）	21	42
质量（kg）	26	37

直燃式热风机，使用柴油或者煤油雾化燃烧，燃烧效果好。强制热风型加热，加温迅速，效率高。全自动电子点火，配有过热保护装置，过热停机。带有自动冷却功能，运行时机体表面温度低。使用简单方便，运行经济可靠。

直燃式热风机没有换热器，直接把燃烧产生的气体排放到温室中。这种方式加热效率提高，并且增加了二氧化碳，但由于燃烧会产生水蒸气，在密闭温室中会产生湿度过高问题。绝大多数燃气热风机会设计有废气催化净化器系统，使燃烧产生的有毒有害气体在热空气释放到温室之前即被排除。

4.燃煤热风机

1）全自动燃煤热风机（图 6–10）。采用特殊三回程设计，交换器内自动除尘，免清灰。温度控制系统由电脑控制，自动控制进风量、热风输出和环境温度。这种热风机集燃烧与换热为一体，以炉体高温部位进行换热，烟和空气各行其道，加热无污染，热效率高达 80%~95%，升温快，体积小，安装方便，使用可靠。

图6–10　全自动燃煤热风机

燃煤热风机技术参数见表 6–3。

表 6–3　燃煤热风机技术参数

产品型号	热输出功率（kJ/h）	热效率（>%）	适用燃料	耗煤量（kg/h）	风量（m^3/h）	热风升温（℃）	电压（V）	电机功率（kW）	质量（kg）
FSH–10	418 400	85	无烟煤、焦炭	6~12	4 500	60~110	380/220	3	600
FSH–15	627 600	85	无烟煤、焦炭	10~18	5 000	60~110	380/220	3	750
FSH–20	200 000	85	无烟煤、焦炭	15~25	5 500	60~110	380/220	5	850
FSH–25	250 000	85	无烟煤、焦炭	18~28	7 000	60~110	380/220	5.5	1000
FSH–30	300 000	85	无烟煤、焦炭	25~35	7 000	60~110	380/220	5.5	1000

2）普通燃煤热风机。图 6–11 是一种普通燃煤热风机。这种热风炉系立式风管结构，结构简单、生产成本低；灰尘少、对环境污染小，有利于环保。具有良好的风循环，热效率高，每小时燃煤 8~12 kg，每小时耗电 1.15 kW。热风炉适用范围广，可用于日光温室、养殖场。

图6–11　普通燃煤热风机

炉体由外炉体和内炉体相套接，并通过法兰焊接构成。炉体顶部的中心处装设有排烟筒，炉体的底部设置有炉箅，炉体的下部设有进煤口，炉膛的下部为燃烧室。法兰上方的外炉体与内炉体之间形成热气夹腔，法兰下方的外炉体与内炉体之间形成冷气夹腔。炉膛内，燃烧室的上方设有多根换热管，下端与内炉体的下部相连接，并与冷却夹腔连通，上端与内炉体的顶部相连接，并与热气夹腔相连通。外炉体的下部设有与冷气夹腔相联通的冷风入口，中部设有与热气夹腔相连通的热风出口，在炉膛内位于排烟筒的下方设置有一挡烟板。炉体下部的进风口与离心风机相连接，炉体的底部加设一与风机相连接的进风管，炉体的顶壁为弧形。

（二）热水锅炉

热水锅炉是温室最常用的加热系统，热水在加热容量与控制方面具有无可比拟的灵活性。热水不仅可以长距离传输巨大的热量，而且可以采取多种方式传递热量。中心锅炉加热系统产生的热水，既可以进行地中加热、苗床下加热、苗床上加热、作物周围加热，也可以加热灌溉水，甚至可以给热水式热风机提供热源。

水是非常好的传热与散热介质，单位体积的水的热容量约是空气的 3 500 倍。据此推算，1 m^3 体积 1000 L 的水，其热容量比 3 000 m^3 的空气还要大。

图 6–12 所示即为一种热水锅炉。设备主要采用水包火炉体、火包水与分火、阻火、火包水的螺旋管技术，圆柱形大容量炉膛，以及水、火相互包容的分流反烧组合技术。加煤口设置在炉膛顶部，添加煤更方便快捷，添加一次煤可以连续燃烧 6~12 h。无烟煤、块煤、散煤、木柴都可以使用，为用户选择燃烧材料创造了方便条件。

三、补光设备

目前应用在日光温室上的补光设备主要有高压钠灯（图 6–13）、金属卤化物灯（图 6–14）、荧光灯（图 6–15）、LED 灯（发光二极管）等。

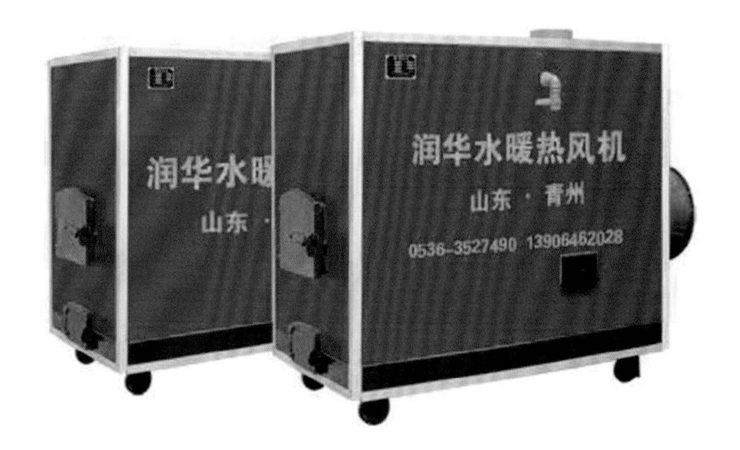

图6-12　热水锅炉

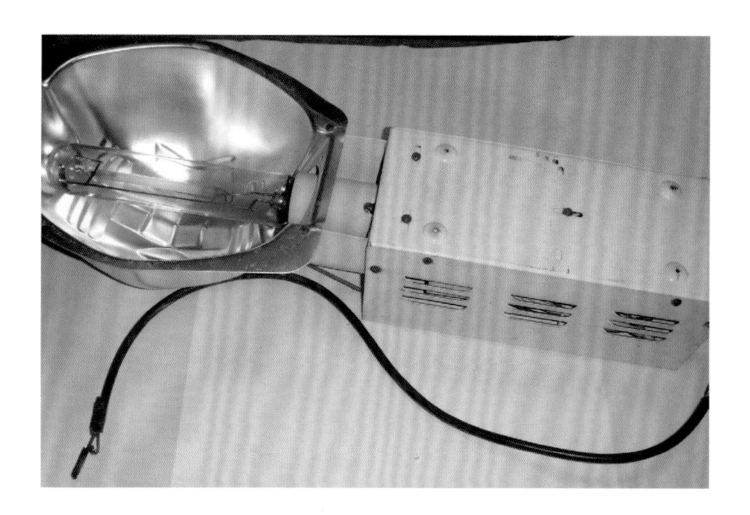

图6-13　高压钠灯

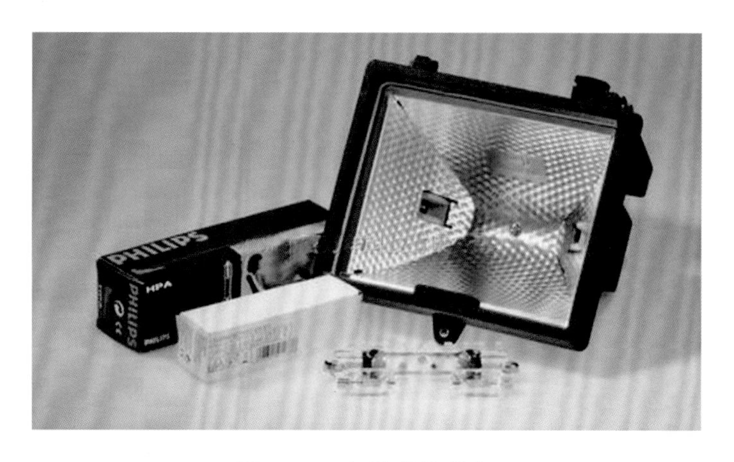

图6-14　金属卤化物灯

图6-15　荧光灯

（一）高压钠灯

高压钠灯是在放电管内填充高压钠蒸气并添加少量氙和汞等金属的卤化物帮助启辉的一种高效灯。特点是发光效率高，功率大，寿命长（12 000~20 000 h）。由于高压钠灯单位输出功率成本较低，可见光转换效率较高（达 30% 以上），出于经济性考虑，人工光补光主要采用高压钠灯。高压钠灯可补足北方冬天日照时间短的缺点，起到供暖和补充阳光的双重作用。

其反射器采用高品质专业设计的拉伸铝反光罩，提供科学均匀的配光，使反光效率达 95% 以上。光源是专门按照太阳光谱设计制造的，经特殊电器启动后发出植物生长最需要的光线。一体化设计，方便安装，使用 220 V/50 Hz 交流电，有 150 W、250 W、400 W、600 W 不同功率。灯具整体采用挂钩设计，方便吊顶安装，白色喷塑外壳可以有效地抵抗腐蚀，散热性能好，使用寿命长。

（二）金属卤化物灯

在高压汞灯的基础上，通过在放电管内添加各种金属卤化物（溴化锡、碘化钠、碘化铊等）形成的可激发不同元素产生不同波长光线的一种高强度放电灯。发光效率较高，功率大，光色好（可改变金属卤化物组成满足不同需要），寿命较长（数千小时）。发光光谱与高压钠灯相比，覆盖范围较大。但由于发光效率低于高压钠灯，寿命也比高压钠灯短，目前仅在少数植物工厂中使用。

（三）荧光灯

低压气体放电灯，玻璃管内充有汞蒸气和惰性气体，管内壁涂有荧光粉，光色随管内所涂荧光材料的不同而异。管内壁涂卤磷酸钙荧光粉时，发射光谱范围在 350~750 nm，峰值为 560 nm，较接近日光。为了改进荧光灯的光谱性能，在玻璃管内壁涂覆混合荧光粉制成了具有连续光谱的植物用荧光灯，改进后的荧光灯光谱与叶绿素吸收光谱极为吻合，大大提高了光合效率。

荧光灯光谱性能好，发光效率较高，功率较小，寿命长（12 000 h），成本相对较低。此外，荧光灯自身发热量较小，可以贴近植物照射，可以实现多层立体栽培，大大提高了空间利用率。但荧光灯自身也有不少缺陷，无论哪种类型的荧光灯管之间都缺少植物需要的红光（波长 660 nm 左右），为了弥补红光的不足，通常在荧光灯之间增加一些红色 LED 光源。而且直管型荧光灯中间的光照强度较大，因此还要设法通过荧光灯管的合理布局，使光源尽可能做到均匀照射。

针对荧光灯存在的一些问题，在荧光灯基础上又出现了几种新型荧光灯，如冷阴极管荧光灯、混合电极荧光灯等，寿命长达数万小时，构造极其简单，还可制成很细的荧光灯具，备受用户关注。

（四）LED灯

随着光电技术的发展，带动了高亮度红光、蓝光与远红光发光二极管的诞生，使低能耗人工光源在农业领域的应用成为可能。LED 灯具有高光电转换效率，使用直流电小，寿命长，耗能低，波长固定和低发热等优点，与目前普遍使用的高压钠灯和荧光灯相比，不仅光量、光质可调，而且还是低发热量的冷光源，可近距离照射，从而使植物的栽培层数和空间利用率大大提高。近年来，LED 灯已经成功用于人工补光、植物组培、遗传育种、植物工厂以及太空农业等领域，并正在向农业与生物产业的众多领域拓展（图 6–16~ 图 6–18）。随着 LED

图6–16　LED补光灯

灯性能不断提高，LED 灯在农业与生物领域的应用范围将会更加广阔。因此，LED 灯被认为是 21 世纪农业与生物领域最有前途的人工光源，具有良好的发展前景。

图6–17　催芽室LED补光

四、空气湿度调节设备

空气相对湿度过高、过低都会影响作物的生长发育，光合作用需要 25%~80% 的相对湿度，高于 90% 时，会抑制呼吸消耗，同时作物也会因高湿而产生病害，过低时作物容易发生白粉病及虫害。不同作物对空气相对湿度的要求也不尽相同，应根据不同的作物品种及所处的生长期对空气进行调节。因此上午通风降湿有利于光合作用，夜间控制通风、保湿、降温抑制呼吸消耗。

图6–18　温室LED补光灯

（一）除湿机

日光温室内降湿调控可采用加热、通风和除湿等方法。加热不仅可提高室内温度，而且在空气含湿量一定的情况下，相对湿度也会自然下降。适当通风将室外干燥的空气送入室内，排出温室内高湿空气也可以降低室内相对湿度。直接采用固态或液态的吸湿剂吸收空气中的水汽也是一种降低空气湿度的方法，但成本相对高一些。

除湿机由压缩机、热交换器、风扇、盛水器、机壳及控制器组成。由风扇将潮湿空气抽入机内，通过热交换器，空气中的水分冷凝成水珠，干燥空气排出机外，使设施内的湿度降低。

（二）加湿设备

日光温室在进行周年生产时，到了高温季节还会遇到高温、干燥、空气湿度不够的问题。当温室内相对湿度低于40%时，就需要加湿。在一定的风速条件下适当增加一部分湿度可增大植物叶片气孔开度，提高作物的光合强度。如果日光温室采用湿帘风机降温设备，在降温的同时也可达到增加室内湿度的目的（图6–19）。在设施栽培中常用的加湿方法有喷雾加湿与超声波加湿等。

1. 喷雾设备

1）高压喷雾机。利用专用造雾主机将经过精密过滤处理的水，输送到造雾专用高压管网（耐压14 MPa），最后到达造雾专用喷头喷出成雾。雾化喷头是通过高压力而进行的冷却蒸发式喷头。它形成的水珠直径仅为10 μm，可以很快地蒸发。高温时节快速蒸发的水珠可以使周围环境在几秒内下降3~7℃，从而达到增加空气湿度、降低环境温度的效果。但这种设备的一次性投资较大，主要应用于人工造景的绿化工程，温室生产中只有培育高档种苗及花卉时使用。

2）低压雾化喷头。这种喷雾设备对水的压力要求不高，温室内使用的普通水泵和自来水均能满足工作压力，喷头的有效半径一般在0.6~1 m，所以安装时喷头之间的距离不能超过喷头的喷雾半径。这种设备一次性投资较高压喷雾机要低得多，所以目前被广泛应用到温室内，用于满足不同作物对湿度的要求。如食用菌生产、兰花生产等已经广泛采用这种雾化喷头。

2. 超声波加湿器　整套加湿系统由温度传感器、水箱、泵、供水管道、稳压器、比例控制器、加湿器和控制电路等组成。超声波加湿器采用高频电子振荡电路，通过换能片产生的超声能量直接作用于水，把电能转化为机械能。水在强烈的超声空化作用下被雾化，转化过程中无机械运动，雾化的微细水颗粒，经过特殊设计的风道吹送至需加湿的空间，达到加湿的目的。

图6-19　连栋温室帘降温增湿

五、二氧化碳施放设备

温室内的二氧化碳有不同的来源：通风换气从温室外新鲜空气中获得，通过有机质分解释放，施放压缩二氧化碳气体、干冰、液态二氧化碳，不同燃料（丙烷、天然气或煤油）的燃烧和一些物质的化学反应释放等。

无论使用哪种方式补充二氧化炭，都要注意二氧化碳的最佳用量，绝大多数植物要求空气中二氧化碳的适宜含量为 0.2%，实际生产中一般控制在 0.08%~0.12%。当温室内空气二氧化碳含量达到 1% 时，会让人头痛和反应迟钝，达到 8%~10% 时，对人具有致命的毒害，这一点是必须注意的。

生产中常使用液态二氧化碳钢瓶、二氧化碳发生器以及吊挂式二氧化碳气肥袋补充二氧化碳。

（一）液态二氧化碳钢瓶

液态二氧化碳钢瓶（图 6–20）内储有压缩液态二氧化碳，压力为 11~15 MPa。施用瓶装液态二氧化碳能精确控制浓度。

图6–20　液态二氧化碳钢瓶

用二氧化碳钢瓶施肥，还应配备减压阀、电磁阀、电磁阀控制器、二氧化碳控制器、供气管和输气管等部件。高压二氧化碳钢瓶作为二氧化碳气源，经减压阀减压后由电磁阀控制气体释放，所释放的二氧化碳气体经供气管送入输气管，二氧化碳气体通过输气管上均匀分布的小孔扩散到空气中。二氧化碳控制器通过传感器来测量温室内气体的二氧化碳含量，判断是否需要释放二氧化碳气体，如需要则将相关控制指令传送给电磁阀控制器。电磁阀控制器接收二氧化碳控制器发来的指令，通过控制电磁阀的开闭控制二氧化碳气体释放。

在使用时只需打开设备电源及二氧化碳钢瓶，就可以完全自动化运行，不需要人工干预，通风之前要关闭设备电源及气瓶。为节约成本，也可以在一个温室使用后将设备移动到其他温室使用。

瓶装二氧化碳施肥的优点是控制精确度较高，配套设备易于采购，安装后运行费用较低，不足之处是二氧化碳钢瓶的租赁和运输成本相对较高，液态二氧化碳汽化后吸热可降低温室内的温度。

（二）二氧化碳发生器

二氧化碳发生器（图 6–21）主要包括点火装置、燃烧室、自动监控装置、安全控制装置等，工作时需要配备钢瓶燃料供应系统。钢瓶主要提供清洁适量的燃油或压力适当的燃气。点火装置是按照开机信号打出火花点燃燃料，以使其在燃烧室内充分燃烧。自动监控装置是按一定时间程序或设定的浓度自动开停机。安全控制装置是当停电、意外熄火、发生器机体发生倾斜时，自动关闭燃料供应系统，避免燃料泄漏的安全部件。

二氧化碳发生器以液化石油气或天然气为原料，材料来源广泛，价格便宜，运行费用低。1 kg 液化石油气通过充分燃烧可产生 3 kg 二氧化碳。1 h 可生产 3.45 kg 二氧化碳 ，燃料消耗 1.15 kg。相对于其他补充二氧化碳的方法，燃烧法是成本最低廉的，并且安全可靠。一般一个发生器设计的二氧化碳供应区域为 1 亩，在供应二氧化碳的同时也可以提高温室内的温度。这些热量对于寒冷地区的温室，特别是冬季栽培是有益的。

图6–21 二氧化碳发生器

（三）吊挂式二氧化碳气肥袋

吊挂式二氧化碳气肥袋（图 6–22）是通过物质的化学反应产生二氧化碳，由发生颗粒和催化缓释剂两部分组成。发生颗粒由 97%~98.5% 的碳酸氢铵，0.9%~1% 的碳酸钠，总体比例为 0.12%~0.13% 的蓝红黄三种颜料配制成墨绿色，比例为 0.8%~0.9% 的甲醇作为颜料稀释剂，经搅拌混合而成。催化缓释剂由硅藻土粉料为载体，在硅藻土粉料载体上浸润30%的2-甲基-3-异丙基丁醇，16%的邻苯二甲酸，40%的羟基-甲基-戊酮，14%的二甲基酰胺混合物。使用时发生颗粒和催化缓释剂的配比为100∶5。

发生颗粒每个自封袋100 g，催化缓释剂每袋为5 g。使用时打开催化缓释剂包装，将催化缓释剂倒在装有发生颗粒的自封袋内。充分混合后，在袋上均匀烫出8~12个孔，封上自封袋后吊挂在距离植物冠层0.5~1 m处，每亩地20袋。白天有日光照射时就可连续、稳定地产生二氧化碳气体，夜晚无光照不释放二氧化碳气体，一般有效期30 d左右，不影响正常的田间作业。

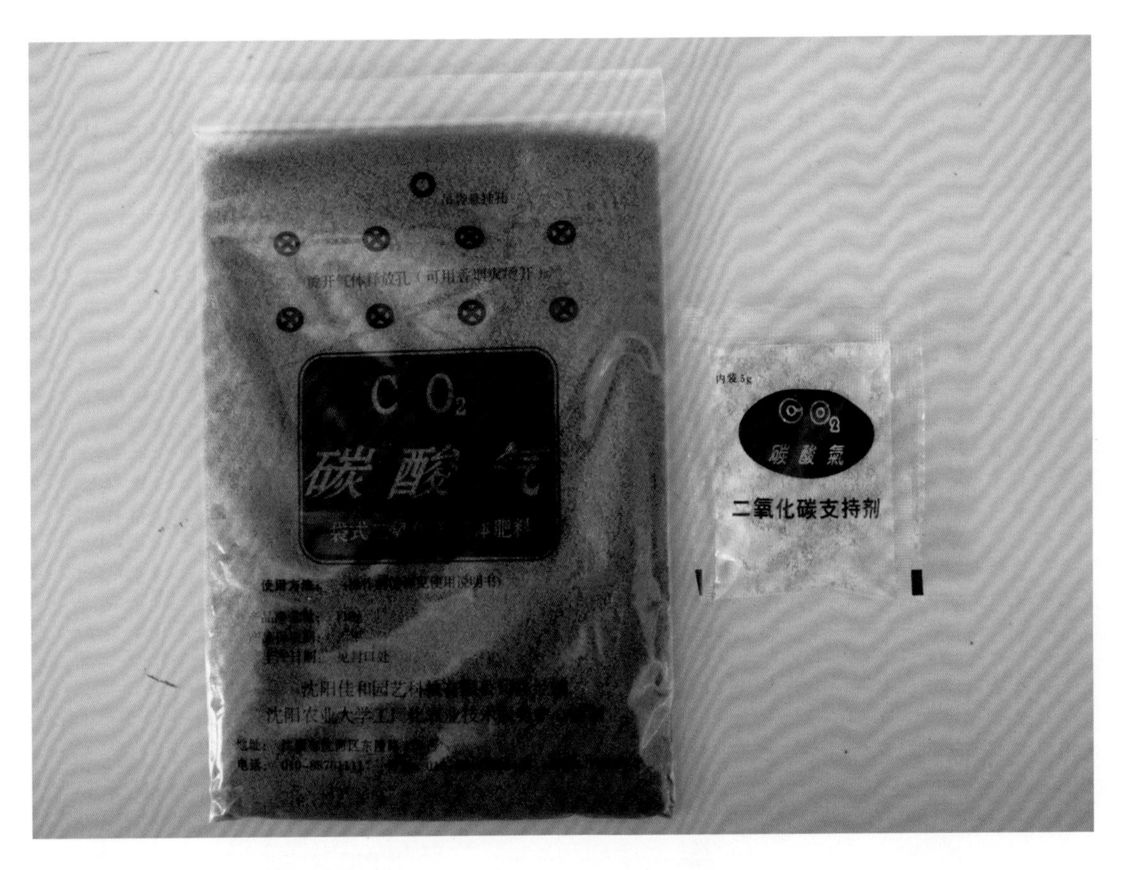

图6-22　吊挂式二氧化碳气肥袋

第二节 作物育苗关键设备

一、基质搅拌机

基质搅拌机主要用于粉状及颗粒物料的搅拌，如基质及种子搅拌。搅拌均匀，生产率高。

JB-4 型基质搅拌机见图 6-23。侧下方出料，搅拌器内外螺旋式搅龙在旋向配置上为相反配置。工作时中，在外螺旋输送物料的过程中内螺旋完成物料搅拌，物料搅拌均匀。

移动灵活、方便，可就近物料搅拌，减少物料运输。

采用组合式无级调速变速器，调速范围大（6.5~32.5 r/min），可根据不同物料和生产效率的需要进行调整。

图6-23　基质搅拌机

二、基质装盘机

确保播种盘每一个孔穴装入的基质均匀，是幼苗均匀生长的必要条件。图 6-24 所示基质装盘机是 2YB-500-GT 气吸滚筒式秧盘播种流水线的一部分，适用于任何基质，配有变频调速系统，可调节上料和输送速度，将基质均匀供到穴盘，适用于各式穴盘，操作简便。

图6-24　2YB-500-GT基质装盘机

三、播种机

（一）手推式蔬菜种子播种机

手推式蔬菜种子播种机（图 6-25），不但能够解决棚室内无法利用大型机械、人工种植费时费力等诸多问题，而且成本低廉，无污染物排放，适合播种形状各异、尺寸不一的多种蔬菜种子，如生菜、大葱、香菜、甘蓝、韭菜和番茄等。使用方便，易拆装，还可根据不同农艺要求调整行距和株距，可以单行、双行以及 3 行播种，而且调节操作简单方便。

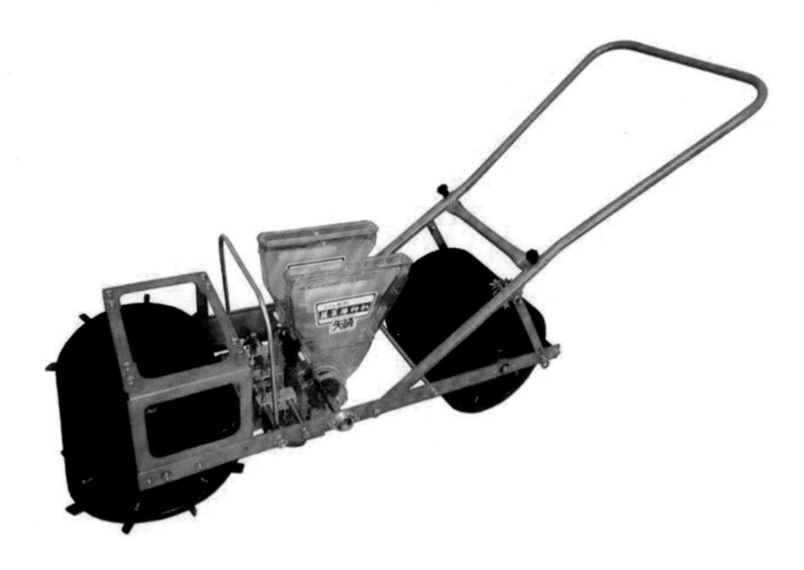

图6-25　手推式蔬菜种子播种机

为了使工作过程紧密流畅，无污染，手推式蔬菜种子播种机由人力推动。推动机器时，主传动轮与地面接触并转动，动力由主传动链轮通过链条传动到从动链轮，从动轮轴带动排种轮旋转，排种器进行工作。开沟铲在主传动轮后完成开沟，排种器将种子播入沟内，紧跟在后面的覆土板将土盖上，最后镇压轮进行镇压，完成整个过程。

手推式蔬菜种子播种机集开沟、播种、覆土和镇压于一体，功能多，无污染，具有方便实用、易拆装、外形美观和播种精度高等特点，使棚室蔬菜种植由人工形式迈向了半自动化模式。

（二）手持式播种机

SDL-100手持式播种机见图6-26。采用优质不锈钢材料制成，1 100 W气吸式电机，吸力强劲。可根据种子不同大小，配置不同播种盘，精量程度高。播种时一次一盘，播种速度120~180盘/h。

（三）半自动播种机

2YB-200-S半自动播种机见图6-27。采用机械手臂式摆动装置，气吸式精量播种，操作灵活方便。播种时一次一盘，效率高（播种速度≥300盘/h）。播种精度≥95%。低噪声、大功率吸气装置，确保精量播种。采用变频系统控制，可以根据种子的大小随意调整吸力强度。适合粒径 0.4 mm 以上的各种作物种子，对种子形状要求不严格。可根据种子粒径大小不同，配备各种不同规格的播种盘，实用性强。另外，具有回收种子装置，避免浪费。

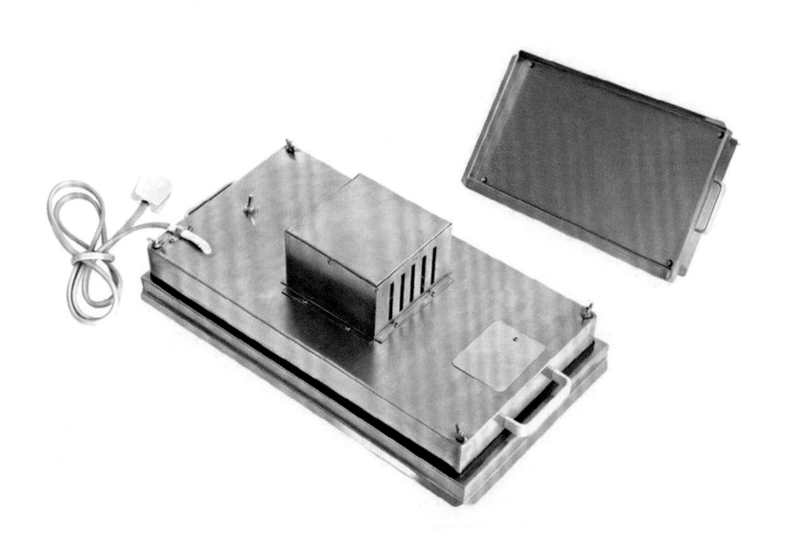

图6–26　SDL–100手持式播种机

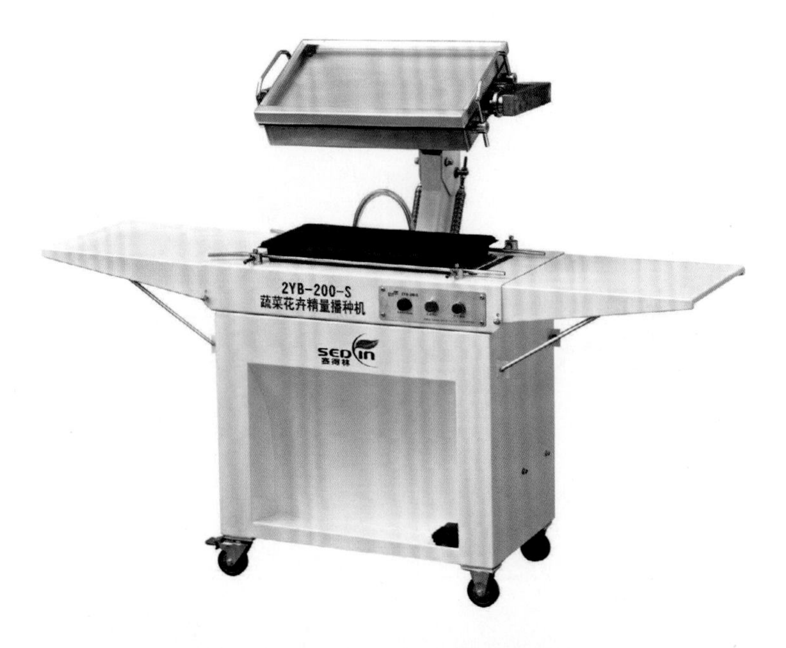

图6–27　2YB–200–S半自动播种机

（四）滚筒式播种机

图 6–28 所示的滚筒或播种机是 2YB–500–GT 生产线的一部分，适用于 0.3~4 mm 的种子，种子形状不限，保证 800~1 000 盘 /h 的播种效率。采用伺服电机输送穴盘，高速、平稳，播种精度达 97% 以上。系统设有高精度电子滚筒控制系统，确保种子能精确播到穴孔中。有专用的回收种子装置，不浪费种子。播种滚筒具有防堵塞功能，且更换简单方便，系统远程升级维护。

a.滚筒和穴盘

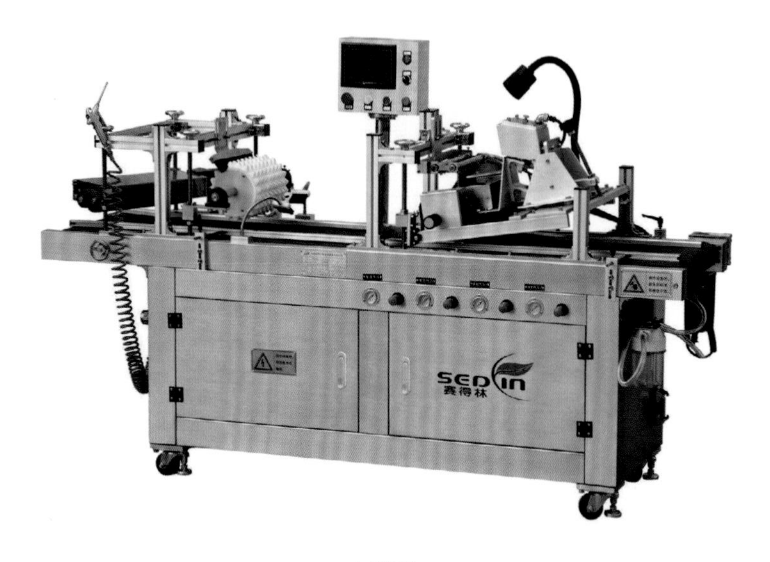

b.整机

图6–28　滚筒式播种机

四、基质覆土机

图 6–29 所示的基质覆土机是 2YB–500–GT 生产线的一部分，可均匀有效地为种子覆盖基质。

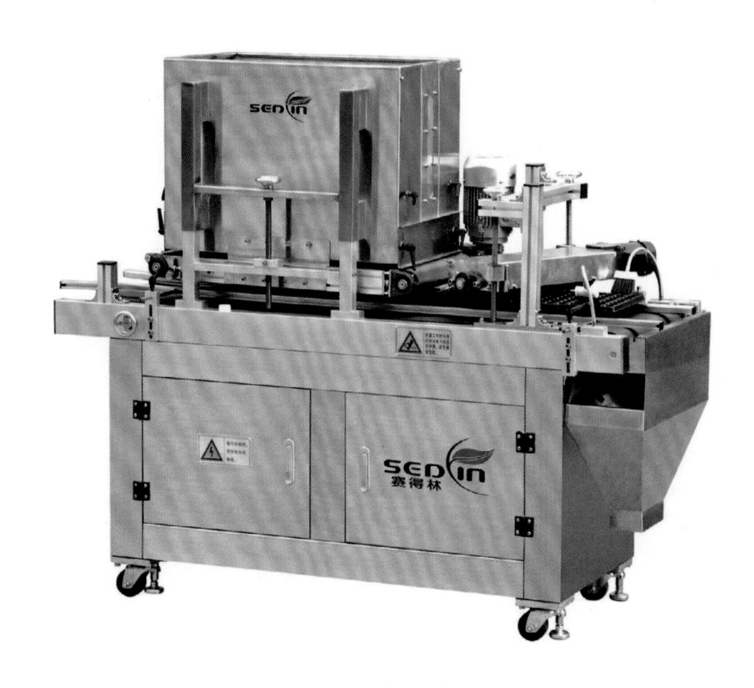

图6–29　基质覆土机

五、浇水机

图 6–30 所示的是 2YB–500–GT 生产线中的浇水机，通过光电感应，自动控制穴盘浇水时间。它采用喷淋系统，保证有足够的水量，但又不移动水的位置。通过手控阀门来确定出水量的大小。

六、催芽室

催芽室（图 6–31）是专供种子催芽和出苗的场所，具有良好的保温保湿性能。催芽室多建于温室的一角，主要设备有育苗盘架、育苗盘和加热装置。育苗盘架用来放置育苗盘，大小与催芽室的容积相配套。育苗盘用来播种催芽，规格应与育苗架配套，一般长 40 cm，宽 30 cm，高 5~6 cm。每个催芽室 1 次可放育苗盘 120 个，可供 1.33 hm^2 茄果类蔬菜田用苗。一般情况下室温保持 28~30℃，相对湿度保持 85%~90%。

图6–30 浇水机

图6–31 催芽室

将播种后的育苗盘放入催芽室中，控制适宜的温湿度，催芽出苗。

放育苗盘之前，催芽室的温度应达到 20~25℃，相对湿度达到 80%~90%。放入育苗盘后，给予适应的变温管理，控制催芽室内的温度，可使出苗健壮。

催芽室温度较高，水分蒸发量较大，育苗盘表面干燥，可及时喷水 1~2 次。当出苗率达 50%~60% 时，喷 1 次水，有助于种皮脱落。喷水最好采用 25℃左右的温水。

育苗盘中出苗率达 60% 左右时，即可将育苗盘由催芽室移入绿化室，进行秧苗绿化。

七、栽培床

温室栽培床（图 6–32）也称为苗床，主体结构采用热镀锌网面、热镀锌钢件，支架材料采用热镀锌管，边框采用铝合金型材，高度方向可进行微调，具有防翻限位装置，单侧平移均可达 300 mm，可在任意两个苗床之间产生约 0.6 m 的作业通道。床网产品全部采用优质原材料，新式反向焊接工艺，网面焊接牢固，焊头在经线上逐个单点焊接，用工虽多，但质量较好。移动苗床网规格可根据温室宽度，配备手轮，移动省力方便。

使用栽培床进行生产具有以下优点：

1. 有利于作物健康生长　种植者都希望自己种植的作物在形成产品时能够长势均匀，而且不带病虫害。当作物生产区的环境条件不利于作物生长时，尤其是空气流通不畅、杂草丛生、空气湿度过高时，往往有利于病虫害的发生。在栽培床上种植能减少这些不利条件的产生，因此，更容易生产无病虫害的作物。

2. 有利于空气流动　栽培床将作物抬离地面，为作物创造了一个新的微环境，使空气能自由流动。由于空气流动性的增加，栽培土壤中以及作物叶面上的湿度将会降低，减缓病虫害的快速繁殖。

3. 有利于控制杂草　栽培床将作物抬高到地面以上，能够减少寄居在杂草上的病虫对作物的危害。而且，使用栽培床很容易控制栽培

图6-32 栽培苗床

区域杂草的出现，避免杂草和作物相互混杂。由于没了杂草，种植作物不再有光照、水分和营养的竞争者，可以保证作物的健康生长。

4. 有利于水分控制 栽培床生产可以保持床面干洁，避免潮湿环境造成种植作物的生长不均匀和病虫危害。

八、行走式喷水车

通常固定式喷灌或微喷灌系统喷洒的水滴落在地表时，分布并不均匀，还需要通过水在土壤中进一步扩散，才能达到均匀灌溉各处作物的效果。在温室生产中，盆栽和袋栽作物、穴盘育苗等，由于受盆、袋、穴盘等栽培容器的限制，无法依靠普通的固定式喷灌或微喷灌系统获得理想的灌溉效果。行走式喷灌机是将微喷头安装在可移动喷灌机的喷灌管上，并随喷灌机的行走进行微喷灌的一种灌溉设备。在温室中采用行走式喷灌，不仅可以减少输水管道和微喷头的数量降低设备成本，更重要的是能够通过微喷头的密集排列，使滴落在地面上的喷洒水达到理想的分布均匀度，直接喷洒就能获得理想的灌溉效果。性能优良的行走式喷灌设施喷洒水在地面的分布均匀度可达 90% 以上（普通固定式喷灌或微喷灌系统喷洒水在地面分布的均匀度仅 70% 左右），因此完全适合采用容器栽培以及需要高喷洒均匀度的温室生产使用。同时，还可以通过配备肥料加注设备，利用行走式喷灌机高喷洒均匀度的优势，对温室作物进行均匀的施肥或喷药作业，大大减轻劳动强度，还可以提高肥药的利用率，减轻温室的环境污染。

图 6–33 所示是轨道行走式喷水车，采用单轨双翼运行，变频调速无触点往复运动，速度范围 0.5~20 m/s，最大作业长度 130 m，最大作业跨度 12 m，喷嘴间距 350 mm，三喷嘴独立控制。设备采用计算机变频程序控制，可一次输入 33 个程序，有自动记忆报警、启动时间、重复运行、停止时间设定，不同作物所需水量和肥料设定及选择性使用喷嘴等功能。

九、传输机

图 6–34 所示是 2YB–500–GT 生产线中的传输机，是一种无动力输送装置，简单实用。滚轮为不锈钢材质，经久耐用。

十、全自动嫁接机

嫁接是一门技术，可用于加强作物对连作障碍及病虫害的防护，易于培育出具优越生产性的育苗。图 6–35 所示是一款全自动嫁接机，其主要技术参数见表 6–4。

图6-33 轨道行走式喷水车

图6-34 传输机

图6–35　全自动嫁接机

表 6–4　全自动嫁接机主要技术参数

型号	SOP–JAG800–U	备注
处理能力（棵/h）	800	
需要人员（人）	1	供给苗/获取苗
接合方法	片叶切割嫁接（夹子固定）	
动力（kW）	0.7（单相100V）	
驱动源	压缩空气	不附属压缩机
消耗空气量（L/min）	98	
重量（kg）	544	
供给方式	自动供给	
切割方式	利用刀片直线切割	市场销售的剃须刀片
接合方式	夹子固定	原嫁接夹子
接合率（%）	95以上	
适应单元托盘	128孔、72孔	
缺株结构	传感器检出	
给苗精度	95%以上	

全自动嫁接机1人操作工作效率达800棵/h，可执行无人育苗的切出和调整方向、高度，片叶切割，每棵苗4.5 s内完成嫁接。9 min（128孔单元托盘）把单元托盘放到传输带上，可以边获取及检测苗种。给嫁接装置提供育苗时传感器检出缺株，不整理接穗和砧木，具有缺株跳跃功能。可从托盘去除畸形苗及生育不良苗，可预防缺株处理造成的不良育苗。也可卸下自动给苗装置，使用手动供给模式，扩展苗种的适应性。

十一、育苗穴盘

穴盘育苗是现代园艺最根本的一项变革，为快捷和大批量生产提供了保证。穴盘已经成为工厂化种苗生产工艺中的一个重要器具（图6–36）。

制造穴盘的材料有聚苯泡沫、聚苯乙烯、聚氯乙烯和聚丙烯等。一般的蔬菜和观赏类植物育苗穴盘用聚苯乙烯材料制成。

标准穴盘的尺寸为540 mm × 280 mm，因穴孔直径大小不同，可有18~800个孔穴。栽培中、小型种苗，以72~288孔穴盘为宜。

育苗穴盘的穴孔形状主要有方形和圆形，方形穴孔所含基质一般要比圆形穴孔多30%左右，水分分布亦较均匀，种苗根系发育更加充分。

育苗穴盘的颜色会影响植物根部的温度。白色的聚苯泡沫盘反光性较好，多用于夏季和秋季提早育苗，以利反射光线减少小苗根部热量积聚。而冬季和春季多选择黑色育苗盘，因其吸光性好，对小苗根系发育有利。

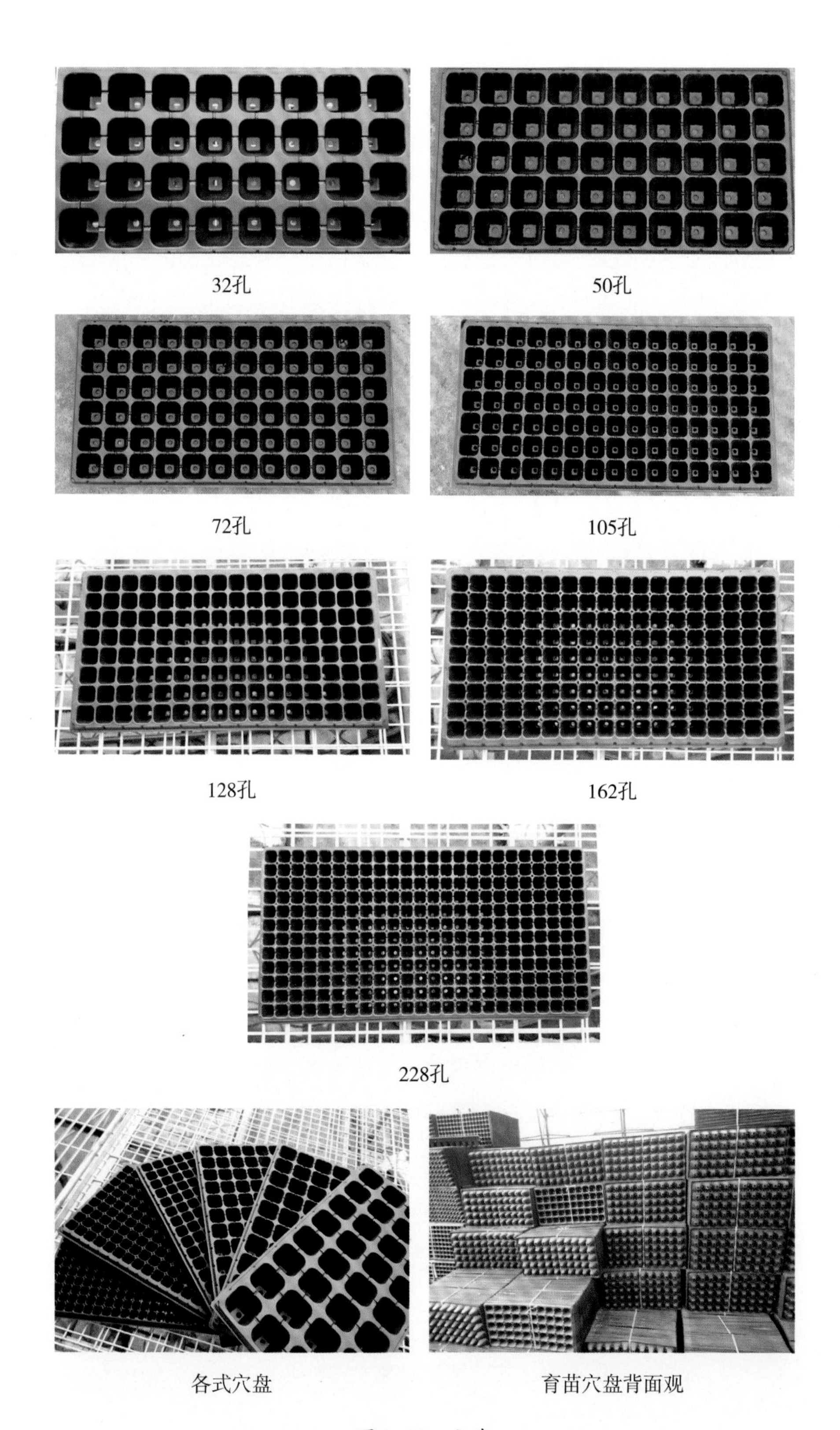

32孔　50孔

72孔　105孔

128孔　162孔

228孔

各式穴盘　育苗穴盘背面观

图6-36　穴盘

（一）穴盘类型

1. 方形系列　方形系列穴盘常见规格见表 6–5。

表 6–5　方形系列穴盘常见规格

种类	厚度（mm）	上口径（mm）	下口径（mm）	高度（mm）	容积（mL）
50穴	0.7~1.0	46.5	24.5	50	63
72穴	0.7~1.0	41	22	50	50
128穴	0.7~1.0	30	15	44	23
200穴	0.7~1.0	24	12	37	13
288穴	0.7~1.0	20	9	35	8

2. 圆形系列　圆形系列穴盘常见规格见表 6–6。

表 6–6　圆形系列穴盘常见规格

种类	厚度（mm）	上口径（mm）	下口径（mm）	高度（mm）	容积（mL）
32穴	0.7~1.0	60	33	55	75
50穴	0.7~1.0	45	24	50	53
72穴	0.7~1.0	40	21	45	35
105穴	0.7~1.0	35	16	45	25
128穴	0.7~1.0	28	14	44	21

（二）使用穴盘的优点

节省种子用量，降低生产成本。出苗整齐，保持植物种苗生长的一致性。能与各种手动及自动播种机配套使用，便于集中管理，提高工作效率。移栽时不损伤根系，缓苗迅速，成活率高。

第三节
作物栽培主要设备

作物栽培过程中各个环节的合理与否直接影响作物的生长，并对最后的产品产量与质量有较大的影响。为了能够获得较好的收成，下面从定植前的准备工作与栽培过程中的管理两个方面介绍与其相关的设备。

一、定植前设备

定植前的准备工作是非常重要的，需要对所需的土地进行翻地、旋耕、起垄、开沟、施药、铺膜、打孔等工作。这时就要用到微耕机、地膜覆盖机。

（一）微耕机

微耕机具有质量轻、体积小、结构简单等特点，广泛适用于平原、山区、丘陵的旱地、水田、果园等，配上相应机具可进行多种作业，还可牵引拖挂车进行短途运输。微耕机可以在田间自由行驶，便于使用和存放。

1. 自走式多用微耕机　自走式多用微耕机见图6-37，基本技术参数见表6-7。

图6-37　自走式多用微耕机

表 6–7 自走式多用微耕机基本技术参数

项目	参数
发动机型号	170F
发动机功率	4.8 kW
发动机形式	风冷，四冲程
润滑方式	飞溅润滑
启动方式	手拉启动
变速箱挡数	1挡，2挡，倒挡
时速	3~6 km/h
作业效率	4亩/h
中耕深度	10 cm
驱动方式	轮式，链轨式
单机净重	50 kg

自走式多用微耕机主机与农具结构见图 6–38，采用柱销铰接结构，出厂时一般调整为作业机和播肥状态。如需耘锄作业，只需取下连接销，卸下播肥总成，装上耘锄架总成，插上连接销即可。作业机和耘锄架形式采取铰接浮动连接。

自走式多用微耕机属垄间作业机，结构设计简单可靠，小巧玲珑，操作简单省力。作业时只需操作车把上的油门把手，加大油门使发动机转数增加到 1 800 r/min，自动离合器即自动接合，开始自动前进。再加大油门即走得更快，减小油门即可慢走。减速到发动机怠速时，发动机空转，作业机停止不动。

在发动机后面有一变速箱，发动机熄火后人力推动作业机时，应把变速手把扳到空挡位置，使推动省力。发动机驱动时，则把变速手把扳到行走位置。一般作业过程中，不用操作这个手把，只需操作油门把手，即可实现快速慢速和停止不动的变换。

发动机启动时，先把点火开关打开，把风门扳到关的位置，拉动手拉启动手把，一般 2~3 次即可启动。发动机启动转速稳定后，把风门打开。发动机熄火时先把油门把手复归原位，让发动机怠速运转，这时关闭点火开关，发动机即熄火。

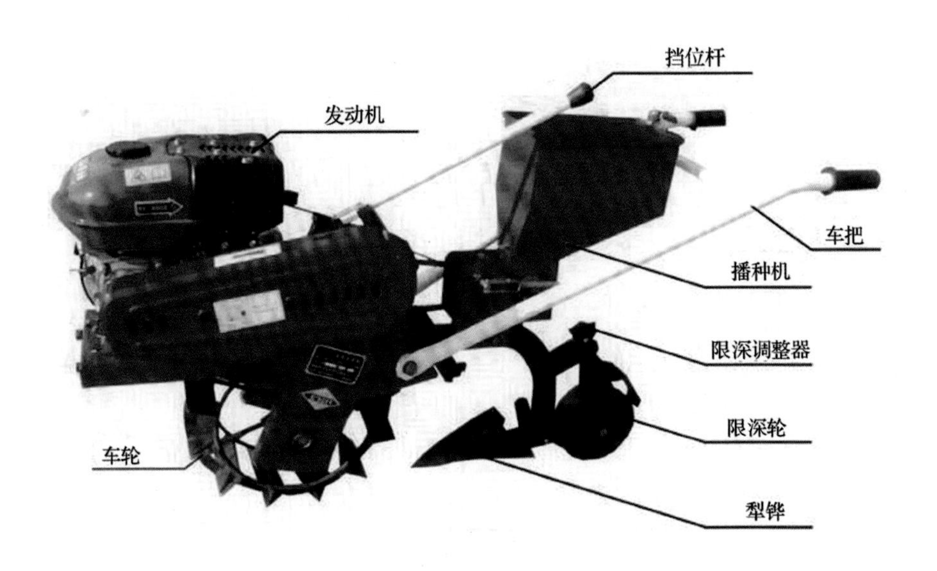

图6-38　主机与农具结构

设备和配套农具的连接采用柱销铰接结构。配套农具一种功能设计成一个总成，方便更换。可配置的农具一般有播肥机、耘锄、单面翻耕犁、双面开沟培土犁、旋耕刀、除草轮、双轮移动小拖车（用于转移地块时方便推动）等。

发动机转动时，不要用手触摸三角带、旋耕刀、除草轮等可能转动的部件，以免伤手。开机前应检查发动机润滑油，并补加到油尺从下向上第二格以上。变速箱使用前先注满油，使用一段时间后，应检查是否缺油，若缺油则注满。

2. 手推式多用微耕机

手推式多用微耕机（图 6-39）一机多用，开沟效果好，深度可达 40 cm，宽度 8~1.2 m 不等，刀具可更换，深度、宽度灵活调整。1 h 能操作 1~1.5 亩地，培土时相当于 16 个人同时工作。耐高温，

图6-39　手推式多用微耕机

可连续长时间工作。

设备操作方便，操作手把灵活，可上下调整高度，并可 360° 旋转，适合任何方向操作，省力。小巧灵活，机器宽度最小是 38 cm，高 70 cm，长 1.2 m，重 80~100 kg。适用于各种山地、丘陵、平原、旱田、水田、大棚、果园及狭窄地作业。适合各种土质，硬土、黏土、黑土地、山地、软土均可使用。

（二）地膜覆盖机

地膜覆盖机（图 6–40）有人力覆膜机和机械动力覆膜机两种。机器一般由开沟器、压膜轮、覆土器、框架等构成，有些安装有电动喷雾装置，可满足在覆膜时喷洒除草剂、杀虫剂等农药的需要。

图6–40　地膜覆盖机

设备的前轮、双犁和压膜轮对称安装，作业状态下犁与后轮处于同一平面内，低于前轮的垂直高度，而刮板和前轮下缘处于同一工作面。首先，先人工开约 50 cm 长的沟槽，将地膜拉出一段并于后轮下方通过，用土将拉出部分压实；在牵引力下，犁将土翻向外侧形成沟槽，同时地膜筒滚动连续释放地膜；后轮顺势将其压入沟槽内，而位于后轮后方的刮板立即将外翻的土刮入沟槽内，并产生一定的压紧力。这样，在连续的牵引力作用下，就可以实现连续覆盖。

开始铺膜时，应将机具置于地头、埂边，摆正方向，然后拉长地膜，缓缓放下铺膜机，并将膜边压在压膜轮下，液压手柄放在浮动位置。

牵引式铺膜机起车要缓，以免拉断地膜。机车行进速度要均匀，一般可控制在 3~5 km/h。作业中尽量减少停车，更不得倒车、转急弯，发现质量问题应及时处理。地头转弯时，带打药机的机组应先关闭打药机，提升机具后方可转弯。

大风天作业，应将挡土板调好后固定，防止土被风刮到膜面上，有打药装置的铺膜机应设法遮挡，防止药液飘移。

二、栽培中使用的设备

作物播种主要需要开沟、排种、覆土等农艺过程，生长中则需要进行药物的喷洒与肥料的添加等，这时就需要一些专门的设备。下面就为大家介绍穴盘苗移栽机、喷雾器、施肥器、绑蔓器、吊挂绳挂钩等。

（一）穴盘苗移栽机

移栽可使作物生育期提早，但传统的移栽方式用工较多，生产效率低，难以实现大面积作业。为适应现代农业规模化、机械化和工厂化的生产模式，采用穴盘苗移栽机（图 6–41）有较为明显的优势。它不但具有普通移栽种植的特点，同时还具有节省种子、便于规范化管理及适合机械化作业等特点，是一种现代化的种植方式，可有效实现增产的目的。半自动化移栽机，仍需要人工将秧苗从穴盘中拔出，放入半自动化移栽机的栽植器内，完成栽植作业，劳动强度仍较大，效率

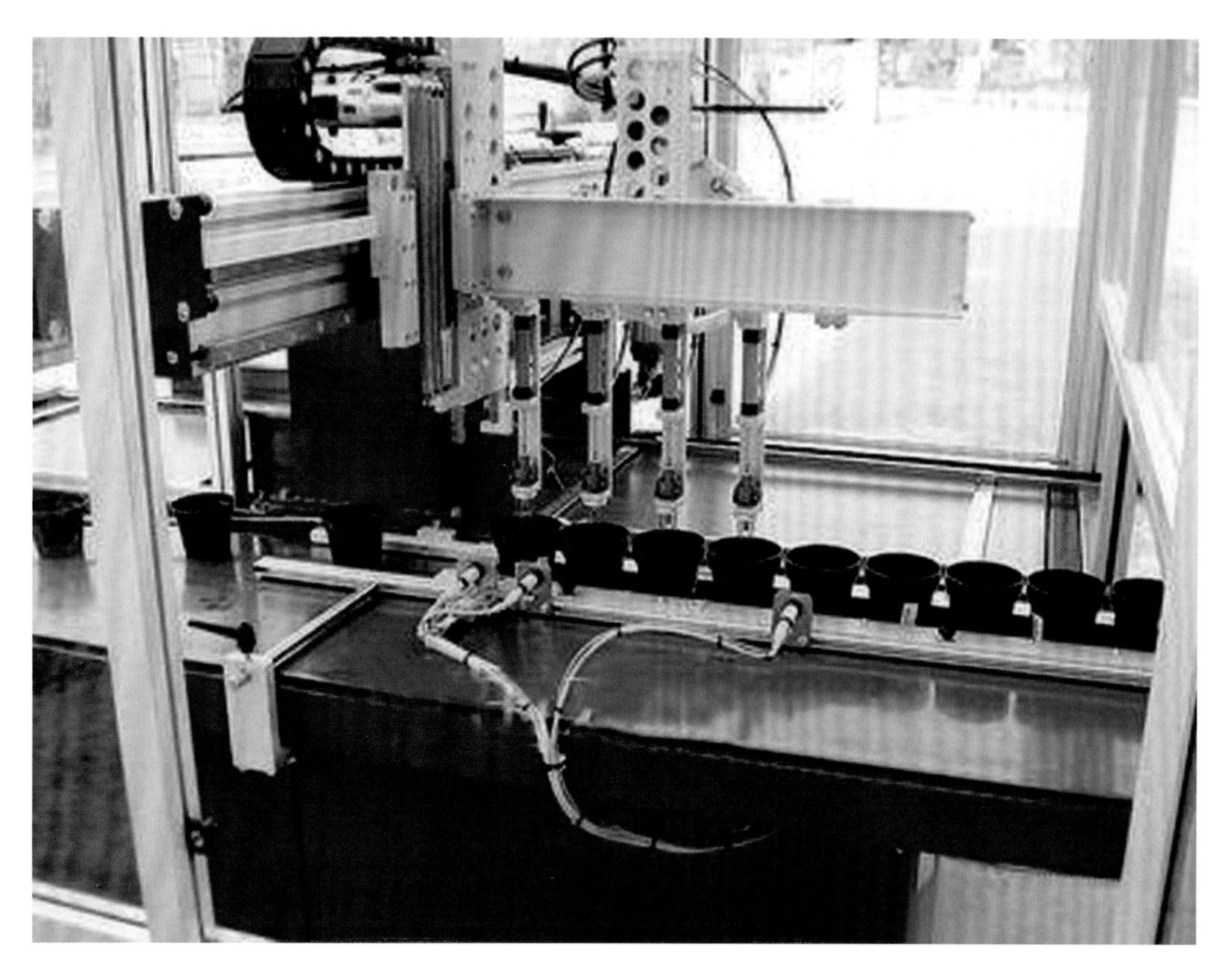

图6-41 穴盘苗移栽机

偏低。全自动的穴盘苗移栽机，可将穴盘中的秧苗自动取出，然后投放在栽植器内，由栽植器最后完成栽植作业，以实现秧苗的高效移栽。

穴盘苗自动移栽机整体结构主要由取苗部件、植苗部件、秧箱部件、底盘和地轮等几大部分组成，结构紧凑，配置合理。移栽作业时可一次实现两行移栽，通过取苗部件、植苗部件和秧箱部件等机构的协调动作，可连续完成夹苗、移送、投苗、栽植和覆土等作业，高效可靠。

移栽作业时，先把两盘穴盘苗放在左右秧箱里，秧箱做横向与纵向的间歇运动，以实现及时准确地送苗。取苗机构做平面运动，需要与秧箱协调配合才可成功夹取穴盘中的秧苗。在1个工作周期内，秧箱先不动，左右取苗机构各从两穴盘中夹取出一棵秧苗，并送到投苗点。此时，左右植苗机构也同时运动到最高处（即接苗点），取苗机构把秧苗投放到植苗机构的栽植器内，由栽植器完成两棵秧苗的栽植，最后由覆土轮完成覆土并压实。在取苗机构夹取出一棵秧苗后到下一次夹取秧苗前的时间内，秧箱横向移动 1 个穴盘的距离；当一排秧苗取完后，秧箱纵向移动 1 个穴孔距离，并与上一排做反向的横向间歇运动。各工作部件通过底盘组合在一起，由发动机提供动力驱动行走与各工作部件，通过取苗部件、植苗部件和秧箱部件的运动协调，完成两棵秧苗的夹取、送苗、投放与植苗动作，最后由覆土轮覆土与压实，完成一次移栽作业。

（二）喷雾器

1. 手推式电动喷雾器　手推式电动喷需器（图 6–42）适用于小麦、玉米、棉花、水稻、果树、葡萄、茶树、花卉等各种作物。

手推式电动喷雾器使用方便，打开电源开关和手柄开关就可以工作，8 min 可以打完一桶水。压力高达 6 kg 左右，雾化范围可高达 2.5 m^3，显著提高药效。充电一次 6 h，可以连续工作 8 h 以上。

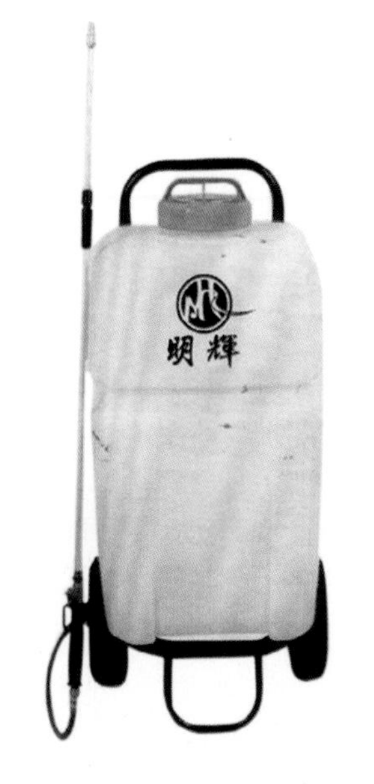

图6–42　手推式电动喷雾器

2. 背负式手摇喷雾　背负式手摇喷雾器（图 6–43）虽然价格低廉，维修方便，配件价格低，但效率低，劳动强度大，不适宜大面积作业。药液有跑、冒、漏、滴现象，操作人员身上容易被药液弄湿，易中毒，不环保，且维修率高。

3. 背负式电动喷雾器　背负式电动喷雾器（图 6–44）效率高，可达普通手摇喷雾器的 3~4 倍，劳动强度低，使用方便。电瓶的容量决定了喷雾器连续作业时间的长短。品牌太多，型号各异，配件不通用，维修不易，修理费和更换电瓶费用较高。

使用前要正确安装喷雾器零部件，检查各连接是否漏气。使用时先装清水试喷，然后再装药剂。正式使用时，要先加药剂后加水，药

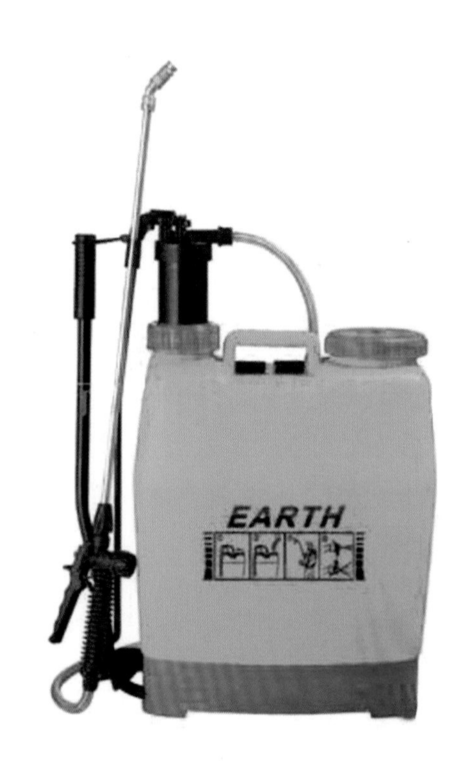

图6-43 背负式手摇喷雾器

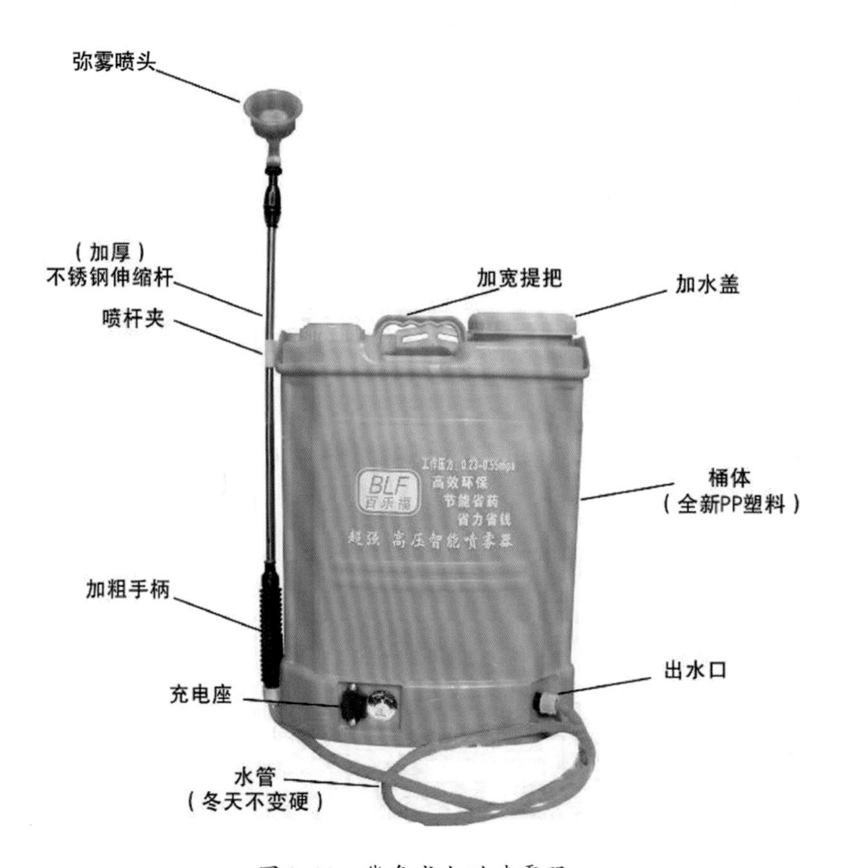

图6-44 背负式电动喷雾器

液的液面不能超过安全水位线。喷药前，先扳动摇杆十余次，使桶内气压上升到工作压力。扳动摇杆时不能过分用力，以免气室爆炸。

初次装药液时，由于气室及喷杆内含有清水，在最初的 2~3 min 内所喷出的药液浓度较低，所以应注意补喷，以免影响防治效果。

工作完毕，应及时倒出桶内残留的药液，并用清水洗净倒干。同时，检查气室内有无积水，如有积水，要拆下接头放出积水。若短期内不使用喷雾器，应将主要零部件清洗干净，擦干装好，置于阴凉干燥处存放。若长期不用，则要将各个金属零部件涂上黄油，防止生锈。

使用中常出现的故障及排除方法。

（1）喷雾压力不足，雾化不良。若进水球阀被污物顶起，可拆下进水阀，用布清除污物。皮碗破损，可更换新皮碗。连接部位未装密封圈，或因密封圈损坏而漏气，可加装或更换密封圈。

（2）喷不成雾。喷头的斜孔被污物堵塞，疏通斜孔。喷孔堵塞可拆开清洗喷孔，但不可使用铁丝或铜针等硬物捅喷孔，防止孔眼扩大，使喷雾质量变差。套管内滤网堵塞或过水阀小球被顶起，应清洗滤网及清洗被顶起小球的污物。

（3）开关漏水或拧不动。开关帽未拧紧，应旋紧开关帽。开关芯上的垫圈磨损，应更换垫圈。开关拧不动，原因是放置较久或使用过久，开关芯因药剂的侵蚀而黏结住，拆下零件在煤油或柴油中清洗。拆下有困难时，可在煤油中浸泡一段时间再拆，不可用硬物敲打。

（4）各连接部位漏水。接头松动，旋紧螺母。垫圈未放平或破损，应将垫圈放平或更换垫圈。垫圈干缩硬化，可在动物油中浸软再使用。

（三）比例施肥器

比例施肥器只需水力驱动，无须额外的能量，流动的水流便可推动活塞，精确地按比例添加药液。配比一经确定，只要有水流通过就能一直按比例添加，且比例保持恒定不变。这种比例施肥器可实现精准、高效的水肥一体化。主要用于施肥滴管微喷、水处理、添加补充液、管路消毒清洁、水肥一体化灌溉、pH 调节控制等。图 6–45 为其在日光温室中的应用场景。

图6-45 比例施肥器在日光温室中的应用场景

（四）绑蔓器

绑蔓器（图 6-46）又名绑枝器、绑枝钳、绑枝机、结束机、结束器、植物固定器等，主要适用于番茄、黄瓜、葡萄、辣椒、茄子等植物枝条的固定、捆绑。效率高，绑一个结花费不到 2 s，效率是手工绑结的 4~5 倍。操作简单，单手即可操作。绑扎结实，应用广泛，可以用来绑番茄、葡萄、花卉等多种作物。

使用时注意先放上专用绑带及专用配套钉子，并将绑带从机子的顶端穿入露出一部分。轻用力握下把柄，让卡子卡住绑带并带出来（图 6-47）。从外向内套住要绑的枝架，用力握下绑蔓器，使钉子穿透绑带并订紧，检查是否将绑带切断。

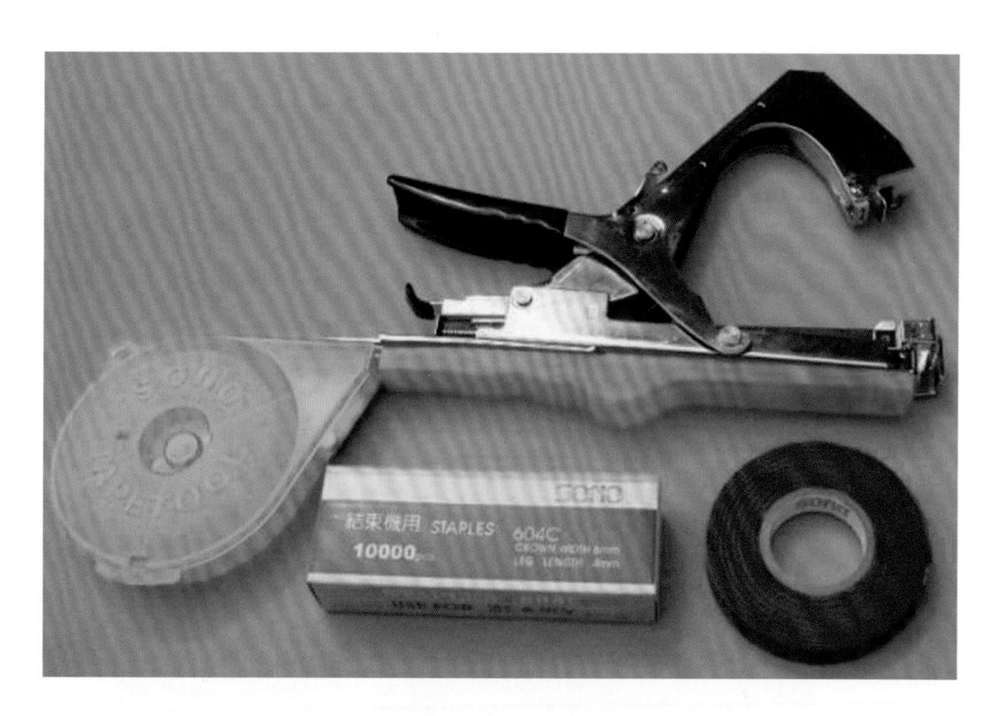

图6-46　绑蔓器

图6-47　绑蔓器使用方法

（五）吊挂绳挂钩

设施栽培植株吊挂绳挂钩（图 6–48），采用优质塑料制成，是设施栽培吊绳快速松放装置。它可将吊绳与植株高效快速固定在一起，且解开容易高效，大大提高了设施栽培吊绳使用中的固定与松放效率，特别适用于黄瓜、番茄放秧，以及设施西瓜、甜瓜的固定。操作使用方便，实现菜秧与吊绳的迅速分离，节省放秧与吊绳的工作量，减轻了劳动强度，提高工作效率，且成本低廉，可重复使用。

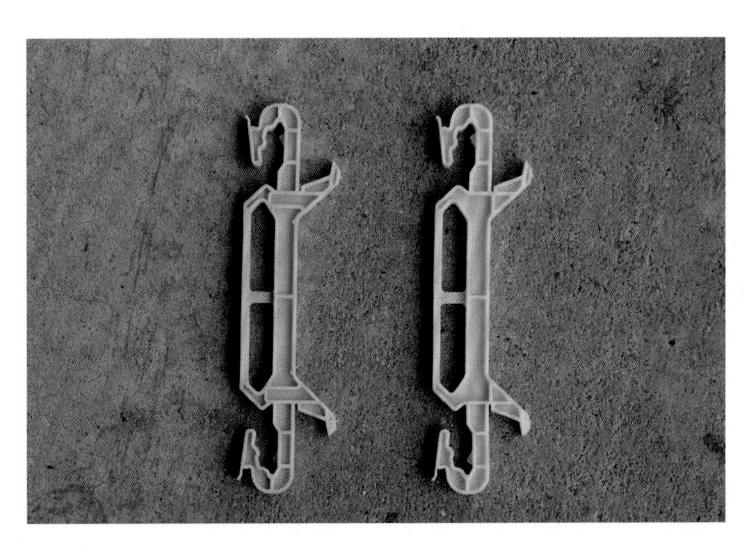

图6–48　吊挂绳挂钩

第四节 作物产品采后处理设备

图6–49　采摘钳

一、采摘设备

（一）采摘钳

采摘钳（图 6–49），又名采摘机、采摘器，适用于番茄、黄瓜、葡萄、柑橘等需要采摘、打枝打叶的植物。剪断果柄同时夹住果，清理病枝病叶不落地，是打枝打叶的好工具（图 6–50）。

图6-50　采摘钳使用方法

（二）瓜果采摘戒

常用的有T型和V型瓜果采摘戒（图6-51）。T 型采摘戒适用于番茄、黄瓜、苦瓜、葡萄、柑橘、茶叶、桑叶、蔬菜叶的采摘（图 6-52）。

V 型采摘戒适用于瓜果、根茎类作物的采收（图 6-53）。

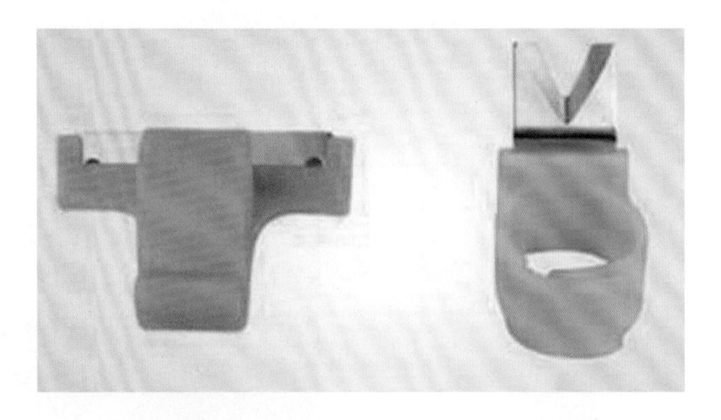

a.T型　　b.V型

图6-51　瓜果采摘戒

图6-52 T型采摘戒使用

图6-53　V型采摘戒使用

二、保鲜杀菌设备

（一）果蔬保鲜真空预冷机

新鲜蔬菜、水果、鲜花、食用菌等作物采后很容易变质腐烂而失去商品价值，真空预冷保鲜技术与设备（图 6–54）是专为防止鲜菜、鲜果、食用菌等鲜活农作物在采后冷藏运输过程中鲜度和品质的下降而设计的。基本原理是将采后的蔬果、食用菌等放置在真空处理槽内，在低压下水分从其表面蒸发出来，利用水分蒸发获取蒸发潜热，从而达到使被处理物迅速均匀冷却的效果。一般经真空处理，可在 30 min 左右快速均匀地降至 0℃左右的最适储运温度，延长保鲜期和货架寿命。

果蔬保鲜预冷设备可快速制冷真空保鲜，30 min 内的真空状况就能够杀死细菌和害虫，在真空临界点和雨季潮湿的情况下，可以调节新鲜果蔬的保水率。每次可处理 1 000~6 000 kg 果蔬，每天可处理

图6–54　果蔬保鲜真空预冷设备

20~120 t。处理后的物品可以进入保鲜库，并可延长保鲜期 1 个月以上。

处理加工后的果蔬保鲜期延长，使物流方式多样化，蔬菜基地也可以更大规模地组织生产。大量的果蔬出产后，通过真空预冷，可以根据市场供需量慢慢地出售，最大限度延长货架期，这在保鲜方面是一种革命性的突破。

真空预冷设备仅是一种冷却加工设备，不是储藏设备。它的用途只是让物品迅速冷却到设定的温度（同时排出果蔬内部部分乙烯、乙醛、乙醇等有害气体），然后从设备中将物品取出。真空预冷后的新鲜果蔬处于休眠状态。

真空预冷设备冷却速度快，一般只需 20~30 min 即可达到所需的冷藏低温，而普通冷库冷却需要 10~12 h，甚至更长时间。因而能够在采后第一时间消除蔬菜、水果、鲜花及食用菌的田间热。而且冷却均匀，可使被保鲜物外表和内核迅速冷却，从表到里几乎同时达到所需低温，避免了传统冷藏过程中外冷内热，中心温度难以快速下降，导致储存产品呼吸热内聚而鲜度下降等现象。可有效地控制湿度，不会出现冷藏中的表面轻度失水现象，且有抑制开花、防止切口变黄、抑制菜体弯曲等独特效果。

经保鲜处理的果蔬、食用菌原有的感官和品质（色香味和营养成分）保持得较好，鲜度、色度和味觉更好，且真空处理干净卫生，保存时间长，市场销售价格高。雨天采收的果蔬或用水清洗过的果蔬同样可以迅速处理，避免了果蔬内热现象，还可除去部分表面水分，有利保鲜。也可以配合气调处理，实现高难度保鲜，适用于叶菜类、高档蔬菜、特菜、山野菜，杏鲍菇、秀珍菇、蘑菇等食用菌类、高档水果以及超市洁净菜等新鲜果蔬的保鲜处理。

（二）消毒杀菌设备

消毒杀菌设备（图 6-55）无须添加任何药剂和耗材即可产生绿色杀菌剂防腐剂臭氧气体。臭氧的主要作用是杀菌消毒、去除异味、分解甲醛、降解农药残留物等，有保鲜功能，抑制果蔬呼吸杀灭腐败菌落延长保质期。按结构形式可分为无导气管和有导气管集中输出臭氧设备，可根据实际需要选购。

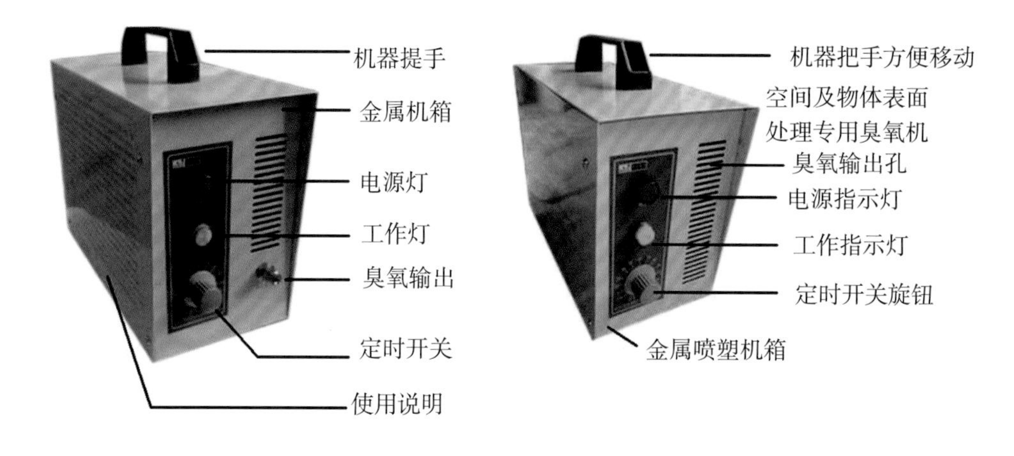

图6–55 果蔬消毒杀菌设备

三、清洗机

（一）果蔬清洗机

图 6–56 所示果蔬清洗机采用高压气泡水浴清洗，清洗能力强，洗净率高且不损伤果蔬，果蔬经输送网带输送至喷淋段，喷淋清洗后至下道工序。

图6–56 果蔬清洗机

清洗效果达到产品出口标准要求，减少了人力成本，降低了劳动强度，技术性能稳定，效率高。适用于茎类蔬菜、瓜果等的清洗、除杂、输送。

（二）超声波清洗机械

超声波清洗装置已经在工业、食品、医疗等领域得到了广泛的应用，与喷淋式、毛刷式、滚筒式等传统的清洗方法相比，超声波清洗对形状不规则的果蔬适应性强，具有清洗效果好、安全、环保等突出的优势和特点。

超声波清洗蔬菜的主要动力是超生空化作用，存在于液体中的空化核在超声场的作用下震动，在声压达到某个临界值时，空化泡迅速增长，然后突然闭合，在空化泡闭合瞬间产生压力很大的冲击波，破坏蔬菜表面的污染物使之溶解在清洗液中。超声波的瞬态空化作用能击碎尘土和肥料等不溶性污染物，达到清洗的目的。蔬菜表面的污染物主要有尘土、肥料、腐殖质和残留农药。

四、打包机

蔬菜水果采摘后，不仅要新鲜，也需要美观的外表。蔬菜水果包装机只需人工放置蔬菜或水果到输送带上，包装膜在自动包装机上完成连续进给、成形制袋、自动充填和封口的过程。

图 6–57 所示的蔬菜打包机采取双变频器控制，袋长即设即切，无须调节空走，一步到位，省时省膜。采用文本式人机界面，参数设定方便快捷。具有故障自诊断功能，故障显示一目了然。采取高感度光电眼色标跟踪，使封切位置更加准确。设有温度独立 PID 控制，更好适合各种材质包膜。独特的定位停机功能，不粘刀，不费膜。传动系统简洁，工作更可靠，维护保养更方便，而且所有控制由软件实现，方便功能调整和技术升级。

蔬菜投放在传输带上膜即开始运动，通过加热黏附制袋后膜两端中央部分进行中封，最后进行端封。

图6-57　蔬菜打包机

使用蔬菜水果包装机提高了生产效率，降低了劳动强度，能有效地保证包装质量。可根据包装物品的要求，按照需要的形态、大小得到规格一致的包装成品，使包装达到规范化、标准化。能实现手工包装无法实现的操作如充气包装，降低成本，省时省膜。

五、运输设备

（一）日光温室轨道运输车

轨道运输车是在温室后部的过道上沿滑轮轨道运行，通过载物筐到运输重物的目的。轨道运输车不使用时可以从轨道上拿下来，放在不误农活的地方，用时再置于轨道上。

该机械目前应用于钢筋骨架温室，因为轨道运输车需要滑道。滑道需要吊在温室内后部过道外的空中，吊滑道的钢筋上部焊接在温室的钢筋骨架上、下部弯成半圆焊接在滑道上。把需要运输的物品放入筐篮，筐篮挂在运输车下面的钩子上，推动运输车运送到一定的位置。一般情况下，日光温室轨道运输车可以使用10~20年。

（二）温室多功能轨道运载平台

设施农业环境下，生产过程中所需的肥料、工具、农药以及采摘果实等相关物料，需要在作物行内运输。目前，国内温室物料运输以人力或非专用设备搬运为主，劳动强度大。温室轨道自动运载平台（图6-58），是一种应用于设施农业生产的运输设备，涉及设施农业装备技术领域，运输车用于温室农业生产过程中承载、运输相关物料，它以设施内铺设的角钢轨道为支撑约束，实现对生产物料和设备的运载，以减轻人工搬运劳动强度，提高作业效率。

图6-58　温室轨道运载平台

1. 装备构成　温室轨道自动运载平台，以角钢轨道为支撑，通过电机驱动沿轨道行走，从而实现物料在作物行间运输。运载平台主要由轨道行走机构和控制系统构成。轨道行走机构由主动轨道轮、从动轨道轮、车架以及车厢板等构成，主动轨道轮与电动差速后桥连接，由直流电机驱动，并通过两侧的后桥支撑与车架固定连接；从动轨道轮与从动轮轴端由轴承连接，从动轴与车体通过从动轮支撑连接。

轨道轮外圆边沿中心处有三角槽，与角钢轨道配合，实现对轨道轮运动的约束。控制系统主要用于运输车启停控制、调速、车行方向控制以及急停控制，以上功能通过操作面板上的按钮由操作人员根据作业需要进行选择，并通过控制器相应输出实现。车体前后两端安装了光电限位检测传感器，用于检测限位挡板的位置。在运载平台预定目标停车位置放置限位挡板，当运载平台在轨道上行走至挡板附近时，则光电限位检测传感器可以检测到限位挡板，使得运输车及时停车。

2. 使用方法　在温室后墙内侧作物垄端地面平行铺设 2 根角钢作为运载平台行走轨道，运载平台通过轨道约束直线移动，可承载果实筐、肥料以及农业工具等物料。将限位挡板放置于轨道中间目标停车位置，人通过操作面板操作按钮，使得运输车以电动方式行走于轨道上，到达预定位置由传感器检测到限位挡板停车，进行该位置相应作业操作。此外，运载平台可以作为一种温室管理设备搭载平台，将灌溉、喷药以及采摘等多种设备与其进行组合，实现多种功能，从而满足温室多种作业需求。

六、蔬菜速冻机

蔬菜制品速冻机（图 6-59）采用液氮作为制冷剂，可以非常快速地冻结食品，因为液氮的最低温度达到 -196℃，属于超低温，温度越低，冻结速度越快。由于这种超快冻结，不会破坏蔬菜内部细胞组织结构，从而保证了蔬菜的高品质，保持了原色原味和营养，提高了蔬菜制品的外观品质和营养。并且液氮超快速冻结使得蔬菜的干耗损失很小，这对含水分比较高的蔬菜来说至关重要。蔬菜制品速冻机还可以实现百分百单体速冻，避免了蔬菜制品的粘连损失。占地面积小，操作简单，全自动操作更安全更快捷，容易清洗、维护和安装。可以方便地接入到现有生产线中，而且可以通过增减隧道的长度来灵活调整产量的变化。无污染，无噪声，使工作环境更有保障。

图6-59　蔬菜速冻机

第七章
日光温室的经济估算

日光温室建设工程概算是确定和控制项目投资额的依据，是优选设计方案的依据。投资估算是工程项目建设前期的重要环节，投资估算的准确性，直接影响对项目选定的决策。施工图预算作为工程项目建设程序中一个重要的技术经济文件，在工程建设实施过程中具有十分重要的作用。

第一节
日光温室建设工程概算

一、建筑及安装工程费用构成及计算标准

建筑及安装工程费由直接工程费、间接费、企业利润、税金组成。

（一）直接工程费

指建筑安装工程施工过程中直接消耗在工程项目上的活劳动和物化劳动，由直接费、其他直接费、现场经费组成。

1. 直接费　包括人工费、材料费、施工机械使用费。

1）人工费。指直接从事建筑安装工程施工的生产工人开支的各项费用，内容包括：

（1）基本工资。由岗位工资和年功工资以及生产工人年应工作天数内非作业天数的工资组成。

岗位工资。指按照职工所在岗位各项劳动要素测评结果确定的工资。

年功工资。指按照职工工作年限确定的工资，随工作年限增加而逐年累加。

生产工人年应工作天数以内非作业天数的工资。包括职工开会学习、培训期间的工资，调动工作、探亲、休假期间的工资，因气候影响的停工工资，女工哺乳期间的工资，病假在6个月以内的工资及产、婚、丧假期的工资。

（2）辅助工资。指在基本工资之外，以其他形式支付给职工的工资性收入，包括：根据国家有关规定属于工资性质的各种津贴，主要包括地区津贴、施工津贴、夜餐津贴、节日加班津贴等。

（3）工资附加费。指按照国家规定提取的职工福利基金、工会经费、养老保险费、医疗保险费、工伤保险费、职工失业保险基金和住房公积金。

2）材料费。指用于建筑安装工程项目上的消耗性材料、装置性材料和周转性材料摊销费。包括定额工作内容规定应计入的未计价材料和计价材料。材料预算价格一般包括材料原价、包装费、运杂费、运输保险费和采购及保管费五项。

（1）材料原价。指材料指定交货地点的价格。

（2）包装费。指材料在运输和保管过程中的包装费和包装材料的折旧摊销费。

（3）运杂费。指材料从指定交货地点至工地分仓库或相当于工地分仓库（材料堆放场）所发生的全部费用。包括运输费、装卸费、调车费及其他杂费。

（4）运输保险费。指材料在运输途中的保险费。

（5）采购及保管费。指材料在采购、供应和保管过程中所发生的各项费用。主要包括材料的采购、供应和保管部门工作人员的基本工资、辅助工资、工资附加费、教育经费、办公费、差旅交通费及工具用具使用费；仓库、转运站等设施的检修费、固定资产折旧费、技术安全措施费和材料检验费；材料在运输、保管过程中发生的损耗等。

3）施工机械使用费。指消耗在建筑安装工程项目上的机械磨损、维修和动力燃料费用等。包括折旧费、修理及替换设备费、安装拆卸费、机上人工费和动力燃料费等。

（1）折旧费。指施工机械在规定使用年限内回收原值的台时折旧摊销费用。

（2）修理及替换设备费。修理费指施工机械使用过程中，为了使机械保持正常功能而进行修理所需的摊销费用和机械正常运转及日常保养所需的润滑油料、擦拭用品的费用，以及保管机械所需的费用。替换设备费指施工机械正常运转时所耗用的替换设备及随机使用的工具附具等摊销费用。

（3）安装拆卸费。指施工机械进出工地的安装、拆卸、试运转和场内转移及辅助设施的摊销费用。部分大型施工机械的安装拆卸不在其施工机械使用费中计列，包含在其他施工临时工程中。

（4）机上人工费。指施工机械使用时机上操作人员人工费用，其机上人工费单价采用中级工预算单价。

（5）动力燃料费用。指施工机械正常运转时所耗用的风、水、电、油和煤等费用，机上使用材料单价采用相应材料预算价格。

2. 其他直接费　包括冬雨季施工增加费、夜间施工增加费、特殊地区施工增加费和其他费用。

1）冬雨季施工增加费。指在冬雨季施工期间为保证工程质量和安全生产所需增加的费用。包括增加施工工序，增设防雨、保温、排水等设施增耗的动力、燃料、材料以及因人工、机械效率降低而增加的费用。

计算方法：根据不同地区，按直接费的百分率计算。

西南、中南、华东区	0.5%~1.0%
华北区	1.0%~2.5%
西北、东北区	2.5%~4.0%

西南、中南、华东区中，按规定不计冬季施工增加费的地区取小值，计算冬季施工增加费的地区可取大值；华北区中，内蒙古等较严寒地区可取大值，其他地区取中值或小值；西北、东北区中，陕西、甘肃等省取小值，其他地区可取中值或大值。

2）夜间施工增加费。指施工场地和公用施工道路的照明费用。按直接费的百分率计算。其中，建筑工程为 0.5%，安装工程为 0.7%。

照明线路工程费用包括在临时设施费中；施工附属企业系统、加工厂、车间的照明，列入相应的产品中，均不包括在本项费用之内。

3）特殊地区施工增加费。指在高海拔和原始森林等特殊地区施工而增加的费用，其中高海拔地区的高程增加费，按规定直接进入定额。其他特殊增加费（如酷热、风沙），应按工程所在地区规定的标准计算，地方没有规定的不得计算此项费用。

4）其他。包括施工工具用具使用费、检验试验费、工程定位复测、工程点交、竣工场地清理、工程项目及设备仪表移交生产前的维护观察费等。其中，施工工具用具使用费，指施工生产所需，但不属于固定资产的生产工具，检验、试验用具等的购置、摊销和维护费。检验试验费，指对建筑材料、构件和建筑安装物进行一般鉴定、检查所发生的费用，包括自设实验室所耗用的材料和化学药品费用，以及技术革新和研究试验费，不包括新结构、新材料的试验费和建设单位要求对具有出厂合格证明的材料进行试验、对构件进行破坏性试验，以及其他特殊要求检验试验的费用。按直接费的百分率计算。其中，建筑工程为 1.0%，安装工程为 1.5%。

3. 现场经费　包括临时设施费和现场管理费。

1）临时设施费。指施工企业为进行建筑安装工程施工所必需的但又未被划入施工临时工程的临时建筑物、构筑物和各种临时设施的建设、维修、拆除、摊销等。如供风、供水（支线）、供电（场内）、供热系统及通信支线，土石料场，简易沙石料加工系统，小型混凝土拌和浇筑系统，木工、钢筋、机修等辅助加工厂，混凝土预制构件厂，场内施工排水，场地平整、道路养护及其他小型临时设施等。

2）现场管理费。

（1）现场管理人员的基本工资、辅助工资、工资附加费和劳动保护费。

（2）办公费。指现场办公用的文具、纸张、账表、印刷、邮电、书报、会议、水、电、热水和集体取暖（包括现场临时宿舍取暖）用煤等费用。

（3）差旅交通费。指现场职工因公出差期间的差旅费、误餐补助费，职工探亲路费，劳动力招募费，职工离退休、退职一次性路费，工伤人员就医路费，工地转移费以及现场职工使用的交通工具、运行费、养路费及牌照费。

（4）固定资产使用费。指现场管理使用的属于固定资产的设备、仪器等的折旧、大修理、维修费或租赁费等。

（5）工具用具使用费。指现场管理使用的不属于固定资产的工具、器具、家具、交通工具和检验、试验、测绘、消防用具等的购置、维修和摊销费。

（6）保险费。指施工管理用财产、车辆保险费，高空、井下、洞内、水下、水上作业等特殊工种安全保险费等。

（7）其他费用。

3）计算标准。见表 7–1。

表 7-1 现场经费费率表

序号	工程类别	计算基础	现场经费费率（%）		
			合计	临时设施费	现场管理费
一	建筑工程				
1	土石方工程	直接费	9	4	5
2	沙石备料工程（自采）	直接费	2	0.5	1.5
3	模板工程	直接费	8	4	4
4	混凝土浇筑工程	直接费	8	4	4
5	其他工程	直接费	7	3	4
二	机电、金属结构设备安装工程	人工费	45	20	25

注：工程类别划分：①土石方工程。包括土石方开挖与填筑、砌石、抛石工程等。②沙石备料工程。包括天然沙砾料和人工沙石料的开采加工。③模板工程。包括现浇各种混凝土时制作及安装的各类模板工程。④混凝土浇筑工程。包括现浇和预制各种混凝土、钢筋制作安装、伸缩缝、止水、防水层、温控措施等。⑤其他工程。指除上述工程以外的其他工程。

（二）间接费

1. 费用构成　指施工企业为建筑安装工程施工而进行组织与经营管理所发生的各项费用。它构成产品成本。由企业管理费、财务费用和其他费用组成。

1）企业管理费。指施工企业为组织施工生产经营活动所发生的费用。内容包括：

（1）管理人员的基本工资、辅助工资、工资附加费和劳动保护费。

（2）差旅交通费。指施工企业管理人员因公出差、工作调动的差旅费，误餐补助费，职工探亲路费，劳动力招募费，离退休职工一次性路费及交通工具油料、燃料、牌照、养路费等。

（3）办公费。指企业办公用文具、印刷、邮电、书报、会议、水电、燃煤（气）等费用。

（4）固定资产折旧、修理费。指企业属于固定资产的房屋、设备、仪器等折旧及维修等费用。

（5）工具用具使用费。指企业管理使用不属于固定资产的工具、用具、家具、交通工具、检验、试验、消防等的摊销及维修费用。

（6）职工教育经费。指企业为职工学习先进技术和提高文化水平按职工工资总额计提的费用。

（7）劳动保护费。指企业按照国家有关部门规定标准发放给职工的劳动保护用品的购置费、修理费、保健费、防暑降温费、高空作业及进洞津贴、技术安全措施以及洗澡用水、饮用水的燃料费等。

（8）保险费。指企业财产保险、管理用车辆等保险费用。

（9）税金。指企业按规定交纳的房产税、管理用车辆使用税、印花税等。

（10）其他。包括技术转让费、设计收费标准中未包括的应由施工企业承担的部分施工辅助工程设计费、投标报价费、工程图纸资料费及工程摄影费、技术开发费、业务招待费、绿化费、公证费、法律顾问费、审计费、咨询费等。

2）财务费用。指施工企业为筹集资金而发生的各项费用，包括企业经营期间发生的短期融资利息净支出、汇兑净损失、金融机构手续费，企业筹集资金发生的其他财务费用，以及投标和承包工程发生的保函手续费等。

3）其他费用。指企业定额测定费及施工企业进退场补贴费。

2. 计算标准

表 7–2　工程间接费费率表

序号	工程类别	计算基础	间接费费率（%）
一	建筑工程		
1	土石方工程	直接工程费	9（8）
2	沙石备料工程（自采）	直接工程费	6
3	模板工程	直接工程费	6
4	混凝土浇筑工程	直接工程费	5
5	其他工程	直接工程费	7
二	机电、金属结构设备安装工程	人工费	50

注：①工程类别划分同现场经费。②若土石方填筑等工程项目所利用原料为已计取现场经费、间接费、企业利润和税金的沙石料，则其间接费率选取括号中数值。

（三）企业利润

按直接工程费和间接费之和的 7% 计算。

（四）税金

指国家对施工企业承担建筑、安装工程作业收入所征收的营业税、城市维护建设税和教育费附加。

为了计算简便，在编制概算时，可按下列公式和税率计算：

税金=（直接工程费+间接费+企业利润）×税率　　（7–1）

若安装工程中含未计价装置性材料费，则计算税金时应计入未计价装置性材料费。

税率标准：建设项目在市区的为 3.41%，在县城镇的为 3.35%，在市区或县城镇以外的为 3.22%。

二、建筑工程概算编制步骤

1. 收集基本资料、熟悉设计图纸　首先，要熟悉设计图纸，将工程项目内容、工程部位搞清楚，了解设计意图；其次，要深入工程现场了解工程现场情况，收集与工程概算有关的基础或基本资料；第三，还要对施工组织设计（包括施工导流等主要施工技术措施）进行充分研究，了解施工方法、措施、运输距离、机械设备、劳动力配备等情况，以便正确合理编制工程单价及工程概算。

2. 编制工程概算单价　建筑工程单价应根据工程的具体情况和拟定的施工方案，采用国家和地方颁发的现行定额及费用标准进行编制。

3. 计算工程量　工程量是以物理计量单位来表示的各个分项工程的结构构件、材料等的数量。它是编制工程概算的基本条件之一。工程量计算的准确与否，直接影响工程概算投资大小。因此，工程量计算应严格执行工程量计算规定。

4. 编制工程概算　建筑工程概算是按照工程设计概（估）算编制规定，采用工程量乘以单价的方法逐项计算工程费用，并按工程项目划分逐级向上合并汇总而得。

5. 工料分析　工料分析即工时、材料用量分析计算，它是编制施工组织设计的主要依据之一，也是施工单位编制投标报价和施工计划的依据。

工时、材料用量是按照完成单位工程量所需的人工、材料用量乘以相应工程总量而计算出来的。

第二节
日光温室建设工程投资估算

一、投资估算概述

可行性研究是基本建设程序的一个重要组成部分，也是进行基本建设的一项重要工作。在可行性研究阶段需要提出可行性研究报告，对工程规模、选址、温室形式及布置方式等提出初步方案并进行论证；估算工程总投资及总工期；对工程兴建的必要性及经济合理性提出评价。在可行性研究报告中，投资估算是一项重要内容，它是开发项目和批准进行工程初步设计的重要依据，其准确性直接影响到对项目的决策。根据国家发展与改革委员会《关于控制建设工程造价的若干规定》，投资估算应对建设项目总造价起控制作用。可行性研究报告一经批准，其投资估算就成为该建设项目初步设计概算静态总投资的最高限额，不得任意突破。

投资估算就是在对项目的建设规模、技术方案、设备方案、工程方案及项目实施进度等进行研究并基本确定的基础上，估算项目投入的总资金（包括建设投资和流动资金），并测算建设期内分年资金需要量的过程。工程项目投资估算，是指在可行性研究阶段，按照规定的编制办法、指标、现行的设备材料价格和工程具体条件编制的以货币形式表现的技术经济文件。

投资估算是工程项目建设前期的重要环节，投资估算的准确性，直接影响国家（业主）对项目选定的决策。投资估算也是确定融资方案、进行经济评价以及编制初步设计概算的主要依据之一。因此，完整、准确、全面的投资估算是建设项目评估阶段的重要工作。要合理地编制出投资估算，除了要遵守规定的编制办法和定额外，更需要工程造价专业人员深入调查研究，充分掌握第一手材料，合理地选定单价指标，以保证投资估算的准确度。

投资估算在项目开发建设过程中主要有以下几个方面的作用：①项目建议书阶段的投资估算，是项目主管部门审批项目建议书的依据之一，并对项目的规划、规模起参考作用。②项目可行性研究阶段的投资估算，是项目投资决策的重要依据，也是研究、分析、计算项目投资经济效果的重要条件。③项目投资估算对工程设计概算起控制作用，设计概算不得突破批准的投资估算额，并应控制在投资估算额以内。④项目投资估算可作为项目资金筹措及制订建设贷款计划的依据，建设单位可根据批准的项目投资估算额，进行资金筹措和向银行申请贷款。⑤项目投资估算是核算建设项目固定资产投资需要额和编制固定资产投资计划的重要依据。

二、投资估算的阶段划分与精度要求

项目投资估算是指在做初步设计之前各工作阶段中的一项工作。在做工程初步设计之前，根据需要可邀请设计单位参加编制项目规划和项目建议书，并可委托设计单位承担项目的预可行性研究、可行性研究及设计任务书的编制工作，同时应根据项目已明确的技术经济条件，编制和估算出精度不同的投资估算额。

（一）项目规划阶段的投资估算

建设项目规划阶段是指有关部门根据国民经济发展规划、地区发展规划和行业发展规划的要求，编制一个建设项目的建设规划。此阶段是按照项目规划的要求和内容，粗略估算建设项目所需要的投资额。

其对投资估算精度的要求允许误差为 ±30%。

（二）项目建议书阶段的投资估算

在项目建议书阶段，是按项目建议书中的项目建设规模、主要生产工艺、初选建设地点等，估算建设项目所需要的投资额。其对投资估算精度的要求为误差应控制在 ±30% 以内。此阶段项目投资估算的意义是可据此判断一个项目是否需要进行下一阶段的工作。

（三）预可行性研究阶段的投资估算

预可行性研究阶段，是在掌握了更详细、更深入的资料条件下，估算建设项目所需的投资额。其对投资估算精度的要求为误差应控制在 ±20% 以内。此阶段项目投资估算的意义是据以确定是否进行详细可行性研究。

（四）可行性研究阶段的投资估算

可行性研究阶段的投资估算至关重要，因为这个阶段的投资估算经审查批准之后，便是工程设计任务书中规定的项目投资限额，并可据此列入项目年度基本建设计划。其对投资估算精度的要求为误差应控制在 ±10% 以内。

三、投资估算的编制依据、要求和内容

（一）投资估算的编制依据

● 国家和上级领导机关的有关法令、制度、规程。

● 专门机构发布的建设工程造价费用构成、估算指标、计算方法，以及其他有关计算工程造价的文件。

● 专门机构发布的工程建设其他费用计算办法和费用标准，以及政府部门发布的物价指数。

● 工程设计工程量计算规定及拟建项目各单项工程的建设内容及工程量。

● 按国家规定必须执行的地方颁发的有关规定和标准。

● 可行性研究有关资料和图纸。

● 国家或各省、自治区、直辖市颁发的设备、材料价格。

● 其他相关资料。

（二）投资估算的编制要求

● 根据主体专业设计的阶段和深度，结合行业的特点，所采用生产工艺流程的成熟性，以及编制单位所掌握的国家及地区、行业或部门相关投资估算基础资料和数据的合理、可靠、完整程度，采用合适的方法进行工程项目的投资估算。

● 应做到工程内容和费用构成齐全，计算合理，不重复计算，不提高或者降低估算标准，不漏项，不少算。

● 应充分考虑拟建项目设计的技术参数和投资估算所采用的估算系数、估算指标在质和量方面所综合的内容，应遵循口径一致的原则。

● 应将所采用的估算系数和估算指标价格、费用水平调整到项目建设所在地及投资估算编制年的实际水平。对于由建设项目的边界条件，如建设用地和外部交通、水、电、通信条件，或市政基础设施配套条件等差异所产生的与主要生产内容投资无必然关联的费用，应结合建设项目的实际情况进行修正。

● 对影响造价变动的因素进行敏感性分析，注意分析市场的变动因素，充分估计物价上涨因素和市场供求情况对造价的影响。

● 投资估算精度应能满足各阶段的精度要求，并尽量减少投资估算的误差。

（三）投资估算的编制内容

工程可行性研究投资估算与初步设计概算在组成内容、项目划分和费用构成上基本相同，但两者设计深度不同。

1. 编制说明

1）工程概况。包括建设地点、对外交通条件、工程规模、工程效益、工程布置形式、主体建筑工程量、主要材料用量、施工总工期等。

2）投资主要指标。工程静态总投资和总投资，工程从开工至开始发挥效益静态投资，单位千瓦静态投资和投资，单位电度静态投资和投资，年物价上涨指数，价差预备费额度和占总投资百分率，工程施工期贷款利息和利率等。

3）编制依据和主要问题。①投资估算编制原则和依据。②人工、主要材料、施工供电、沙石料等基础单价的计算依据。③主要设备价格的编制依据。④建安工程定额、指标采用依据。⑤建筑安装工程单价综合系数、安装工程材料费和机械使用费调差系数计算的说明。⑥费用计算标准及依据。⑦工程资金来源。

4）估算编制中存在的和其他应说明的问题。

5）主要技术经济指标表。

2. 投资估算表　投资估算表包括：①总投资表。②建筑工程估算表。③设备及安装工程估算表。④临时工程估算表。⑤独立费用估算表。⑥分年度投资表。

3. 投资估算附表　投资估算附表包括：①建筑工程单价汇总表。②安装工程单价汇总表。③主要材料预算价格汇总表。④次要材料预算价格汇总表。⑤施工机械台时费汇总表。⑥主要工程量汇总表。⑦主要材料用量汇总表。⑧工时数量汇总表。⑨建设及施工征地数量汇总表。

4. 附件　附件材料包括：①人工预算单价计算表。②主要材料运输费用计算表。③主要材料预算价格计算表。④混凝土材料单价计算表。⑤建筑工程单价表。⑥安装工程单价表。⑦临时房屋建筑工程投资计算书。⑧主要设备运杂费率计算书。⑨建设期融资利息计算书。⑩主要技术经济指标表。

四、投资估算的编制方法

（一）项目投资的费用构成

工程项目投资是指工程项目建设阶段所需要的全部费用的总和。生产性项目总投资包括建设投资、建设期融资利息和流动资金三部分；非生产性项目总投资包括建设投资和建设期融资利息两部分，其中建设投资和建设期融资利息之和对应于固定资产投资。工程项目总投资构成如图 7-1 所示。

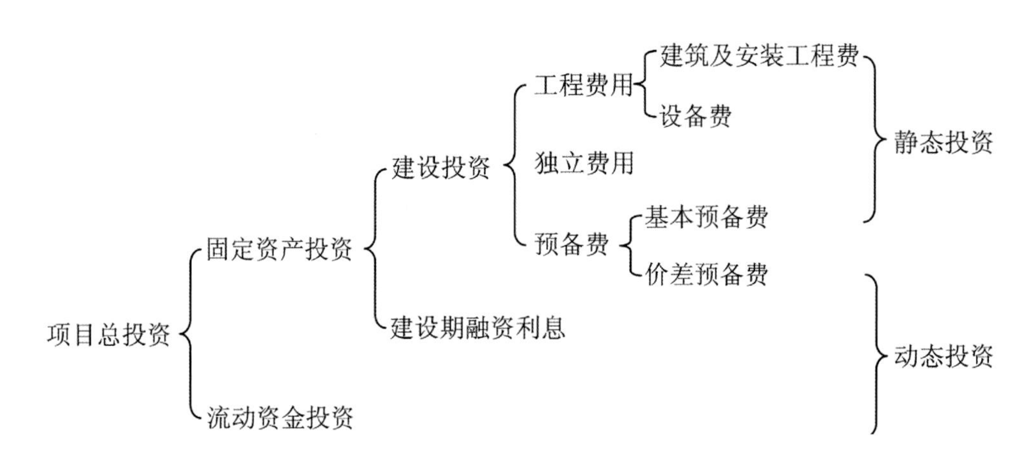

图7-1 工程项目总投资构成

（二）投资估算的编制方法

根据前面的投资费用构成可知，要准确估算工程项目的总投资，必须对固定资产投资和流动资产投资两部分进行估算，固定资产投资的估算则落脚到工程费用的估算。工程费用估算出来之后，独立费用、预备费及建设期融资利息的估算则以工程费用为基础，根据相关的计算规定进行估算。可以依据下面的步骤对工程进行投资估算：①分别估算各单项工程所需的建筑工程费、安装工程费和设备费。②在汇总各单项工程费用的基础上，估算独立费用和基本预备费。③估算价差预备费。④估算建设期融资利息。⑤估算流动资金。

1. 固定资产投资估算　常用的固定资产投资估算方法主要有两种：扩大指标估算法和详细估算法。

1）扩大指标估算法。扩大指标估算法是套用原有同类项目的固定资产投资额来进行拟建项目固定资产投资估算的一种方法。该方法最大的优点就是计算简单；不足之处主要有：①估算值准确性较差，一般适用于项目规划性估算、项目建议书估算和其他临时性的估算。②需要积累大量的有关基础数据，并需要经过科学系统的分析与整理。扩大指标估算法主要包括以下几种方法：

（1）单位生产能力估算法。单位生产能力估算法是指根据同类项目单位生产能力所耗费的固定资产投资额，估算拟建项目固定资产投资额的一种估算方法。其计算公式为：

$$C_2=Q_2\frac{C_1}{Q_1}f \tag{7-2}$$

式中　C_1——已建类似项目的实际固定资产投资额；

C_2——拟建项目需要的固定资产投资额；

Q_1——已建类似项目的生产能力（规模）；

Q_2——拟建项目的生产能力（规模）；

f——不同时期、不同地点的定额、单价、费用变更等综合调整系数。

运用该方法时，应当注意拟建项目与同类项目的可比性，其他条件也应大体相似，否则误差会比较大。该方法将同类项目的固定资产投资额与其生产能力的关系简单地视为线性关系，与实际情况差距较大。就一般项目而言，在一定的范围内，投资的增加幅度要小于生产能力的增加幅度。因此在运用该方法估算固定资产投资的结果误差较大。

（2）生产能力（规模）指数估算法。这种方法是根据已建成同类项目的实际固定资产投资额和生产能力（规模）指数，估算不同生产规模的拟建项目的固定资产投资额的一种估算方法。其计算公式为：

$$C_2=C_1\left(\frac{Q_2}{Q_1}\right)^n f \tag{7-3}$$

式中　C_1——已建类似项目的实际固定资产投资额；

C_2——拟建项目需要的固定资产投资额；

Q_1——已建类似项目的生产能力（规模）；

Q_2——拟建项目的生产能力（规模）；

f——不同时期、不同地点的定额、单价、费用变更等综合调整系数；

n——生产规模指数（$0<n\leq 1$）。

若已建类似项目的规模和拟建项目的规模相差不大，生产规模比值为0.5~2，则指数 n 的取值近似为1；若已建类似项目与拟建项目的规模相差不大于50倍，且拟建项目规模的扩大仅靠增大设备规模来达到时，则取 n=0.6~0.7；若拟建项目规模的扩大是靠增加相同规格设备的数量达到时，则取 n=0.8~0.9。

运用该方法进行投资估算时，同样应该注意拟建项目和同类项目的可比性，其他条件也应该大体相似，否则误差较大。该方法将同类项目的固定资产投资额与其生产能力的关系视为非线性关系，比较符合实际情况，因而投资估算值较第一种方法更为准确。其实我们可以观察到，当 n=1 时，第一种方法就是该方法的一个特例，所以该方法其实包含了第一种方法。

（3）比例估算法。比例估算法又分为以下两种：

根据大量实际统计资料，对过去同类工程项目进行调查分析，找出主要生产设备或者主要生产车间投资额占固定资产投资总额的比例，然后只需估算出拟建项目的主要设备或者主要生产车间的投资额，就可按比例求出拟建项目的固定资产总投资额。其计算公式为：

$$C=\frac{\sum_{i=1}^{n}Q_iP_i}{K} \tag{7-4}$$

式中　C——拟建项目需要的固定资产投资额；

n——拟建工程主要生产设备或主要生产车间的种类数；

Q_i——第 i 种生产设备或生产车间的数量；

P_i——第 i 种生产设备或生产车间的投资额；

K——同类工程项目主要设备或生产车间投资占项目固定资产总投资的比例。

以拟建项目的设备费为基数，根据已建成的同类项目的建筑工程费、安装工程费和独立费用等占设备价值的百分比，求出相应的建筑工程费、安装工程费和独立费用等费用，再加上拟建项目的其他有关费用，其总和即为项目固定资产投资额。其计算公式为：

$$C=I\left(1+f_1\lambda_1+f_2\lambda_2+f_3\lambda_3+\cdots\right)+I' \tag{7-5}$$

式中　C——拟建项目需要的固定资产投资额；

I——根据拟建项目的设备清单按当时当地价格计算的设备费（包括运杂费）的总和；

λ_1，λ_2，λ_3——已建项目中建筑、安装及独立费用等占设备费百分比；

f_1，f_2，f_3——由于时间因素引起的定额、价格、费用标准等变化的综合调整系数；

I' ——拟建项目的其他费用。

2）详细估算法。详细估算法是把工程项目划分为建筑工程、设备及安装工程及独立费用等费用项目或单位工程，再根据各种具体的投资估算指标，进行各项费用项目或单位工程投资的估算，在此基础上汇总得出固定资产投资总额的一种估算方法。该方法把整个工程项目依次分解为单项工程、单位工程、分部工程和分项工程，按照建筑工程、设备及安装工程分别套用有关的概算指标和定额来编制投资估算，在此基础上，再估算独立费用及预备费，计算建设期融资利息，从而计算出项目总投资。

虽然扩大指标估算法计算比较简单，便于操作，但是得出的估算值误差较大，一般只在项目规划阶段采用，在项目可行性研究阶段一般不使用扩大指标估算法，而应该采用详细估算法对固定资产投资进行估算。

详细估算法的编制方法及计算标准如下：

（1）基础单价。基础单价编制与概算相同。

（2）建筑、安装工程单价。投资估算的主要建筑、安装工程单价编制与初设概算单价编制相同，一般均采用概算定额，但考虑投资估算工作深度和精度，应乘以 10% 扩大系数。

（3）分部工程估算编制。

建筑工程。主体建筑工程、交通工程、房屋建筑工程基本与概算相同。其他建筑工程可视工程具体情况和规模按主体建筑工程投资的 3%~5% 计算。

机电设备及安装工程。主要机电设备及安装工程基本与概算相同。其他机电设备及安装工程可根据装机规模按占主要机电设备费的百分率或单位千瓦指标计算。

金属结构设备及安装工程。编制方法基本与概算相同。

施工临时工程。编制方法及计算标准与概算相同。

独立费用。编制方法及计算标准与概算相同。

3）预备费的估算。预备费包括基本预备费和价差预备费。

（1）基本预备费。是指针对在项目实施工程中可能发生难以预料的支出，需要事先预留的费用，又称为工程建设不可预见费。主要指设计变更及施工过程中可能增加工程量的费用。基本预备费一般由以下三个部分组成：①在批准的初步设计范围内、技术设计、施工图设计及施工过程中所增加的工程费用；设计变更、工程变更、材料代用、局部基础处理等增加的费用。②一般自然灾害造成的损失和预防自然灾害所采取的措施费用；实行工程保险的工程项目，该费用应适当降低。③竣工验收时为鉴定工程质量对隐蔽工程进行必要的挖掘和修复的费用。

基本预备费是按工程费用和独立费用二者之和为计取基础，乘以基本预备费费率进行计算。其计算公式为：

基本预备费 =（工程费用 + 独立费用）× 基本预备费费率　（7–6）

其中，基本预备费费率的计取应该执行国家及相关部门的有关规定。

（2）价差预备费。是指针对建设项目在建设期内由于材料、人工、设备等价格可能发生变化引起工程造价变化，而事先预留的费用也称为价格变动不可预见费。价差预备费的内容包括：人工、设备、材料、施工机械的价差费，建筑安装工程费和独立费用调整，利率、汇率调整等增加的费用。

价差预备费一般根据国家规定的投资综合价格指数，以估算年份价格水平的投资额为基数，采用复利方法计算。其计算公式为：

$$PF=\sum_{t=1}^{n} I_t\left[(1+f)^{m}(1+f)^{0.5}(1+f)^{t-1}-1\right] \tag{7–7}$$

式中　PF——价差预备费估算额；

n——建设期年份数；

I_t——建设期中第 t 年的投资计划额（包括工程费用、独立费用和基本预备费）；

f——年平均价格预计上涨率；

m——建设前期年限（从编制估算到开工建设的年限，年）。

【例 7–1】 某温室工程项目的建筑及安装工程费为 1 000 万元，设备购置费 600 万元，独立费用 400 万元，已知基本预备费率为 5%，项目建设前期年限为 1 年，项目建设期为 3 年，各年投资计划额为：第 1

年完成投资的 20%，第 2 年完成 60%，第 3 年完成 20%。年平均价格上涨率预测为 6%，试估算该项目建设期间的价差预备费。

解：基本预备费 =（1 000+600+400）× 5%=100（万元）

静态投资额 =1 000+600+400+100=2 100（万元）

第 1 年完成投资额 I_1=2 100 × 20%=420（万元）

第 1 年价差预备费 $PF_1=I_1[(1+f)^1(1+f)^{0.5}(1+f)^{1-1}-1]$=38.361（万元）

第 2 年完成投资额 I_2=2 100 × 60%=1 260（万元）

第 2 年价差预备费 $PF_2=I_2[(1+f)^1(1+f)^{0.5}(1+f)^{2-1}-1]$=197.589（万元）

第 3 年完成投资额 I_3=2 100 × 20%=420（万元）

第 3 年价差预备费 $PF_3=I_3[(1+f)^1(1+f)^{0.5}(1+f)^{3-1}-1]$=95.015（万元）

所以，建设期的价差预备费为：

PF=38.361+197.589+95.015=330.965（万元）

4）建设期融资利息的估算。建设期融资利息包括向国内银行和其他非银行金融机构贷款、出口信贷、外国政府贷款、国际商业银行贷款及在境内外发行的债券等在建设期间内应计的贷款利息。建设期贷款利息按复利计算。

对于贷款总额一次性贷出且利率固定的贷款，计算公式为：

$$q=P[(1+i)^n-1] \tag{7-8}$$

式中　q——贷款利息；

P——一次性贷款金额；

i——年利率；

n——贷款期限。

当总贷款是分年均衡发放时，建设期融资利息的计算可按当年借款在年中支用考虑，即当年贷款按半年计息，上年贷款按全年计息。计算公式为：

$$q_j=\left(P_{j-1}+\frac{A_j}{2}\right)i \tag{7-9}$$

式中　q_j——建设期第 j 年应计利息；

P_{j-1}——建设期第 $j-1$ 年末累计贷款本金与利息之和；

A_j——建设期第 j 年贷款金额；

i——年利率。

国外贷款利息的计算中，还应包括国外贷款银行根据贷款协议方以年利率的方式收取的手续费、管理费、承诺费；以及国内代理机构经国家主管部门批准的以年利率的方式向贷款单位收取的转贷费、担保费和管理费等费用。

【例 7–2】 某新建项目，建设期为 3 年，分年均衡进行贷款，第 1 年贷款 300 万元，第 2 年贷款 600 万元，第 3 年贷款 400 万元，年利率为 12%，建设期内利息只计息不支付，试估算该新建项目的建设期融资利息。

解：在建设期，各年的利息计算如下：

$$q_1=\left(\frac{A_1}{2}\right)i=\frac{300}{2}\times 12\%=18\text{（万元）}$$

$$q_2=\left(P_1+\frac{A_2}{2}\right)i=\left(300+18+\frac{600}{2}\right)\times 12\%=74.16\text{（万元）}$$

$$q_3=\left(P_2+\frac{A_3}{2}\right)i=\left(300+18+600+74.16+\frac{400}{2}\right)\times 12\%\approx 143.06\text{（万元）}$$

所以，建设期融资利息 =18+74.16+143.06=235.22（万元）

2. 流动资金的估算　流动资金是指生产经营性建设项目投产后，为保证能正常生产运营所需要的最基本的用于购买原材料、燃料，支付工资及其他经营费用等的周转资金。流动资金的估算一般采用分项详细估算法进行估算，个别情况或小型项目可采用扩大指标估算法。

1）分项详细估算法。流动资金的显著特点是在生产过程中不断周转，其周转额的大小与生产规模及周转速度直接相关。分项详细估算法是根据周转额与周转速度之间的关系，对构成流动资金的各项流动资产和流动负债分别进行估算。流动资产的构成要素一般包括现金、存货和应收账款；流动负债的构成要素一般包括应付账款和预收账款。计算公式为：

$$\text{流动资金}=\text{流动资产}-\text{流动负债} \tag{7–10}$$

其中，流动资产=现金+存货+应收账款

流动负债 = 应付账款 + 预收账款

流动资金本年增加额=本年流动资金–上年流动资金

估算的具体步骤，首先计算各类流动资产和流动负债的年周转次数，然后再分项估算占用资金额。

（1）周转次数计算。周转次数是指流动资金的各个构成项目在一年内完成多少个生产过程。周转次数可用 1 年的天数（通常按 360 天计）除以流动资金的最低周转天数计算。

各类流动资产和流动负债的最低周转天数，可参照同类企业的平均周转天数并结合项目特点确定，或按部门（行业）规定来确定。在确定最低周转天数是应考虑储存天数、在途天数，并考虑适当的保险系数。

（2）现金需要量估算。项目流动资金中的现金是指货币资金，即企业生产运营活动中停留于货币形态的那部分资金，包括企业库存现金和银行存款。计算公式为：

现金需要量=（年工资福利费+年其他费）／年现金周转次数　（7–11）

其中：年其他费=制造费用+管理费用+销售费用-（前三项中所含的工资及福利费、折旧费、维简费、摊销费、修理费）

（3）存货估算。存货是企业为销售或者生产耗用而储备的各种物资，主要有原材料、辅助材料、燃料、低值易耗品、维修备件、包装物、在产品、自制半成品和产成品等。为简化计算，仅考虑外购原材料、外购燃料、其他材料、在产品和产成品，并分项进行计算。计算公式为：

存货=外购原材料+外购燃料+其他材料+在产品+产成品　（7–12）

其中，外购原材料=年外购原材料费用／原材料周转次数

外购燃料 = 年外购燃料费用／燃料周转次数

在产品 =（年外购材料费用 + 年外购燃料费用 + 年工资及福利费 + 年修理费 + 年其他制造费）／在成品周转次数

产成品 = 年经营成本／产成品周转次数

应收账款估算。应收账款是指企业对外赊销商品、劳务尚未收回的资金。应收账款的周转额应为全年赊销销售收入。在可行性研究时，用销售收入代替赊销收入。计算公式为：

应收账款 = 年销售收入／应收账款周转次数　（7–13）

（4）流动负债估算。流动负债是指在一年或者超过一年的一个营业周期内，需要偿还的各种债务，包括应付账款、预收账款、短期借款、应付票据、应付工资、应付福利费、应付股利、应交税金、其他暂收应付款、预提费用和一年内到期的长期借款等。在可行性研究中，流

动负债的估算一般只考虑应付账款和预收账款两项。计算公式为：

应付账款 =（年外购原材料费用 + 年外购燃料费用 + 其他材料费用）/ 应付账款周转次数 （7–14）

预收账款 = 预收的营业收入年金额 / 预收账款周转次数 （7–15）

2）扩大指标估算法。扩大指标估算法是根据现有同类工程项目流动资金占某种基数的比率来估算的。比如占产值、营业收入、经营成本、总成本、固定资产总投资等数据的比率。扩大指标估算法简便易行，但准确度不高，一般适用于项目建议书阶段的估算。扩大指标估算法计算流动资金的公式为：

流动资金 = 年费用基数 × 流动资金占某种基数的比率 （7–16）

例如，当根据实际资料可以测算出同类工程项目的流动资金占固定资产总投资的比率时，就可以用下公式计算拟建工程所需流动资金的数额：

流动资金=拟建工程固定资产总投资额×同类工程流动资金占固定资产投资额的比率

3）估算流动资金应注意的问题。

在采用分项详细估算法时，应根据项目实际情况分别确定现金、存货、应收账款、应付账款和预收账款的最低周转天数，并考虑一定的保险系数。

在不同生产负荷下的流动资金，应按不同生产负荷所需的各项费用金额，分别按照上述的计算公式进行估算，而不能直接按照 100% 生产负荷下的流动资金乘以生产负荷百分比求得。

流动资金属于长期性（永久性）流动资产，流动资金的筹措可通过长期负债和资本金（一般要求占 30%）的方式解决。流动资金一般要求在投产前 1 年开始筹措，为简化计算，可规定在投产的第 1 年开始按生产负荷安排流动资金需用量。其借款部分按全年计算利息，流动资金的利息应计入生产期间财务费用，项目计算期末收回全部流动资金。

用详细估算法计算流动资金，需以经营成本及其中的某些费用项目为基数进行计算，因此实际上流动资金的估算应该在经营成本估算之后进行。

第三节
日光温室建设工程施工图预算

一、施工图预算定义及其作用

施工图预算是由设计单位依据施工图设计文件、施工组织设计、现行的工程预算定额及费用标准等文件编制的。施工图预算是施工图设计预算的简称，又称设计预算，以与施工单位编制的施工预算相区别。它是指在施工图设计完成后，根据施工图，按照各专业工程的工程量计算规则计算出工程量，并考虑实施施工图的施工组织设计所确定的施工方案或方法，按照现行预算定额、工程建设费用定额、材料预算价格和建设主管部门规定的费用计算程序及其他取费规定等，确定单位工程、单项工程及建设项目建筑安装工程造价的技术经济文件。

施工图预算作为工程项目建设程序中一个重要的技术经济文件，在工程建设实施过程中具有十分重要的作用，可以归纳为以下几个方面：

（一）施工图预算对投资方的作用

1. 施工图预算是控制造价及资金合理使用的依据　施工图预算确定的预算造价是工程的计划成本，投资方按施工图预算造价筹集建设资金，并控制资金的合理使用。

2. 施工图预算是确定工程招标控制价的依据　在设置招标控制价的情况下，建筑安装工程的招标控制价可按照施工图预算来确定。招标控制价通常是在施工图预算的基础上考虑工程的特殊施工措施、工程质量要求、目标工期、招标工程范围以及自然条件等因素进行编制的。

（二）施工图预算对施工企业的作用

1. 施工图预算是建筑施工企业投标时“报价”的参考依据　在激烈的建筑市场竞争中，建筑施工企业需要根据施工图预算造价，结合企业的投标策略，确定投标报价。

2. 施工图预算是建筑工程预算包干的依据和签订施工合同的主要内容　在采用总价合同的情况下，施工单位通过与建设单位的协商，可在施工图预算的基础上，考虑设计或施工变更后可能发生的费用与其他风险因素，增加一定系数作为工程造价一次性包干。同样，施工单位与建设单位签订施工合同时，其中的工程价款的相关条款也必须以施工图预算为依据。

3. 施工图预算是施工企业安排调配施工力量，组织材料供应的依据　施工单位各职能部门可根据施工图预算编制劳动力供应计划和材料供应计划，并由此做好施工前的准备工作。

4. 施工图预算是施工企业控制工程成本的依据　根据施工图预算确定的中标价格是施工企业收取工程款的依据，企业只有合理利用各项资源，采取先进技术和管理方法，将成本控制在施工图预算价格以内，企业才会获得良好的经济效益。

5. 施工图预算是进行“两算”对比的依据　施工企业可以通过施工图预算和施工预算的对比分析，找出差距，采取必要的措施。

（三）施工图预算对其他方面的作用

对于工程咨询单位来说，可以客观、准确地为委托方做出施工图预算，以强化投资方对工程造价的控制，有利于节省投资，提高建设项目的投资效益。

对于工程造价管理部门来说，施工图预算是其监督检查执行定额标准、合理确定工程造价、测算造价指数及审定工程招标控制价的重要依据。

二、施工图预算的内容和编制依据

（一）施工图预算的内容

施工图预算有单位工程预算、单项工程预算和建设项目总预算。单位工程预算是根据施工图设计文件、现行预算定额、费用标准以及人工、材料、设备、机械台班（时）等预算价格资料，以一定方法，编制单位工程的施工图预算。然后汇总所有各单位工程施工图预算，成为单项工程施工图预算。再汇总所有各单项工程施工图预算，便是一个建设项目建筑安装工程的总预算。

（二）施工图预算的编制依据

1. 国家、行业和地方政府有关工程建设和造价管理的法律、法规和规定　施工图预算的编制必须依照国家、行业和地方造价管理方面的法律、法规和规定进行，相关法律、法规和规定是指导施工图预算编制的重要依据。

2. 工程地质勘查资料及建设场地中的施工条件　工程地质勘查资料和建设场地中的施工条件直接影响工程造价，编制施工图预算时必须加以考虑。

3. 施工图纸及说明书和标准图集　经审定的施工图纸、说明书和标准图集，完整地反映了工程的具体内容、各部分的具体做法、结构尺寸、技术特征以及施工方法，是编制施工图预算的重要依据。

4. 现行预算定额及编制办法　国家相关部门颁发的建筑及安装工程预算定额及有关的编制办法、工程量计算规则等，是编制施工图预算确定分项工程子目、计算工程量、计算直接工程费的主要依据。

5. 施工组织设计或施工方案　因为施工组织设计或施工方案中包括了与编制施工图预算必不可少的有关资料，如建设地点的土质、地质情况、土石方开挖的施工方法及余土外运方式与运距、施工机械使用情况、重要或特殊机械设备的安装方案等。

6. 材料、人工、机械台班（时）预算价格及调价规定　材料、人工、机械台班（时）预算价格是预算定额的三要素，是构成直接工程费的主要因素。尤其是材料费在工程成本中占的比重大，而且在市场经济条件下，材料、人工、机械台班（时）的价格是随市场而变化的。为使预算造价尽可能接近实际，国家和地方主管部门对此都有明确的调价规定。因此，合理确定材料、人工、机械台班预算价格及其调价规定是编制施工图预算的重要依据。

7. 现行的有关设备原价及运杂费率　工程中使用的机电设备和金

属结构设备比较多，而且所占费用比率也比较大，施工图预算中一个很重要的部分就是设备费的预算，要合理的预算设备费，必须充分掌握现行的有关设备原价和运杂费率。

8. 建筑安装工程费用定额　建筑安装工程费用定额包括了各省、市、自治区和各专业部门规定的费用定额及计算程序。

9. 经批准的拟建项目的概算文件　设计概算是根据初步设计或扩大初步设计的图纸及说明编制的，它是控制施工图设计和施工图预算的重要依据。

10. 有关预算的手册及工具书　预算工作手册和工具书包括了计算各种结构件面积和体积的公式，钢材、木材等各种材料规格、型号及用量数据，各种单位的换算比例等，这些资料在编制施工图预算时经常用到，而且非常重要。

三、施工图预算编制方法

（一）施工图预算与设计概算的区别

施工图预算与设计概算的项目划分、编制程序、费用构成、计算方法都基本相同。施工图是工程实施的蓝图，在这个阶段，建筑物的细部结构构造、尺寸，设备及装置性材料的型号、规格等都已明确，所以据此编制的施工图预算，较概算编制要精细。编制施工预算的方法与设计概算的不同之处具体表现在以下几个方面：

1. 主体工程　施工图预算与概算都采用工程量乘单价的方法计算投资，但深度不同。概算根据概算定额和初步设计工程量编制，其三级项目经综合扩大，概括性强，而预算则依据预算定额和施工图设计工程量编制，其三级项目较为详细。

2. 非主体工程　概算中的非主体工程以及主体工程中的细部结构采用综合指标或百分率乘以二级项目工程量的方法估算投资；而预算则均要求按三级项目乘以工程单价的方法计算投资。

3. 造价文件的结构　概算是初步设计报告的组成部分，于初设阶段一次完成，概算完整地反映整个建设项目所需的投资。由于施工图的设计工作量大，历时长，故施工图设计大多以满足施工为前提，陆续出图。因此，施工图预算通常以单项工程为单位，陆续编制，各单项工程单独成册，最后汇总成总预算。

（二）施工图预算的编制方法

施工图预算编制的具体方法有定额单价法、定额实物法、综合单价法。

1. 定额单价法　定额单价法编制施工图预算，就是根据事先编制好的地区统一单位估价表中的各分项工程预算定额单价，乘以相应的各分项工程的工程量，并汇总相加，得到单位工程的人工费、材料费和机械使用费用之和；再加上其他直接费、现场经费、间接费、利润和税金，即可得到单位工程的施工图预算。其中，地区单位估价表是由地区造价管理部门根据地区统一预算定额或各专业部门专业定额以及统一单价组织编制的，它是计算建筑安装工程造价的基础。定额单价也叫预算定额基价，是单位估价表的主要构成部分。另外，其他直接费、现场经费、间接费和利润是根据统一规定的费率乘以相应的计取基础求得的。

定额单价法编制施工图预算的计算公式为：

单位工程施工图预算直接费 = ∑（预算定额单价 × 工程量）（7–17）

单位工程施工图预算 = 直接费 + 其他直接费 + 现场经费 +

间接费 + 利润 + 税金（7–18）

2. 定额实物法　定额实物法是首先根据施工图纸分别计算出分项工程量；然后从预算定额中查出各相应分项工程所需的人工、材料和机械台班定额用量，再分别将各分项工程的工程量与其相应的定额人工、材料和机械台班需用量相乘，累计其乘积并加以汇总，就得出该单位工程全部的人工、材料和机械台班的总耗用量；再将所得的人工、材料和机械台班总耗用量，各自分别乘以当时当地的工资单价、材料预算价格和机械台班单价，其积的总和就是该单位工程的直接费；根据地区费用定额和取费标准，计算出其他直接费、现场经费、间接费、利润和税金；最后汇总各项费用即得出单位工程施工图预算造价。

1）相关计算公式。定额实物法编制施工图预算，其中直接费的计算公式为：

单位工程预算直接费 = 人工费 + 材料费 + 机械使用费 （7–19）

人工费 = ∑（工程量 × 人工预算定额用量 × 当时当地人工工资单价）

（7–20）

材料费 = ∑（工程量 × 材料预算定额用量 × 当时当地材料预算价格）

（7–21）

机械使用费 = ∑（工程量 × 施工机械台班预算定额用量 × 当时当地机械台班单价） （7–22）

2）定额实物法编制施工图预算的基本步骤。

（1）编制前的准备工作。此时要全面收集各种人工、材料、机械台班的当时当地的市场价格，应包括不同品种、规格的材料预算单价；不同工种、等级的人工工日单价；不同种类、型号的施工机械台班单价等。要求获得的各种价格应全面、真实、可靠。

（2）熟悉图纸和预算定额。

（3）了解施工组织设计和施工现场情况。

（4）划分工程项目和计算工程量。

（5）套用定额消耗量，计算人工、材料、机械台班消耗量。根据地区定额中人工、材料、施工机械台班的定额消耗量，乘以各分项工程的工程量，分别计算出各分项工程所需的各类人工工日数量、各类材料消耗数量和各类施工机械台班数量。

（6）计算并汇总单位工程的人工费、材料费和施工机械台班费。

（7）根据地区费用定额和取费标准，计算出其他直接费、现场经费、间接费、利润和税金。

3. 综合单价法　综合单价法是将建筑工程预算费用的一部分费用进行综合，形成分项综合单价。由于地区的差别，有的地区综合价格中综合了直接费和间接费，有的地区综合价格中综合了直接费、间接费和利润。按照单价综合的内容不同，综合单价法可分为全费用综合单价和清单综合单价。

1）全费用综合单价。全费用综合单价，即单价中综合了分项工程人工费、材料费、机械费、管理费、利润、规费以及有关文件规定的调价、税金以及一定范围的风险等全部费用。以各分项工程量乘以全费用单价的合价汇总后，再加上措施项目的完全价格，就生成了单位工程施工图预算造价。计算公式如下：

建筑安装工程施工图预算 =（∑分项工程量 × 分项工程全费用单价）+ 措施项目完全价格 （7–23）

2）清单综合单价。分部分项工程清单综合单价中综合了人工费、材料费、施工机械使用费、企业管理费、利润，并考虑了一定范围的风险费用，但并未包括措施费、规费和税金，因此它是一种不完全单价。各分部分项工程量乘以该综合单价的合价汇总后，再加上措施项目费、规费和税金后，就是单位工程的施工图预算造价。计算公式如下：

建筑安装工程施工图预算=（∑分项工程量×分项工程不完全单价）+ 措施项目不完全价格 + 规费 + 税金 （7–24）

以上三种编制方法，要求编制人因时因地因不同工程项目择优选用。

四、施工图预算编制程序和编制要点

（一）施工图预算编制程序

1. 收集资料　收集资料是指收集与编制施工图预算有关的资料，如会审通过的施工图设计资料，初步设计概算，修正概算，施工组织设计，现行的与本工程相一致的预算定额，各类费用取费标准，人工、材料、机械价格资料，施工地区的水文、地质情况资料等。

2. 熟悉施工图设计资料　全面熟悉施工图设计资料，了解设计意图，掌握工程全貌是准确迅速地编制施工预算的关键。

3. 熟悉施工组织设计　施工组织设计是指导拟建工程施工准备、施工各现场空间布置的技术文件，同时施工组织设计亦是设计文件的组成部分之一。根据施工组织设计提供的施工现场平面布置、料场、堆场、仓库位置、资源供应及运输方式、施工进度计划、施工方案等资料才能准确地计算人工、材料、机械台班（时）单价及工程数量，正确地选用相应的定额项目，从而确定反映客观实际的工程造价。

4. 了解施工现场情况　主要包括：了解施工现场的工程地质和水文地质情况；现场内需拆迁处理和清理的构造物情况；水、电、路情况；施工现场的平面位置；各种材料、生活资源的供应等情况。这些资料对于准确、完整地编制施工图预算有着重要的作用。

5. 计算工程量　这是施工图预算的关键。

6. 明确预算项目划分　工程施工图预算应按预算项目表的序列及内容进行划分编制。

7. 编制预算文件　做好前面几项工作之后便可开始编制预算文件。

（二）施工图预算编制要点

工程施工图预算编制要准确，能为工程竣工结算提供直接的参考依据，减轻预算后期的工作量和结算工作量。编制时要注意以下几点。

1. 准确计算工程量　工程量的计算是编好施工图预算的主要环节，是整个施工图预算编制过程中最繁杂的一个工序，用时最多，出错可能性也最大，而工程量又是整个施工图预算的主要数据，是计算的基础，因此，一定要抓好工程量计算的准确性。准确计算工程量必须熟悉和详细理解全部施工图纸及所有的设计技术资料，并根据工程量计算规则进行计算，有利于合理准确地按定额有关规定划分项目。针对图纸上发现的问题进行技术交流，对图纸交代不全的问题，可按施工规范及现场提供的施工方法考虑。

2. 准确套价　套价时应熟练掌握定额中的说明、工作内容及单价组成，并利用类似工程预算书、相应定额进行对照套价，减少漏项概率。

3. 定额缺项项目处理　对定额缺项的项目，可以依据自身的经验结合实际的施工情况，测定人工、材料、机械消耗量，公正合理地确定符合施工实际的单价。

4. 注意施工图预算编制说明的编写　应将施工图预算编制依据和编制过程中所遇到的某些问题及处理办法，以及整个工程的主要工作量加以系统说明，以便于完善、补充预算的编制，保证工程施工图预算的准确性。

第四节
日光温室建设工程施工预算

一、施工预算的定义及作用

（一）施工预算的定义

施工预算是施工企业为了加强项目成本管理，根据施工图纸、施工措施及施工定额（或劳动定额）编制的反映企业成本计划的技术经济文件。施工预算反映单位工程或分部分项工程的人工、材料、施工机械台班（时）消耗数和直接费消耗标准。

（二）施工预算的作用

1. 施工预算是编制施工作业计划的依据　施工作业计划是施工企业计划管理的中心环节，也是计划管理的基础和具体化。编制施工作业计划，必须依据施工预算计算的单位工程或分部分项工程的工程量、劳动力数量和各种资源的数量。

2. 施工预算是施工单位向施工班组签发施工任务单和限额领料的依据　施工任务单是把施工作业计划落实到班组的计划文件，也是记录班组完成任务情况和结算班组工人工资的凭证。施工任务单的内容包括两部分：一部分是下达给班组的工程任务，包括工程名称、工作任务、工程量、计量单位、要求的开工竣工日期等；另一部分是实际任务完成的情况记录和工资结算，包括实际开工和竣工日期、完成工程量、实际工日等。

3. 施工预算是计算超额奖和计算计件工资、实行按劳分配的依据　施工预算所确定的人工、材料、机械使用量与工程量的关系是衡量工人劳动成果、计算应得报酬的依据，它把工人的劳动成果与劳动报酬联系起来，很好地体现了多劳多得的按劳分配原则。

4. 施工预算与施工图预算的人工和主要材料进行对比，分析超支、节约原因，以加强企业管理　施工企业可以通过施工图预算和施工预算的对比分析，找出差距，采取必要的措施。

5. 施工企业签订的分包合同是结算工程费用的依据　当施工企业按照相关规定需要对工程进行分包时，施工企业可以依据该分包工程的施工预算对分包费用进行控制并据此对工程费用进行结算。

二、施工预算编制的依据和编制步骤及方法

（一）施工预算编制的依据

编制施工预算的依据主要有施工图纸、施工定额及补充定额、施工组织设计或施工方案、有关的手册资料和企业管理水平及经验。

1. 施工图纸　施工图纸和说明书必须是经过建设单位、设计单位和施工单位会审通过的，不能采用未经会审通过的图纸，以免返工。

2. 施工定额及补充定额　包括全国建筑安装工程统一劳动定额和各部、各地区颁发的专业施工定额。凡是已有施工定额可以参照使用的，应参照施工定额编制施工预算中的人工、材料及机械使用费。在缺乏施工定额作为依据的情况下，可按有关规定自行编排补充定额。施工定额是编制施工预算的基础，也是施工预算与施工图预算的主要差别之一。

3. 施工组织设计或施工方案　由施工单位编制详细的施工组织设计，据以确定应采取的施工方法、进度以及所需的人工、材料和施工机械，作为编制施工预算的基础。例如土方开挖，应根据施工图设计，结合具体的工程条件，确定其边坡系数、开挖采用人工还是机械、运土的工具和运输距离等。

4. 有关的手册、资料　例如，建筑材料手册，人工、材料、机械台班费用标准等。

5. 企业的管理水平及经验。

（二）施工预算的编制步骤

编制施工预算和编制施工图预算的步骤相似。首先应熟悉设计图纸及施工定额，对施工单位的人员、劳力、施工技术等有大致了解；对

工程的现场情况，施工方式方法要比较清楚；对施工定额的内容，所包括的范围应比较了解。为了便于与施工图预算相比较，编制施工预算时，应尽可能与施工图预算的分部、分项项目相对应。在计算工程量时所采用的计算单位要与定额的计量单位相适应。具备施工预算所需的资料，并已熟悉了基础资料和施工定额的内容后，就可以按以下步骤编制施工预算。

1. 计算工程实物量　工程实物量的计算是编制施工预算的基本工作，要认真、细致、准确，不得错算、漏算和重算。凡是能够利用施工图预算的工程量，就不必再算，但工程项目、名称和单位一定要符合施工定额。工程量的计算必须遵循工程量计算规则，工程量计算完毕经仔细核对无误后，根据施工定额的内容和要求，按工程项目的划分逐项汇总。

2. 按施工图纸进行分项工程计算　套用的施工定额必须与施工图纸的内容相一致。分项工程的名称、规格、计量单位必须与施工定额所列的内容相一致，逐项计算分部分项工程所需人工、材料、机械台班使用量。

3. 工料分析和汇总　计算了工程量之后，按照工程的分项名称顺序，套用施工定额的单位人工、材料和机械台班（时）消耗量，逐一计算出各个工程项目的人工、材料和机械台班（时）的用量，最后同类项目工料相加汇总，便成为一个完整的分部分项工料汇总表。

4. 进行“两算”对比　“两算”是指施工图预算和施工预算，将施工图预算和施工预算进行对比分析，主要为了分析它们之间的差异，分析超支或者节约的原因，找出差距，从而采取必要的措施，以加强企业的造价管理。

5. 编写施工预算说明　以简练的文字说明施工预算的编制依据、对施工图纸的审查意见、现场勘察的主要资料，存在的问题及处理办法等。施工预算说明主要包括以下几个方面的内容：①编制依据，包括采用的图纸名称和编号，采用的施工定额，采用的施工组织设计或施工方案等。②是否考虑了设计修改或会审记录。③遗留项目或暂估项目有哪些，并说明原因和存在的问题，以及处理的方法等。④其他。

（三）施工预算的编制方法

编制施工预算有两种方法：一是实物法，二是实物金额法。

1. 实物法　实物法的应用比较普遍。它是根据施工图和说明书按照劳动定额或施工定额规定计算工程量，汇总、分析人工和材料数量，向施工班组签发施工任务单和限额领料单。实行班组核算，与施工图预算的人工和主要材料进行对比，分析超支、节约原因，以加强企业管理。

2. 实物金额法　实物金额法即根据实物法编制施工预算的人工和材料数量分别乘以人工和材料单价，求得直接费，或根据施工定额规定计算工程量、套用施工定额单价，计算直接费。其实物量用于向施工班组签发施工任务单和限额领料单，实行班组核算。直接费与施工图预算的直接费进行对比，以改进企业管理。

三、编制施工预算应注意的问题和编制要点

（一）编制施工预算应注意的问题

在编制施工预算过程中应注意以下几个方面的问题：

1. 材料换算　当施工定额中给出砌筑砂浆和混凝土等级，而没有原材料配合比时，应按定额附录砂浆配合比与混凝土配合比的使用说明进行换算，求得原材料用量。

2. 项目划分　编制施工预算的主要目的，是有利于施工企业在现场施工中能够有效地进行施工活动经济分析、项目成本控制与项目经济核算。因此，划分项目应与施工作业安排尽可能一致，采用定额应符合本企业并接近平均先进水平，使其能够有效地降低实际成本。

3. 外加工成品、半成品　凡属外单位加工的成品、半成品的工程项目，如金属结构制作厂加工的钢结构构件，混凝土构件厂制作的预制钢筋混凝土构件等，在进行工料分析时，一般另行单独编制施工预算，以便与现场施工的项目区别开来，这样更有利于进行施工管理和经济核算。

（二）施工预算编制应注意的编制要点

施工预算的人工、材料、机械使用量及其相应的费用水平，一般应低于施工图预算的水平。如果高于施工图预算的水平，则要调查、分析其原因，并及时提出应对方案、包括改变施工方案。

利用施工预算与施工图预算对比，无论是实物法还是实物金额法，其目的都是节约投资，防止人工、材料和机械使用费的超支，避免发生计划成本亏损。

要及时、认真、实事求是地填写施工预算主要表格。

施工预算既要密切结合施工图预算，又要为竣工决算打好基础。对变更工程要做好原始记录、适时调控施工预算但不能突破施工图预算水平。

五、施工预算与施工图预算的对比

施工预算和施工图预算的对比叫“两算”对比，“两算”对比的目的是分析节约或超支的原因，以提出解决问题的措施，为降低成本，提高管理效益提供依据。

（一）施工预算与施工图预算的区别

1. 编制目的不同　施工图预算是业主控制造价、合理使用资金和确定招标控制价的依据；施工预算是施工企业为了加强项目成本管理而编制的。

2. 使用的定额不同　施工图预算用的是预算定额；施工预算用的是施工定额。

3. 工程项目粗细程度不同　施工图预算是以分部分项工程为编制对象；而施工预算是以某一工序、施工过程为编制对象，较施工图预算更细化。

4. 计算范围不同　施工图预算是对工程全部费用进行计算分析，全部费用包括直接费、其他直接费、现场经费、间接费、利润、税金等内容；而施工预算主要是对人、材、机消耗量及费用进行分析。

5. 编制用途不同　施工图预算是确定工程造价、甲乙双方结算的依据；施工预算是施工企业内部组织人力、物力和向工程投入人工、材料和机械设备的依据。

（二）“两算”对比的内容

“两算”对比一般只限于直接费，间接费不做对比。

人工。一般施工预算应低于施工图预算 10%~5%。

材料。施工预算消耗量总体上低于施工图预算，因为施工操作损耗一般低于预算定额中的材料损耗，且施工预算中扣除了节约材料措施所节约的材料用量。

机械台时。预算定额的机械台时耗用时是综合考虑的；施工定额要求根据实际情况计算，即根据施工组织设计或施工方案规定的进场施工的机械种类、型号、数量、工期计算。

由于施工定额与预算定额的定额水平不一样，施工预算的人工、材料、机械使用量及其相应的费用，一般应低于施工图预算。但有时由于施工方案改变的原因，有可能会出现某一项偏高，不过，总的水平应该是施工预算低于施工图预算。当出现相反情况时，要调查分析原因，必要时要改变施工方案。

主要参考文献

［1］ 陈贵林.蔬菜温室建造与管理手册［M］.北京：中国农业出版社，2000.

［2］ 陈青云，李成华.农业设施学［M］.北京：中国农业大学出版社，2001.

［3］ 陈绍蕃.钢结构［M］.北京：中国建筑工业出版社，1994.

［4］ 陈友.节能温室大棚建造与管理［M］.北京：中国农业出版社，1998.

［5］ 程文瀼，王铁成，颜德姮.混凝土结构：上册［M］.北京：中国建筑工业出版社，2004.

［6］ 崔引安.农业生物环境工程［M］.北京：农业出版社，1994.

［7］ 冯广和，齐飞.设施农业技术［M］.北京：气象出版社，1998.

［8］ 冯广渊.建筑施工技术［M］.北京：冶金工业出版社，1989.

［9］ 高国栋，陆渝蓉.中国地表面辐射平衡与热量平衡［M］.北京：科学出版社，1982.

［10］ 郜庆炉，梁云娟，段爱旺.日光温室内光照特点及其变化规律研究［J］.农业工程学报，2003，19（3）：200–204.

［11］ 郜庆炉，薛香，段爱旺.日光温室内温度特点及其变化规律研究［J］.灌溉排水学报，2003，22（6）：50–53.

［12］ 郭洪恩，赵红.晴阴天对不同结构日光温室温度的影响［J］.安徽农业科学，2009，37（28）：13964–13966，13973.

［13］ 郭继武.建筑地基基础［M］.北京：高等教育出版社，1990.

［14］ 李保明，施正香.设施农业工程工艺及建筑设计［M］.北京：中国农业出版社，2005.

［15］ 李天来.棚室蔬菜栽培技术图解［M］.沈阳：辽宁科学技术出版社，1999.

［16］ 李天来，李曼，韩亚东，等.辽沈Ⅰ型日光温室地温日变化规律及其谐波模拟验证［J］.西北农业学报，2010，19（10）：152–160.

［17］ 李天来.我国日光温室产业发展现状与前景［J］.沈阳农业大学学报，2005，36（2）：131–138.

［18］ 刘加平.建筑物理［M］.北京：中国建筑工业出版社，2002.

［19］ 刘建，周长吉.日光温室结构优化的研究进展与发展方向［J］.内蒙古农业

大学学报，2007，28（3）：264–268.

［20］ 刘克长，张继祥，任宗兴.日光温室气象条件的观测研究［J］.山东农业大学学报（自然科学版），2001，32（1）：50–54.

［21］ 刘起霞，邹剑峰.土力学与地基基础［M］.北京：中国水利水电出版社，2006.

［22］ 刘声扬.钢结构［M］.4版.北京：中国建筑工业出版社，2004.

［23］ 刘志杰，郑文刚，胡清华，等.中国日光温室结构优化研究现状及发展趋势［J］.中国农学通报，2007，23（2）：449–453.

［24］ 马承伟，苗香雯.农业生物环境工程［M］.北京：中国农业出版社，2005.

［25］ 马国成，张福墁.日光温室不同光温环境对黄瓜光合产物运输及分配的影响［J］.北京农业大学学报，1995，21（1）：34–38.

［26］ 美国温室制造协会.温室设计标准［M］.周长吉，程勤阳，译.北京：中国农业出版社，1998.

［27］ 穆天民.保护地设施学［M］.北京：中国林业出版社，2004.

［28］ 农业部农业机械化管理司.设施农业：园艺装备与技术［M］.北京：中国农业出版社，2010.

［29］ 曲佳，须晖，王蕊，等.日光温室番茄群体太阳总辐射量的分布规律及其与光合作用的关系［J］.西北农林科技大学学报（自然科学版），2011，39（6）：178–184.

［30］ 沈蒲生.混凝土结构设计［M］.北京：高等教育出版社，2003.

［31］ 沈蒲生.混凝土结构原理［M］.北京：高等教育出版社，2002.

［32］ 沈祖炎.钢结构基本原理［M］.北京：中国建筑工业出版社，2000.

［33］ 施楚贤，施宇红.砌体结构疑难释义［M］.3版.北京：中国建筑工业出版社，2004.

［34］ 施楚贤，徐建，刘桂秋.砌体结构设计与计算［M］.北京：中国建筑工业出版社，2003.

［35］ 施楚贤.砌体结构［M］.2版.北京：中国建筑工业出版社，2008.

［36］ 孙忠富，吴毅明，曹永华，等.日光温室中直射光的计算机模拟方法——设施农业光环境模拟分析研究之三［J］.农业工程学报，1993，9（1）：36–42.

［37］ 王铁良，孟少春.单坡温室设计与建造［M］.沈阳：辽宁科学技术出版社，

2003.

[38] 魏明钟，戴国欣.钢结构 [M].2版.武汉：武汉理工大学出版社，2002.

[39] 魏文铎，徐铭，钟文田，等.工厂化高效农业 [M].沈阳：辽宁科学技术出版社，1999.

[40] 夏志斌，姚谏.钢结构 [M].杭州：浙江大学出版社，1998.

[41] 谢炳科.建筑工程测量 [M].北京：中国电力出版社，2004.

[42] 严建民，陈永生，罗克勇.设施蔬菜生产设备 [M].北京：中国农业出版社，2013.

[43] 杨其长，魏灵玲，刘文科，等.植物工厂系统与实践 [M].北京：化学工业出版社，2012.

[44] 杨仁全，王纲，周增产，等.精密施肥机的研究与应用 [J].农业工程学报，2005，21（增刊2）：197-199.

[45] 杨仁全，王纲，周增产，等.屋顶全开启文洛式连栋温室的研制 [J].华中农业大学学报，2004，35（增刊2）：102-106.

[46] 杨仁全，周增产，王纲，等.隔离检疫温室的应用与发展趋势 [J].华中农业大学学报，2004，35（增）：107-112.

[47] 张福墁.设施园艺学 [M].2版.北京：中国农业大学出版社，2010.

[48] 张天柱.温室工程规划、设计与建设 [M].北京：中国轻工业出版社，2010.

[49] 张天柱.现代农业园区规划与案例分析 [M].北京：中国轻工业出版社，2008.

[50] 张晓东，张晋栋，吕笃君.棚室设计、建造及配套设施 [M].哈尔滨：黑龙江科技出版社，2002.

[51] 张耀春.钢结构设计原理 [M].北京：高等教育出版社，2004.

[52] 张跃峰，张书谦.现代温室开窗机构的选择 [J].农村实用工程技术（温室园艺），2003（2）：20-21.

[53] 张长友.建筑施工技术 [M].北京：中国电力出版社，2004.

[54] 章熙民，任泽霈，梅飞鸣，等.传热学 [M].北京：中国建筑工业出版社，1993.

[55] 周建斌，陈竹君，唐莉莉，等.日光温室土壤剖面矿质态氮的含量、累积及其分布特性 [J].植物营养与肥料学报，2006，12（5）：675-680.

［56］ 周建国.建筑施工组织［M］.北京：中国电力出版社，2004.
［57］ 周长吉.现代温室工程［M］.北京：化学工业出版社，2003.
［58］ 周长吉.中国温室工程技术理论与实践［M］.北京：中国农业出版社，2003.
［59］ 邹志荣，李建明，王乃彪，等.日光温室温度变化与热量状态分析［J］.西北农业学报，1997，6（1）：58-60.
［60］ 邹志荣.园艺设施学［M］.北京：中国农业出版社，2002.